上智大学法学叢書第42巻

公共工事，建設業における競争の法と政策

楠　茂樹 著

有斐閣

目　次

〈初出一覧〉

本著の初出一覧は以下の通りである（いずれも多くの加筆修正を行っている）。初出文献が掲載されていない章は新たに書き下ろしている。なお，拙著『公共調達と競争政策の法的構造〔第2版〕』（上智大学出版，2017）の記述は，下記の通り本著第5章，第8章等の一部において再録されている他，全編を通じて部分部分で記述のベースを提供していることを予め断っておく。

「建設業法と独占禁止法」上智法学67巻1＝2＝3号（2024）73頁以下【第2章】
「公共入札の不正と取引妨害」上智法学論集62巻3＝4号（2019）87頁以下【第4章】
「公共契約における『一者応札』問題について」上智法学論集62巻1＝2号（2018）1頁以下，「公共調達改革の諸論点：東京都のケース」上智法学論集61巻1＝2号（2017）77頁以下【第6章】
「予定価格制度についての一考察」上智法学57巻1＝2号（2014）195頁以下【第8章】
「公共調達の発注者とコンプライアンス」上智法学56巻1号（2012）33頁以下【第10章】
「実効的な独占禁止法コンプライアンスに向けて：公取委ガイドを読む」公正取引882号（2024）15頁以下【第11章】

〈凡例〉

本著で掲げる法令等の法律番号等及び略称は以下の通り。本文においては法律名等のみの参照とする。

旧会計法（明治22年法律第4号）
会計規則（明治22年勅令第60号）
民法（明治29年法律第89号）
刑法（明治40年法律第45号）
会計法（昭和22年法律第35号）
私的独占の禁止及び公正取引の確保に関する法律（「独占禁止法」）（昭和22年法律第54号）
地方自治法（昭和22年法律第67号）

予算決算及び会計令（昭和22年勅令第165号）
地方自治法施行令（昭和22年政令第16号）
金融商品取引法（昭和23年法律第25号）（旧証券取引法）
建設業法（昭和24年法律第100号）
官公庁施設の建設等に関する法律（昭和26年法律第181号）
下請代金支払遅延等防止法（「下請法」）（昭和31年法律第120号）
官公需についての中小企業者の受注の確保に関する法律（「官公需法」）（昭和41年法律第97号）
国民経済安定緊急措置法（昭和48年法律第121号）
国の物品等又は特定役務の調達手続の特例を定める政令（昭和55年政令第300号）
公共工事の入札及び契約の適正化の促進に関する法律（「公共工事入札契約適正化法」）（平成12年法律第127号）
入札談合等関与行為の排除及び防止並びに職員による入札等の公正を害すべき行為の処罰に関する法律（「官製談合防止法」）（平成14年法律第101号）
公共工事の品質確保の促進に関する法律（「公共工事品質確保法」）（平成17年法律第18号）
働き方改革を推進するための関係法律の整備に関する法律（「働き方改革関連法」）（平成30年法律第71号）
建設業法及び公共工事の入札及び契約の適正化の促進に関する法律の一部を改正する法律（令和6年法律第49号）
公共工事の品質確保の促進に関する法律の一部を改正する法律（令和6年法律第54号）
Defense Production Act（50 U.S.C. § 4501 et seq.）
Davis-Bacon Act（40 U.S.C. 3141 et seq.）
Federal Acquisition Regulations（48 CFR Chapter 1）
Competition in Contracting Act（CICA）（41 U.S.C. 253）
Directive 2014/24/EU on public procurement and repealing Directive 2004/18/EC, 26 February 2014

なお，改正建設業法はその附則において改正法の施行期日は交付の日から最長1年6月以内となっているが，部分的には3月以内とされているなど，条文によってばらつきがある。本著公表時においては一部未施行となっているが，新法を前提に記述が展開されていることを予め断っておく。混乱を招く可能性のある場合は「新」「旧」を明示してある。

〈URL について〉

本文中，参照された URL（Uniform Resource Locator）は全て 2024 年 10 月 31 日現在において有効に閲覧できることが確認されている。

〈年号について〉

年号は和暦を基本とし，出版年の表記は西暦とする。なお，外国法令への言及等において西暦を用いることがある。

序

令和6年6月，通常国会で建設業法，公共工事入札契約適正化法，そして公共工事品質確保法がほぼ同じタイミングで改正された[1)]。このうち，建設業法の改正の柱である，①「労務費等の確保と行き渡りのため，中央建設業審議会が『労務費の基準』を作成・勧告することとし，受注者及び注文者の双方に対して著しく低い労務費等による見積り書の作成や変更依頼を禁止」，②「受注者における不当に低い請負代金による契約締結を禁止」，③「資材高騰など，請負代金や工期に影響を及ぼす事象（リスク）がある場合，請負契約の締結までに受注者から注文者に通知するよう義務化する」，④「資材価格変動時における請負代金等の『変更方法』を契約書の記載事項として明確化」，⑤「注文者に対し，当該リスク発生時は，誠実に協議に応ずることを努力義務化[2)]」，といったことがらは，令和4年8月に立ち上げられた「持続可能な建設業に向けた環境整備検討会」の討議を嚆矢とするものだった。著者はその座長としてその検討内容の取りまとめ[3)]を行い，その後そこでの提案は，社会資本整備審議会と中央建設業審議会が共同開催した基本問題小委員会の審議を経て，令和6年の建設業法改正として結実した。

著者はこれまで公共工事・公共契約法制，独占禁止法の建設業への適用，公共のみならず民間も含めて建設業を規律する建設業法等，公共工事，建設業に

---

1)　建設業法及び公共工事の入札及び契約の適正化の促進に関する法律の一部を改正する法律，及び公共工事の品質確保の促進に関する法律の一部を改正する法律。

2)　国土交通省ウェッブ・サイト〈https://www.mlit.go.jp/report/press/tochi_fudousan_kensetsugyo13_hh_000001_00221.html〉より。

3)　検討会の「取りまとめ」は国土交通省ウェッブ・サイトに掲載されている〈https://www.mlit.go.jp/tochi_fudousan_kensetsugyo/const/content/001599759.pdf〉。以下，この取りまとめを引用する際，社会資本整備審議会と中央建設業審議会の基本問題小委員会が作成した「中間取りまとめ」との混同を避けるために，「報告書」という言い方をすることとする（基本問題小委員会の方はそのまま「中間取りまとめ」と呼ぶ）。

関連する法制の研究を進め，関連するいくつかの論文を作成，公表してきた[4]。令和６年度は上記の諸法令の改正が実現した年であり，それはここ数年の政策の柱であった「新しい資本主義」「成長と分配の好循環[5]」の思想がこの分野で立法化された重要な例だったといえる。もちろんこの立法で終わりを迎える訳ではなく，これから何年にも渡って建設業法を含む各種の政策立法が歴史の検証を受け，さらなる改善が行われることになるはずである。そこで，このようなタイミングに至って，著者は自身の研究活動の一つの区切りをつける動機を強く持つようになり，ここに出版の機会を得るに至った。

第１部では建設業における競争政策と産業政策の交錯領域を扱う。建設業法が主たる研究対象となるが，同法と深く関連する独占禁止法との比較考察に焦点を当てつつ，建設業法の政策立法としての特徴を洗い出しつつ，その法理に迫る。

第２部では公共工事について，主として会計法，地方自治法といった公共契約を規律する立法を研究対象とする。民間市場と異なり，契約者選定に係る競争のルールが厳格に定められている公共調達市場，特に公共工事分野における関連法令の法理と諸々の課題を検討する。その中には「一者応札」「予定価格」といった必ずしも建設分野に限定されるテーマではないものもあるが，特に公共工事発注で顕著な問題となり易いものであることから扱うこととした（実際，それらの章が射程としているケースの多くは公共工事分野のものである）。

第３部では公共調達における入札不正を主に念頭に置いて，受発注者におけるコンプライアンスの問題を扱う。第２部と同様，扱っているテーマは必ずしも建設分野に限った話ではないが，建設分野，公共工事分野における入札不正が目立つことから，関連する領域として本著で扱うこととした。

4）例えば，直近のものとして，楠茂樹「費用負担をめぐる建設業法と独占禁止法」上智法学論集67巻１=２=３号（2024）73頁以下等。

5）首相官邸ウェッブ・サイト〈https://www.kantei.go.jp/jp/headline/seisaku_kishida/bunpaisenryaku.html〉参照。

第１部

建設業における競争の法と政策

第1章

建設業法と競争政策

第1節　はじめに

独占禁止法上の優越的地位濫用規制（とその特例法である下請法）は，我が国独占禁止法の独自性が強調される規制であり，多くの独占禁止法学者によって，同法上の他の諸規制との整合性や，各国独占禁止法との距離（比較）が，何度となく繰り返し議論されてきた[1)]。一方，建設業法にも優越的地位濫用規制等と類似の規制（地位の不当利用に係る適正取引条項）が存在する（「不当に低い請負代金」を禁止する19条の3第1項及び「不当な使用資材等の購入強制」を禁止する19条の4）。

建設業法の制定は独占禁止法の制定の2年後の昭和24年である。原始建設業法には以下の規定が置かれていた（18条）。そしてこの規定は原始建設業法から現行建設業法に至るまでその表現に変化がない。

> 建設工事の請負契約の当事者は，各々の対等な立場における合意に基いて公正な契約を締結し，信義に従つて誠実にこれを履行しなければならない。

19条の3乃至19条の5は公正な取引を阻害する行為の禁止規定である。このうち19条の3第1項と19条の4は注文者による「地位の不当な利用」に係

1）　その例は枚挙にいとまがないが，例えば，公正取引委員会競争政策研究センターの共同研究が，諸外国との比較に関する網羅的なサーベイを行っている。公正取引委員会競争政策研究センター「諸外国における優越的地位の濫用規制等の分析」競争政策研究センター共同研究 CR02-14（2014）〈https://www.jftc.go.jp/cprc/reports/index_files/cr-0214.pdf〉。

る行為を禁止する。19条の5第1項の「著しく短い工期の禁止」については「地位の不当な利用」の要件は置かれていないが，主語が他の二つの規定と同様「注文者」になっていることから，主として「地位の不当な利用」のケースが念頭に置かれているといえよう。受注者側からの申し出のケースは令和6年に新設された第2項が対応する[2)]。19条の3第2項は令和6年改正で新設されたものであるが，同第1項のような「買い叩き」ではなく，受注者側の極端なダンピングが問題にされている。19条の3以下の規定は，18条の理念，すなわち公正な契約の締結，信義誠実に基づく履行の要請を受けた点では一般的には共通するが，具体的な狙いの違い（特に19条の3第2項）には注意を要する。

建設業は，独占禁止法の制定当時から，受発注者間の，元請下請間の片務的構造[3)]が指摘され続け，今に至っても同種の問題が度々取り上げられている[4)]。同法制定後，三四半世紀に渡って存在し続けてきた根深い問題である[5)]。

独占禁止法の「不公正な競争方法」規制が「不公正な取引方法」規制に改められ，優越的地位濫用規制が創設されたのは昭和28年である[6)]。そういった意味では建設業法の方が先輩格といえるかもしれない。そして建設業法はその19条において，前条の趣旨を受けて，建設工事の請負契約の当事者に対して

---

2)　令和6年の建設業法改正で新設された19条の3第2項は建設業法版の不当廉売規制であるが，これは19条の3第1項とは別立てで設けられていることから分かる通り，発注者側の地位の不当な利用による買い叩きではなく，競争行動としての受注者側からの廉売の規制である。故に本文に掲げた三つの条文とは別のものとして理解する必要がある。同時に，18条の規定との関わりについて改めて整理し直す必要もあるだろう。

3)　全国建設業協会編「瑕疵担保保証等検討特別委員会の報告書について」全建ジャーナル45巻6号（2006）34頁以下参照。

4)　前注掲載の資料の他，興味深いものとして，外国人の手による，日本の建設産業の考察の中でこの片務性が扱われている文献を挙げておく。クリス・アール ニールセン（草柳俊二訳）『“絶滅貴種”日本建設産業 ── 国際建設プロジェクトのスペシャリストによる研究』（英光社，2007）。

5)　もちろん建設業に係る全てのシーンにおいてそうである訳ではない。注文住宅の購買者である一般消費者と工事業者の関係を考えてみればよい。

6)　改正の経緯については，公正取引委員会独占禁止政策二十年史編集委員会『独占禁止政策二十年史』（大蔵省印刷局，1968）145頁，平林英勝『独占禁止法の歴史(上)』（信山社，2012）206頁以下，宮島英昭「1953年の独占禁止法改正」早稲田商学331＝332号（1989）423頁以下等参照。

契約に係る書面の交付義務を課していることは，昭和31年制定の下請法を確かに先取りするかのようである。ただ19条の3以降の注文者による地位の不当利用その他不適正な取引に係る規制，24条の2以降の元下関係における元請負人に対する規制は，昭和46年改正によって導入されている。つまり適正な取引の実現へ向けた理念は独占禁止法よりも早く提示されていたが，地位の不当利用規制に係る立法化の作業は独占禁止法よりも後のものということになる。なお，下請法の制定時点では役務提供委託において建設業を射程外とする現2条4項は存在していなかったが，そもそも製造委託と修理委託のみしか対象になっていなかったので（旧2条4項1項，2項），建設業は対象外だった。[7)]

地位の不当利用の禁止について言えば，独占禁止法の優越的地位濫用規制とその特例法としての下請法の関係に割り込む形で建設業法が存在し，下請法の地位を奪っているように見える。[8)] 独占禁止法とその特例法としての位置付けが明確な下請法とは常にセットで議論されるが，下請取引に関する限り下請法の適用を排除する建設業法についてはその独占禁止法との位置関係，性格の異動等について言及されることはコンメンタールの類を除けば少なかった。[9)] 両者を

---

7)　下請法2条4項は以下の通り定めている。

> この法律で「役務提供委託」とは，事業者が業として行う提供の目的たる役務の提供の行為の全部又は一部を他の事業者に委託すること（建設業（建設業法（昭和24年法律第100号）第2条第2項に規定する建設業をいう。以下この項において同じ。）を営む者が業として請け負う建設工事（同条第1項に規定する建設工事をいう。）の全部又は一部を他の建設業を営む者に請け負わせることを除く。）をいう。

かつての下請法には括弧書きの部分がなかったのではなく，この規定自体が存在しなかった。故に，製造委託と修理委託に該当しない建設請負はそもそも対象外と考えられてきた。そして役務提供委託が下請法の射程とされる際に引き続き建設請負を射程外とし続けるために，このような括弧書きを入れた。

8)　独占禁止法の特例法である下請法が建設業法の射程である工事請負をその射程外に置いた状態で，建設業法が元下関係の規定を整備したことで，下請法が建設業法の射程に食い込めない状態に至った。

9)　令和4年に国土交通省が設置した「持続可能な建設業に向けた環境整備検討会」が，一連の諸課題に対する本格的検討の嚆矢になったといっても過言ではない。その報告書は令和5年4月に公表されている。各回の会合資料を含め，国土交通省のWebページ参照

比較考察し，その相互の関係性を討究する作業は，それが出発点として試みられるだけで各々の分野において有益だろう。

建設業法は官公需，民需問わず建設工事全般を対象とし，場面に応じて受発注者双方を規制の名宛人としている。発注者（注文者）に対する規制が官公需に及ぶということは，その射程が事業者に限定されている独占禁止法と異なり，建設業法は事業者とはいえない発注者としての行政機関にもその規制が及び得ることを意味している。独占禁止法との「差別化」という視点から眺めても興味深い。

しかし，業法規制，それも競争政策がメインテーマとならない法令であることが原因なのか，独占禁止法学者の文献においては部分的な言及はあっても，本格的な研究の対象とされてはこなかった[10)]。建設業法は令和元年に注文者による「著しく短い工期」の設定の禁止を定める旧19条の5が新設され[11)]，また，直近では注文者側の不当な地位の利用による低価格受注の押し付け禁止（旧19条の3）の厳格化の要請や，地位の不当な利用とは切り離して極端な低価格受注を一般的に禁止する新たな規定創設への議論が活発化し，19条の3に建設業者による廉売行為を禁止する第2項を追加し，建設業者による著しく短い工期の設定を禁止する19条の5第2項を新設し，あるいは著しい低価格での見積を禁止する20条各項に係る法改正が行われたりと[12)]，18条の理念に基づく適正取引推進の動きが目立つようになってきた[13)]。こうした動きを理解するための

〈https://www.mlit.go.jp/tochi_fudousan_kensetsugyo/const/tochi_fudousan_kensetsugyo_const_tk1_000001_00021.html〉。

10）　民法学においては，公共工事分野における受発注者間の片務的関係に着目した川島武宜の研究（その象徴的な文献が渡辺洋三との共著，川島武宜＝渡辺洋三『土建請負契約論』〔日本評論社，1950〕）が有名であるが，その後継者的立場にあった内山尚三が建設業法に係る著作を多く著している（例えば，内山尚三「公共工事と入札制度の問題点」ジュリスト759号〔1982〕15頁以下，内山尚三「建設業法の制定・改正・概況」建設総合研究45巻3・4号〔1997〕1頁以下等。その他，後掲注14）参照）。

11）　報じるものとして，日本経済新聞令和元年6月6日朝刊4面等参照。

12）　19条の3第1項の運用面における厳格化の要請は，令和6年改正による，地位の格差を前提としない，見積り段階におけるより一般的な廉売禁止規定にも反映されている（20条6項以下）。

13）　その他，（建設業に限らないが）インボイス制度（消費税の適格請求書等保存方式）実施

一つの比較材料として独占禁止法を参照することの有益性は自明であることのように思われる。以下，独占禁止法と建設業法との比較考察を起点に，建設業における取引の公正を図る法制のあり得る論点を掘り起こすことを課題としたい。[14)]

第2節　建設業法と独占禁止法，下請法

I　独占禁止法との関係

独占禁止法には建設業法に係る規定はないが，建設業法には独占禁止法に係る規定がある。「発注者に対する勧告等」を定める19条の6はその第1項で以下の通り定めている。

> 建設業者と請負契約を締結した発注者（私的独占の禁止及び公正取引の確保に関する法律（昭和22年法律第54号）第2条第1項に規定する事業者に該当するものを除く。）が第19条の3第1項又は第19条の4の規定に違反した場合において，特に必要があると認めるときは，当該建設業者の許可をした国土交通大臣又は都道府県知事は，当該発注者に対して必要な勧告をすることができる。

同法19条の3第1項，19条の4の条文は以下の通りである。

に伴う下請業者への不利益押し付けの懸念もまた，こうした受発注者間，元下間における適正取引への要請が高まる背景要因になっているといえよう。公正取引委員会が財務省や国土交通省等と共同で公表した令和4年の「免税事業者及びその取引先のインボイス制度への対応に関するQ&A」〈https://www.jftc.go.jp/dk/guideline/unyoukijun/invoice_qanda.html〉等参照。

14）　研究者の手による建設業法の解説書はほとんど存在しない。例外的なものとして，内山尚三『特別法コンメンタール 新訂 建設業法』（第一法規出版，1991）等，同氏の手によるものがある。なお，建設業法を所管する国土交通省の資料が，建設業法の歴史について手際よくまとめている〈https://www.mlit.go.jp/common/001172147.pdf〉。現行法に係る公正な取引に向けた諸規定のガイドラインとして，以下を参照。国土交通省不動産・建設経済局建設業課編「発注者・受注者間における建設業法令遵守ガイドライン〔第3版〕」（令和3年7月）〈https://www.mlit.go.jp/totikensangyo/const/content/001417722.pdf〉。

19条の3第1項：

注文者は，自己の取引上の地位を不当に利用して，その注文した建設工事を施工するために通常必要と認められる原価に満たない金額を請負代金の額とする請負契約を締結してはならない。

19条の4：

注文者は，請負契約の締結後，自己の取引上の地位を不当に利用して，その注文した建設工事に使用する資材若しくは機械器具又はこれらの購入先を指定し，これらを請負人に購入させて，その利益を害してはならない。

19条の6第1項において，括弧内で「私的独占の禁止及び公正取引の確保に関する法律……第2条第1項に規定する事業者に該当するものを除く。」と規定していることは，これら規定が独占禁止法でいう優越的地位濫用規制に相当する内容であること意味する（但し，独占禁止法上の優越的地位濫用規制の違反要件とは異なる表現がなされている点にも注意しなくてはならない。だからこそ，後に触れる42条1項において，建設業法違反の事実，即独占禁止法違反の事実とせずに，前者が後者を内包する関係として表現されている[15]）。なお，令和元年改正において新設された19条の5（令和6年改正後は19条の5第1項）で規定される「著しく短い工期の禁止[16]」については，地位の不当利用の要件がないので19条の6第1項の射程外とされ，同第2項の対象となっている（同条1項にある，「私的独占の禁止及び公正取引の確保に関する法律……第2条第1項に規定する事業者に該当するものを除く。」の規定がない）ことには注意が必要である[17]。要するに，地位の不当な利用が伴わない19条の5第1項は対応する独占禁止法違反が想定されていない，ということだ。

15）建設業法42条がこれら条文と共に下請取引に係る規制を扱っていることから，ここでいう独占禁止法19条違反が優越的地位濫用規制（5号）のことを指していることは明らかである。

16）同条は「注文者は，その注文した建設工事を施工するために通常必要と認められる期間に比して著しく短い期間を工期とする請負契約を締結してはならない。」と定めている。

17）同条2項は，「建設業者と請負契約（請負代金の額が政令で定める金額以上であるものに限る。）を締結した発注者が前条第1項の規定に違反した場合において，特に必要があると認めるときは，当該建設業者の許可をした国土交通大臣又は都道府県知事は，当該発注者に対して必要な勧告をすることができる。」と定める。

ここでいう発注者の属性は問われない。民間であればデベロッパーが想起され易いが，特に業界の種類は問われない（ただ，2条5号「この法律において『発注者』とは，建設工事（他の者から請け負つたものを除く。）の注文者をい」うとされている。除かれた部分は，元下関係の規律がこれを射程とする）。なお，令和6年改正で新設された19条の5第2項は建設業者側にも同様の義務を課している。

19条の3第1項，19条の4，すなわち独占禁止法違反としての優越的地位濫用規制に相当する規定に違反した場合の国土交通大臣，都道府県知事による勧告を定める19条の6第1項が独占禁止法に言及する趣旨は，これら規定違反については独占禁止法違反として構成する（すなわち公正取引委員会の処理に委ねる）ことを念頭に置いているということだ。裏を返せば，独占禁止法違反相当行為に関する限り，独占禁止法上の「事業者性」を満たさない注文者のみにこれら建設業法違反を理由とした勧告ができるということを意味する。それは官公需における発注者，すなわち国や地方自治体である。[18]

つまり，地位の不当な利用に対する規制については独占禁止法上の事業者に対する規制が及ぶ範囲においては独占禁止法が，及ばない範囲については建設業法が（建設業者の許可をした国土交通大臣又は都道府県知事による監督権限を通じて）補完的にこれに対応するという形になっているのである。なお，理屈の上では，発注者たる国土交通省（都道府県）に該当する行為が認定されれば国土交通大臣（都道府県知事）が国土交通省（都道府県）に対して「必要な勧告」を行うということになる（「必要な勧告をすることができる」という表現なので，実際上，自身が長を務める機関に対して建設業法上の手続に敢えて乗せることは，ないだろう）。

建設業法19条の6第1項の射程外の（言い換えれば，独占禁止法上の「事業者」に該当すると考えられる）独占禁止法違反該当行為（優越的地位濫用規制違反行為）については，建設業法42条に，国土交通大臣又は都道府県知事による公正取引委員会に対する措置要求の手続が置かれている。[19]

18）世界貿易機関（World Trade Organization）WTOの政府調達協定の射程であっても発注者が独占禁止法上の事業者性を満たす場面はある。例えば，JR貨物や各高速道路会社のような，国が株主である場合である。

> 国土交通大臣又は都道府県知事は，その許可を受けた建設業者が第19条の3第1項，第19条の4，第24条の3第1項，第24条の4，第24条の5又は第24条の6第3項若しくは第4項の規定に違反している事実があり，その事実が私的独占の禁止及び公正取引の確保に関する法律第19条の規定に違反していると認めるときは，公正取引委員会に対し，同法の規定に従い適当な措置をとるべきことを求めることができる。

ここでいう24条の2以下の規定は下請取引に係る規定であり，次項で簡単に触れることとする。

Ⅱ　下請法との関係

建設業法に建設分野における下請法の適用に係る規定は存在しないが，下請法には建設業法との関係を示す2条4項の規定が置かれている。下請法上の「役務提供委託」の規定が同法に創設される（平成19年）以前に，建設業法が下請法に相当する規定を設けていたので，後発の下請法が業法たる建設業法を除外する規定をおく形となった[20]。

> この法律で「役務提供委託」とは，事業者が業として行う提供の目的たる役務の提供の行為の全部又は一部を他の事業者に委託すること（建設業（建設業法（昭和24年法律第100号）第2条第2項に規定する建設業をいう。以下この項において同じ。）を営む者が業として請け負う建設工事（同条第1項に規定する建設工事をいう。）の全部又は一部を他の建設業を営む者に請け負わせることを除く。）をいう。

簡単にいえば，建設業法上の建設工事の下請取引については下請法上の「役務提供委託」としては扱わないということであり，それはすなわち建設工事の下請取引については建設業法が専ら取り扱うことを意味している。立法史においては建設業法が先行し下請法がそれを後追いしているのであって，業法規制

19）　42条1項の規定からして，建設業法違反，即独占禁止法違反という論理構造にはなっていない。19条の3第1項及び19条の4違反ではあるが独占禁止法違反には足らないという場面もあり得る。その場合，19条の6第1項による「必要な勧告」ができないというのであれば，（実際上の不都合の有無はともかく）法の不備であるといえなくもない。

20）　もちろん立法技術上は，建設業法に下請法の適用除外規定を設けるという形もあり得る。

の主要部分を構成する下請取引の法的規律を（建設業に係る）専門の所管から奪う合理的な理由は存在せず，二重行政を敢えて行う必要性もないことから，このような形になった，といえる。

ただ，建設業法上の建設業者による建設工事の下請が下請法の射程外に置かれたからといって，それが独占禁止法の射程外に置かれた訳ではないことに注意が必要である。建設業法42条1項には，すでに触れた19条の3第1項，19条の4の各行為（不当な低額請負，不当な購入強制）の他，24条の3第1項（元請人による下請人に対する迅速な支払い義務），24条の4（迅速な検査完了義務，目的物の引渡し受入義務），24条の5（公正取引委員会又は中小企業庁長官に対する通報に対する報復措置の禁止）又は24条の6第3項若しくは第4項（割引困難な手形の禁止等）に定められた禁止行為，あるいは義務違反行為が認められた場合の，公正取引委員会への措置請求等の規定が置かれている。

下請法はその対象とする「役務提供委託」から，建設業法上の建設工事に係る下請取引を除外しているので，下請法は，この除外規定なかりせば下請法の適用対象となった建設業法の射程となる下請取引に及ばない。しかし，建設業法上の下請取引であっても中小企業保護の政策的要請が働くことについては下請法の射程となるそれ以外の下請取引と同様であって，建設業法は，その観点から建設業法の射程である下請取引についても中小企業保護政策を所管する中小企業庁を関与させる規定を設けている（42条2項以下）。

まず，42条2項は，「国土交通大臣又は都道府県知事は，中小企業者（中小企業基本法（昭和38年法律第154号）第2条第1項に規定する中小企業者をいう。次条において同じ。）である下請負人と下請契約を締結した元請負人について，前項の規定により措置をとるべきことを求めたときは，遅滞なく，中小企業庁長官にその旨を通知しなければならない。」と，公正取引委員会への措置要求に係る下請人が中小企業者である場合の中小企業庁長官への通知義務を定めている。また42条の2第1項は「中小企業庁長官は，中小企業者である下請負人の利益を保護するため特に必要があると認めるときは，元請負人若しくは下請負人に対しその取引に関する報告をさせ，又はその職員に，元請負人若しくは下請負人の営業所その他営業に関係のある場所に立ち入り，帳簿書類その他の物件を検査させることができる。」と定めている。

42条の2第3項は，「中小企業庁長官は，第1項の規定による報告徴収又は立入検査の結果中小企業者である下請負人と下請契約を締結した元請負人が第19条の3第1項，第19条の4，第24条の3第1項，第24条の4，第24条の5又は第24条の6第3項若しくは第4項の規定に違反している事実があり，その事実が私的独占の禁止及び公正取引の確保に関する法律第19条の規定に違反していると認めるときは，公正取引委員会に対し，同法の規定に従い適当な措置をとるべきことを求めることができる。」と定めている。建設業法の射程となる建設工事に係る下請取引について，中小企業者である下請負人が対象となる限りにおいては中小企業長官が建設業法違反を根拠に報告徴求，立入検査を行い，独占禁止法違反の事実が認められれば公正取引委員会に対する措置要求を行うこの手続が用意されているのである。ただ下請法それ自体の適用としてではなく，あくまでも建設業法（さらにはその先にある独占禁止法）の適用の問題として，であることには注意を要する。

Ⅲ　小　括

建設業法は独占禁止法の適用を排除するものではない。建設業であっても独占禁止法違反行為は独占禁止法違反として扱われる。業法規制の存在意義の一つは，官公需における発注者にもその地位の濫用に対する規制が及ぶ（その実際上の抑止効果がどれほどのものかは別にして）ことから，建設業法は独占禁止法の足りない部分を補完する役割を果たしている点にあるといえよう。一方，下請法については下請法上明確に建設業法との棲み分けの規定があるので，下請法上の手続は及ばない。下請法が中小企業保護の要請から独占禁止法上の優越的地位濫用規制を迅速円滑に下請取引に及ぼすとの趣旨から特別な手続を用意しているが，これは建設業法の射程には適用されない。建設業法上中小企業庁長官の関与の規定があるが，あくまでも独占禁止法の適用を念頭に置いたものである。下請法制定の時点においては，建設業法の存在が先行しており，すでに国土交通大臣（旧建設大臣）や都道府県知事による業法上の監督体制が整っており，特にこの分野に対する特別の手当が必ずしも必要でなかったという説明が可能である。ただ，実態としてこの分野における中小企業保護が十分になされているか，言い換えれば下請法の代替としての建設業法が機能しているかは別途検証されなければならない問題ではある。

第3節　独占禁止法の視点から見た建設業法の立法史

I　制定史

建設業法は受発注者間の関係を官公需，民需問わず規律する立法として昭和24年に制定された。独占禁止法の制定は昭和22年であるが，同法に優越的地位濫用規制が導入されたのは昭和28年である。その後，昭和31年に優越的地位濫用規制の特例法として下請法が制定されている。建設業法は元々下請法がその射程とする事業者間（親事業者，下請事業者間）における請負契約の規律のうち，建設工事請負契約に係る部分を先行して（それも下請法が射程としていない公共機関としての発注者も含み，同法が求める規模要件もない形で）規律するものであった。原始建設業法の請負契約の適正化に向けた規律は，下請法が規律している書面の交付義務に限定されており（建設業法19条），独占禁止法における優越的地位濫用規制に相当する地位の不当な利用の禁止については，具体的な条文は存在しておらず，既に触れた18条（「建設工事の請負契約の当事者は，各々の対等な立場における合意に基いて公正な契約を締結し，信義に従つて誠実にこれを履行しなければならない。」）のみが理念規定として置かれていた。

地位の不当な利用を通じた公正契約に係る具体的な禁止規定，すなわち現行建設業法の19条の3第1項及び19条の4は，独占禁止法に優越的地位濫用規制が導入された昭和31年よりも後の，昭和46年改正によって盛り込まれた。とはいえ，建設業法は，その制定時において「各々の対等な立場における合意に基いて公正な契約」を規定したのであり，建設業法が，独占禁止法上の優越的地位濫用規制の先駆的な存在だった点には変わりはない。[21)]

21)　原始建設業法が書面の交付義務に係る規定をすでに置いていたことは下請法の先駆であった。なお，独占禁止法もその1条において「公正且つ自由な競争」の促進を法目標に置いているので，そこに「各々の対等な立場における合意に基いて公正な契約」の要請を読み込むことは可能ではある。前後関係に拘る強い理由は特にない。これら二つの法律がリンクしていることがいえれば，それでよい。

Ⅱ　建設業法制定の背景

昭和24年，建設業法の政府法案が審議される衆議院の公聴会で参考人として呼ばれた民法学者の川島武宜は次のように発言している[22]。

> 主として私が申し上げたい点は，この法律で契約法の部分でありまして，第3章18條以下の点でございます。從來の建設契約特に官廳との契約が非常に片務的なものであるという点は，まことに奇妙な現象でありまして，およそ民主主義日本にあり得べからざる奇怪なことであります。その原因をここで一々申し上げることもないのですが，それは從來の官廳の特殊な地位と，また業者の特殊な地位，あるいは経済的な事情から來ておるわけでありまして，これを何とかして，やはり正しい意味での双務的な平等者間の契約にするということが，建設業の正しい発達のために非常に必要だと私は考えておる次第であります。

つまり取引当事者間の力の格差から生じる契約の片務性を非民主的と解し，この解消を民主主義の実現と評しているのである。戦後の経済民主化の中心である農地改革（地主に支配される小作人の解放），労働改革（資本家に支配される労働者の解放）においても，構造的に生じる力の格差の解消を目指すものであって，建設契約における片務性の解消は経済民主化策の性格を有していた。

昭和24年に建設業法が制定された背景には，大きく，(1)終戦直後に建設業者が急増，過当競争となり，極端な安値受注や不適正施工が相次いだので行政による厳格な監督が必要になった，(2)工事請負契約の深刻な片務性を解消する必要があった，(3)建設請負工事に係る(1)(2)の環境整備を行うことで戦後復興において最も重要な産業となる建設業の発展の基盤を構築する必要があった，そして間接的ではあるが(4)建設業を請負業として明確に位置付け，建設業者の請負業者としての法的地位を確実ならしめることで建設業従事者の権利保護を図る必要があった，といったことが挙げられる[23]。原始建設業法1条には「この法

22)　第5回国会衆議院建設委員会第14号（昭和24年5月9日）川島武宜参考人の発言〈https://kokkai.ndl.go.jp/#/detail?minId=100504149X01419490509¤t=8〉。

23)　これらの点につき，「【シリーズ戦後70年】彰往考来・1945年建設省誕生：建設業法制定で産業拡大へ」建設通信新聞平成27年11月29日〈http://kensetsunewspickup.blogspot.com/2015/11/701945.html〉，塩見英之「建設業法等の変遷について」日本建築学会・第8

律は，建設業を営む者の登録の実施，建設工事の請負契約の規正，技術者の設置等により，建設工事の適正な施工を確保するとともに，建設業の健全な発達に資することを目的とする。」としか書かれていなかったが，(2)は先程述べたように戦後の経済民主化政策の一環として捉えることができるものであり，建設業法はその建設業バージョンであると理解することができる[24)]。(4)はそのための制度構築を述べている。(3)の視点は「国民経済の健全な発展」を目指すものと理解することできる。(1)の監督行政が旧建設省等によってなされることと独占禁止法の法執行が公正取引委員会によってなされることをパラレルに見るならば，建設業法と独占禁止法は行政機関の監視，監督の下，「国民経済の民主的で健全な発達」に向けられた経済復興，経済発展のための政策立法であるという点で，その共通部分を説明することができるだろう[25)]。

昭和22年制定の独占禁止法は財閥解体とセットで理解される性格のものであり，産業全体，市場全体の支配に結び付く経済力の集中が標的とされた。日本の独占禁止法は米国の反トラスト法をモチーフとして制定された（当初はそれ以上に厳格なものだったともいわれた）ものである。独占禁止法は競争制限の禁止（競争の維持，促進あるいは競争の機能化[26)]）に向けられたものなので，個別の取引における力の格差それ自体を問題にした訳ではないが，私的な独占＝私的な権力による市場支配＝経済的な文脈での独裁として「反民主的」であると理解された。個別の関係における力の格差に注目した農地改革や労働改革（それは確かにこの国における構造的な問題であった）も「支配からの解放」＝経済民主化政策の一環として理解されたのである。この競争の保護を指向する独占禁止法と，個別取引における格差の解消，適正化を指向する建設業法とは，その出発点において温度差があったことは否めない。しかし，日本が独立を果た

回建築・社会システムに関する連続シンポジウム資料（「建設活動・建築法制度・生産組織60年余の変遷」）（2011）2-1〈http://www.aij.or.jp/jpn/symposium/2011/20110722.pdf〉，建設業法研究会編著『〔逐条解説〕建設業法解説〔改訂13版〕』（大成出版社，2022）4-5頁等。

24）　この点は実は，建設業法と独占禁止法を比較する際の重要な視角になる。

25）「民主的で」という言葉の有無に特別の意味を見出そうというのであれば，より深い比較考察ができそうではあるが，それは他稿に譲ろう。

26）「競争の機能化」という言葉は，多摩談合（新井組）事件最高裁判決（最判平成24年2月20日民集66巻2号796頁）を意識したものである。

した頃に独占禁止法は大きな転機を迎え，建設業法との興味深い関係が形成されることになるのである。

Ⅲ　独占禁止法の方向転換

元々，連合国軍最高司令官総司令部（GHQ/SCAP）の経済民主化政策の中でも独占禁止法には政界，経済界からの強い反発があった。独占禁止法は企業の自由な活動を不当に制約するもので資本主義，自由競争に反するといった主張[27]が当然のようになされた。[28]一方で，左派の側からは支持される傾向にあった。[29]

27）この種の主張は米国ではリバタリアンの定番である。*See, e.g.*, D. T. ARMENTANO AND YALE BROZEN, ANTITRUST AND MONOPOLY, INDEPENDENT INSTITUTE (1996); GARY HULL, THE ABOLITION OF ANTITRUST, ROUTLEDGE (2005).

28）元公正取引委員会委員の発言にこのようなものがある（芦野宏『独占と取引制限』〔日本経済新聞社，1950〕339-340頁）。

> ある有力な経済団体の事務局の人々と雑談しているときであった。
>
> その少し前に会った実業家の某参議院議員が独占禁止法が大嫌いらしく，盛に独占禁止法や事業者団体法の悪口をいっていた，と話すと，その座にいた一人が，「そりゃそうだろう，あの人は自由主義者だもの」と答えた。「それは困ったね」と筆者は苦笑せざるを得なかった。「独占禁止法は自由主義の大憲章でわれわれこそ自由経済主義の戦士だと思っているのに，それが自由主義者だから反対だとは……」といって見たものの，実は世間にはこの参議院議員のように，自由主義なるが故に独占禁止法などは真っ平御免という人が多いようだ。……自由経済主義だか，修正資本主義だか何かは知らぬが，とにかく資本主義，個人主義に基盤を置く経済主義を主張する人の間にわれわれの味方を見出すことはめったになく，かえってわれわれと正反対な経済主義を信奉していると思われる共産党とか，社会党の左派と覚しきあたりから時々「しっかりやれ」と激励されて妙な気がすることがある，というのが実情である。

このコントラストは日本の戦後経済制度思想を考える上でとても興味深い。この発言を引用する経済史家の岡田好与は当時の（おそらく現在でも存在する）自由主義の「二つの型」を以下のように区分することで，この公正取引委員会委員の「いわゆる自由主義者とは何を主張するものであるか。」（同前340頁）という疑問を考えるための交通整理を行う。岡田は，「独占禁止法をめぐって，私的独占にたいする国家的干渉の排除を求める『独占放任型自由主義』と，私的独占そのものの排除・制限によって自由競争の促進を求める『反独占型自由主義』が対抗し合って」おり，後者は，当時，「それと『正反対の経済主義を信奉していると思われる』革新諸団体に支持基盤を見いださざるを得ないこと，逆にいえば，革新諸団体

独占禁止法を社会主義の一環として捉えようとする議論は極端だとしても，戦前より競争よりも計画が重視されてきた日本においては独占禁止法を経済統制法の一種として理解する向きがアカデミアにおいて根強く，競争は「経済社会の基本法」というよりも「時と場合によっては有意義な政策立法」程度の認識が強かった。昭和期における我が国私法学の泰斗，我妻栄の生涯のテーマは「資本主義の発達に伴う私法の変遷」だった。我妻は『近代法における債権の優越的地位』[30]という歴史的大著で有名だが，彼には『経済再建と統制立法』[31]というもう一つの重要な研究書があった。それは資本主義体制を前提にしつつも日本の復興のためには経済はどのような法に服するべきなのか，を問うものだった。それは米国型の競争原理を基調とする経済運営を目指すものなのか，あるいは戦前の経済統制にヒントを見出すべきなのか，そもそも民主的経済体制とは何か，それは資本主義体制とどのような関係にあるのか，といった，正に「資本主義の発展過程と法的規律」という生涯のテーマに向き合う我妻に，敗戦という日本の危機が突きつけた難問への取り組みであった。この場合，「競争」の対局にあるものは「独占」ではなく「計画」であることに注意を要する。

そこで独占禁止法は経済憲法としてではなく，選択肢の，それも限定的に扱われるべき選択肢の一つして理解されていることは興味深い。我妻にとっての独占禁止法は，一連の経済統制法の一つの姿に過ぎず，「民主化」という名の競争原理への拙速な依存に対して警戒心を示していた。我妻は「経済における『自由放任主義』“laiseez faire” principleに対し，経済の運行について何等か

の独占禁止法強化の要求は，『反独占型自由主義』の推進・強化を意味することが銘記されるべきである」とする（岡田好与「『営業の自由』論争におけるわたくしの立場」岡田好与『競争と結合：資本主義的自由経済をめぐって』〔蒼天社出版，2014〕27-28頁）。

29）　左派の側が独占禁止法を支持する背景事情について以下の点を指摘しておこう。昭和30年の日本共産党第6回全国協議会で主流派である国際派が所感派による武装闘争路線を「極左冒険主義」と批判して以降，左派は「民主と革命」を標榜しながら，民主的手続に基づく修正資本主義による資本主義の延命路線にポジションを取り，「革命を遅延する」という撞着的な行動に出ているように思われた。その以前から修正資本主義のポジションは一定の支持を受けていたはずで，独占禁止法はその象徴的な存在だったと思われる。優越的地位濫用規制の導入はそういった人々にとって歓迎すべき存在だったことは想像に難くない。

30）　我妻栄『近代法における債権の優越的地位』（有斐閣，1953）。

31）　我妻栄『経済再建と統制立法』（有斐閣，1948）。

の国家的干渉・規整を加えることをもつて経済の統制となし，その手段たる法律を悉く経済統制立法とする[32]」として，その中に独占禁止法も含める[33]。「経済」に「民主」という言葉を持ち込むことの「歪み」が恐らく気付かれていたのだろう，彼は少なくとも自国の発展のためには自由な競争ではなく慎重な計画が必要と考え，独占禁止法という立法は時期尚早と考えていた。GHQという強大な権力を前に米国流の経済民主化策を半ば無批判に受け入れざるを得なかった当時の状況下において，「民主化」という知識人を思考停止に追い遣った，それ自体抗い難い言葉遣いに抵抗したその姿には，日本の再建に責任を果たすことを求められた法学徒としての矜持が色濃く見出される。しかし，我妻は「経済民主化」自体を否定する訳ではない。「平和日本の経済統制立法の指向する所は，資本主義をして，いわば青年期までの発達を助長し，老年期への移行を阻止しようとするものであ」り，その老年期における「独占の弊を示すときに，その経済的支配権力の故に，非民主的と呼ばれねばならないことは疑いない」とし，「この非民主的なものを民主化する方向として[34]」必ずしも米国反トラスト法のみが唯一の解答を有しているものではないとして，「支配権力自体を民主化する方向[35]」を選択肢として提示するのであった。

その独占禁止法は昭和28年の改正で大きな方向転換がなされることになった。

元々日本では政界や財界において独占禁止法の存在と適用に懐疑的であった

32）　同前4頁。

33）　丹宗昭信は，我妻が競争秩序維持法たる独占禁止法を統制型立法のカテゴリーに入れてしまうことをその違いを見落とするものとして批判する（丹宗昭信「経済統制法の経済的意義と反競争的性格」北大法学27巻3＝4号〔1977〕162頁）が，制定後の独占禁止法が歩んだ歴史を説明する上では我妻のような理解が意義のある説明を提供するものになっていることは否めない。

34）　我妻・前掲注31）226頁。「いまだに封建的非合理性を残しているわが国の産業に自主性を与え，これを合理化するために『公正なる競争』の原理が作用しなければならないことは認めうるにしても，それに対して，国家の手による全経済の計画的合理性の枠の中における然るべき任務を与えることに注意しないならば，それ等のものをして，今日の世界経済における自主性・合理性を獲得させることは不可能であり，同時に又，我が国経済の真の意味における民主化も不可能であろうと思われるのである。」（同前305頁）

35）　以上，同前226頁。

が，サンフランシスコ講和条約の締結と発効によってGHQの統治から解放されたことで独占禁止政策も自らのコントロール下に置くことができた。ちょうどこの時期，朝鮮戦争による特需によって一時的に景気がよくなり戦後復興の足掛かりができた日本では，戦争後の景気後退を危惧する声が強まり，競争原理の徹底を唱える独占禁止法が景気の悪化を加速させるのではないかと考えられるようになった。冷戦構造の中で日本の早期復興を求める米国側の思惑もあった。競争政策重視の経済運営は見直されることになり，停戦後間もない昭和28年の改正で独占禁止法は大きく緩和されることになった。

ただ，緩和だけではなく強化ともいえる改正も同時になされた。不公正な取引方法（それはまでは「不公正な競争方法」という名称だった）の中に（正確には，独占禁止法2条9項5号が法定した「自己の取引上の地位を不当に利用して相手方と取引すること」を受けた，公正取引委員会の告示の中に）優越的地位濫用規制が盛り込まれたのである。これは旧8条で定められていた不当な事業能力の格差の禁止規定が廃止されることに伴い導入されたものとして説明されるが，当時多くの中小企業が大企業から低価格受注を余儀なくされたり，支払い遅延が横行したりする現象が社会問題化したこともその背景といわれている[36)]。こういった問題は下請取引において深刻で，昭和28年改正の3年後，優越的地位濫用規制の特例法として下請法が制定された。

Ⅳ　優越的地位濫用規制の異質さ

優越的地位濫用規制は独占禁止法の中でも異質なものとして理解されることが多い。確かに，昭和28年以前の独占禁止法においては産業における経済力の集中，市場における経済力の集中に係る規制が中心で，現在の不公正な取引方法の前身である不公正な競争方法の規制においても，競争秩序に負の影響を与える類型が問題になっており，個別の取引関係上の力の強弱に着目する規制は存在しなかった[37)]。

36）　この辺りについては，公正取引委員会独占禁止政策二十年史編集委員会・前掲注6）145頁参照。

37）　この改正によって合併に関する規制が緩和され，また旧8条（不当な事業能力の較差）が削除されたことに伴って，経済力濫用禁止の新たな規制が必要になったかのような説明が

事業活動における力の強弱の発生は健全な競争の結果であるともいえ，仮にその力の格差が利用され契約内容が一方当事者に有利に偏ったとしても，それ自体を不公正と評価してしまえば，それはすなわち自由市場の否定であるという見方は十分に支持されるものだろう。しかし優越的地位濫用規制は「自己の取引上の地位が相手方に対して優越していることを利用して，正常な商慣習に照らして相手方に不当に不利益な条件で取引すること」（昭和28年旧一般指定10項）を問題にするものであり，競争秩序への影響の有無を問題にするものではない。この規定は市場における競争の作用を意識するものではなく，単に「取引関係上の立場の強弱において見出される不公正」，言い換えれば，弱い立場の者が強い立場の者の意向に押し切られること（より露骨にいえば搾取されること）に独占禁止法として許せない不当性を見出すものであり，他の規定との比較では「異質的な性格のものである」[38]。

この優越的地位濫用規制の「異質な何か」については，昭和期を代表する独占禁止法学者であった今村成和のテキストが，独占禁止法において競争秩序ではなく取引関係に着目することの異質性について語っている部分が，問題となるべきもののほぼ全てを含んでいるように思われる。多少長い引用になるがそのまま紹介することとしよう（便宜上省略した部分は「……」と表記した。なお，引用中，「本号」とは「2条9項5号」を指す）[39]。

なされることがある（田中寿編著『不公正な取引方法：新一般指定の解説（別冊NBL 9号）』〔商事法務，1982〕86頁），合併規制等は個別の取引関係上の力の強弱を問題にしている訳ではない。むしろ後に制定される下請法の内容を一般的に先取りしたものと理解するほうが素直である（同前33頁［根岸哲発言］参照)。問題は，では何故，この改正で個別の取引関係上の力の強弱を問題にするに至ったのか，である。

38）今村成和『独占禁止法〔新版〕』（有斐閣，1978）152頁。正確には旧一般指定9号の「役員選任に関する不当干渉」とともに「異質」ということである。昭和28年改正後の旧独占禁止法2条9項各号は不公正な取引方法の類型を定めたが，より具体的な違反行為は公正取引委員会告示に委ねられていた（現在でも一部の類型は公正取引委員会告示によって具体化されている)。この告示である「一般指定」の9号と10号は，独占禁止法2条9項5号が法定した「自己の取引上の地位を不当に利用して相手方と取引すること」を受けたものである。要するに，この5号が他の号との比較で「異質」ということなのである。ただ，本文では優越的地位濫用規制だけを問題にしているので話を簡略化した形で論を進めている。

39）同前146-148頁。

> 不公正な取引方法が，多かれ少なかれ，優越した経済力の不当利用の現れであることはいうをまたないが，しかしそれが不公正な取引方法とされるのは，「公正な競争を阻害するおそれがある」からであって，単に，経済的強者の弱者に対する不当な支配行為であるためではない。
>
> しかるに，本号の行為は，直接には競争秩序に影響を及ぼすことのないもので，これを右の要件にどう結びつけて理解すべきやには，問題がある。
>
> 公取説によれば，本号は，昭和28年法259号改正で，「不当な事業能力の較差の排除に関する規定が削られたのに対処して，大規模事業者や事業者の結合体等がその優越した地位を利用して，中小企業その他を不当に圧迫するような取引を行う場合にこれを厳に取締る為」……新たに追加されたものだという。これはもとより，右の問への答となるものではないが，昭和28年改正による集中規制の緩和は，較差規定の削除のみならず，四章の企業結合の制限にも及んでいるが，その結果としての寡占化の進行のもたらす弊害を予測した規定であることを物語るものといえなくもない。本号に基づく一般指定の9（役員選任に対する不当干渉）の解説において，この場合の規制は，旧法においては，それが「競争手段である場合のみ本号違反となると解されていたが，今回の改正法では直接的には競争手段でなくとも不公正な取引方法の規制の対象となり得ることとなった」……と述べられていることもそのことを示している。しかし，不公正な競争方法が，不公正な取引方法に改められたからといって，競争秩序に対する影響を度外視してもよいものでないことは，法の明文上明らかである。（中略）
>
> ……取引上の地位の不当利用を，それ自体として，違法行為の定型として捉えるということは，アメリカの反トラスト法においては見られないところであるが，西ドイツの競争制限禁止法22条4・5項は，市場支配的企業が市場における地位を濫用して，相手方と取引する場合……の規制を定めており，本号の規定が，後者に影響を受けたものであることは想像に難くない。けれどもこれは，市場支配的企業による独占力の濫用の規制を目的とするもので，不公正な取引方法の規制を目的とする本号の場合とは，その趣旨を異にするものがあるのである。
>
> このように，不公正な取引方法の一つとして，本号が定められていることついては，十分な理由付けがなされているとはいえないし，また，他に適切な先例を見出すこともできないように思われる。

この指摘は独占禁止法の学者コミュニティーの中ではスタンダードな見解といえる。独占禁止法の体系の中にこのような取引関係における力の強弱の問題を紛れ込ませることに対する違和感（あるいはアレルギーのようなものといってよい）は，多くの論者が感じ取っているものである。

この異質なる規制が導入された事情を読み解く一つの視点は，優越的濫用規制の導入は確かに独占禁止法の強化であるものの，昭和28年改正それ自体は全体として独占禁止法を緩和する改正であったという点である。上記の説は「不当な事業能力の較差の排除に関する規定が削られた」ことへの対処としての優越的地位濫用規制の導入と説明するものであるが，これは言い換えれば，大企業に経済力が集中することそれ自体は許容するという反競争的な方向転換に対応するものだということを意味する。今村は「問への答となるものではない」というが，それは「減ったものと同種のものを増やす」という「埋め合わせ」を求めるから答えにならないのであって，そもそも方向転換のための「入れ替え」と捉えれば説明が付く。すなわち，大企業への経済力の集中は許容するけれども一方で，取引相手の中小企業は守る。それはすなわち日本の産業構造を少数の大企業（有力企業）と無数の中小企業との取引関係によって成り立つものと捉え，これらの両者を同時に保護するという「護送船団」的な発想がその背景にあったといえるのではないか。

今村は優越的地位濫用規制のような取引関係における力の強弱に着目した規制について，（公正で自由な）競争の維持，促進を狙いとする独占禁止法の体系におけるその異質さ（他の規定との整合性）を問題にし，公正競争阻害性の解釈を厳格にしてしまうと優越的地位濫用規制が「半身不随」「全身麻痺」の状況に陥ってしまうことを危惧するのであるが[40]，一部の論者は，独占禁止法を経済民主化立法（「国民経済の健全で民主的な発達」を目指す立法）という，独占禁止法1条の目的規定におけるより大きな枠組みの中でその性格の整合性を理解しようと考えた。つまり，優越的地位濫用規制の目指す取引関係における強弱

40）　同前148頁。今村はそこで以下のような提案を行っている（同前148-149頁）。

> そこで，本号の趣旨を全面的に生かすために，この要件の方を歩み寄らせるとするならば，第一に，自己の取引上の地位を不当に利用して相手方と取引することは，自己の競争者としての地位を不当に強化することであり，第二に，それによって，中小企業の健全な発達を妨げることは，その者の競争者としての地位を弱めることであるから，結局において，公正な競争を阻害するおそれがある，と解するのである。しかし，本号に掲げる行為の悪性は，本来，このような形で理解されるべき性質のものではなく，むしろ，不公正な取引方法の禁止とは拘わりのない，別個の規制として，定むべきものであったろう。

問題（その力の利用の問題）も，国民経済の健全な発達を脅かす非民主的所業なのであって，これを禁止することは独占禁止法の目的に適うものであるというのである。[41]

V　建設業法への接近

ここで独占禁止法の制定（昭和22年）と優越的地位濫用規制の導入（昭和28年）の間に制定された建設業法の規定を見ると，昭和31年制定の下請法の内容を先取りしたかのような書面交付義務が19条で定められ，その柱書では「建設工事の請負契約の当事者は，前条の趣旨に従つて，契約の締結に際して左の各号に掲げる事項を書面により明らかにしなければならない。」と規定された。前条である18条は「建設工事の請負契約の当事者は，各々の対等な立場における合意に基いて公正な契約を締結し，信義に従つて誠実にこれを履行しなければならない。」と規定された。要するに，建設請負契約の当事者の「対等な立場における合意に基い」た「公正な契約」が必ずしも実現されていない現状を矯正すべく，同条の規定が置かれたのである。書面を交付しないで口頭でのみ契約内容を取り決めるので反故にされ，相対的に地位の劣る立場にある受注者は割りを食う。だから書面の交付義務を契約当事者に課すことにより，そのような濫用を未然に防ぐ必要がある。これは下請法の先取りのような規定であるが，とするならばそれは優越的地位濫用規制の先取りのようなものともいえる。[42]

ここで前述の建設業法18条に係る，川島武宜の「従來の建設契約特に官廳との契約が非常に片務的なものであるという点は，まことに奇妙な現象であり

41）今村も旧2条9号5号の独占禁止法の目的規定との整合性は認めている（同前148頁）。

> もとより，大企業が，下請等の関係を通じて中小企業を隷属させ，その下に，多数の低賃金労働者が苦しんでいるという現実をふまえて，大企業の圧力に対する規制の根拠を定めた本号の規定に，十分な存在理由の存することに疑いはないし……一条に掲げる法目的の実現に役立つことことにも異論はない……。

42）建設業法に濫用行為に係る規定が設けられたのは昭和46年であるので前後関係はより複雑なものになる。

ましして，およそ民主主義日本にあり得べからざる奇怪なことであります。[43]」との発言を再び思い起こしてもらいたい。契約の片務性，言い換えれば，一方当事者の思惑に他方当事者の利害が依存するような契約関係は民主的ではない。優越的地位濫用規制も，こうした建設業法の片務性解消規定と同種のものと解することができる。それはまた，農地改革や労働改革に見られたと同様の観点から，言い換えれば競争秩序とは距離のある，私有財産制の歪み（持つ者と持たざる者の格差によって構造的に発生した支配・従属関係）を是正する民主化政策として独占禁止法は（部分的な）方向転換をしたのが，昭和28年改正であったといえるのではないだろうか。

下請法類似の下請規制が建設業法に導入されたのは昭和46年である。[44]同時に優越的地位濫用規制同様の禁止されるべき不当行為の類型も定めた。19条の3（現19条の3第1項）及び4がそれである。これらの規定には「自己の取引上の地位を不当に利用して」という要件が定められているが，これは独占禁止法（昭和28年改正後）の旧2条9項5号が「自己の取引上の地位を不当に利用して」と定めていることと一致する。建設業法が独占禁止法の改正に影響を与え，後に独占禁止法の表現が後の建設業法の改正において取り込まれるという循環的な相互作用が生じている。

下請法は制定当時，製造と修理のみを射程としていたので役務提供に分類さ

43）　前掲注22)。

44）　建設業法の1条に「発注者を保護する」の文言が盛り込まれたのはこのときである。誤解してはならないのは，この規定が盛り込まれたのは，発注者が受注者に比べて構造的に弱い立場にあるからではない。受発注者の力関係はケースバイケースである。例えば，公共工事における国と建設業者との関係では一般的に前者の方が強い立場にあることが多い。需給バランスによっても変わってくる。この規定が盛り込まれた理由は，ある逐条解説によれば以下の通り説明されている（建設業法研究会編著・前掲注23）54頁)。

> 「適正な施工を確保する」とは，手抜き工事，粗雑疎漏工事等の不正工事を防止することのほか，更に積極的に建設工事の適正な施工を実現することを意味しており，これにより契約の目的にかなった工事の完成が担保され，「発注者を保護する」こととなるのである。

要するに，発注者の保護とは工事が適正に施工されることを意味し，そのためには下請取引の適正化が必要であるというロジックにつながっているのである。

れる建設業には適用されなかったが，平成19年改正で役務提供がその射程とされた際，建設業法の存在ゆえに建設業をこれから除外する規定をおいた（下請法2条4項)。「棲み分け」は下請法の制定当初からなされていた。

第4節　建設業法における公正契約条項の再検討

I　独占禁止法上の優越的地位濫用規制における反競争性

取引社会の重要な出発点が契約の自由にあることは論をまたない。一方，契約の自由が適正な私法秩序形成のための十分条件ではないこともまた同様である。独占禁止法がその重要な条件を満たす要素であるように，建設工事の分野においては建設業法第3章もその機能を有している。

建設業法18条は「建設工事の請負契約の当事者は，各々の対等な立場における合意に基いて公正な契約を締結し，信義に従つて誠実にこれを履行しなければならない。」と定める。元請契約，下請契約問わず，地位の優劣の差が大きく契約の公正さを欠く状況が生じ易いことに鑑みて，この規定が設けられた。この規定は，19条以下の諸規定の基本的考え方を定めるという意味での総論的，訓示的な規定であり，建設業法上の監督権限の行使に直接結び付くものではない，と解されている。民事上も，強行法規違反，公序良俗違反にでもならない限り，本条に反する行為が認められたからといって直ちに，問題となる契約の効力が失われる訳でもない。[45)]

独占禁止法の優越的地位濫用禁止は「取引関係における力の強弱」に注目する規制である。建設業はその違反が問われ得るケースが目立つ分野の一つである。官公需の世界では，「請負」と書いて「うけまけ」と読むたとえで表現されるように，受注者は発注者との関係で優越的な地位に立たされていることが多く，発注者からの非公式な要請に受注者はその後の関係悪化を危惧して，不利な請負契約でも飲まされるという話を頻繁に聞く。[46)] あるいは契約締結後の設

---

45)　優越的地位濫用規制違反があった場合にも同様（最判昭和52年6月20日民集31巻4号449頁）であって，このアナロジーで建設業法19条の3第1項及び4の規定違反があった場合も同様に解されよう。

46)　昨今の一連の入札改革を経て環境に変化があったという見方もできよう。金本良嗣のい

計変更，契約変更の際に十分な増額が認められず泣き寝入りするといったケースもよく聞く[47]。民需においても似たような問題がある。官公需，民需問わず下請契約はもっと深刻と一般的にいわれている。建設業者には中小企業が多く，下請業者はその相手方である元請業者（あるいは下請けに出す一次，二次等下請）に対して優越的な地位に立たれることが多いのが現実である。

かねてより独占禁止法の中では異質な存在といわれてきた優越的地位濫用規制は，公正競争阻害性のウェイトが平等志向の強い「競争基盤侵害」「手段の不公正」から私的独占規制や不当な取引制限規制における実質的競争制限とその性格を共有する「競争減殺」へとシフトする昭和期から平成期にかけての大きな潮流にあわせるかのような理解がなされるようになってきた[48]。その象徴的なものが，公正取引委員会が作成している「優越的地位の濫用に関する独占禁止法上の考え方」（最終改正平成29年6月16日[49]）の次の一文である。

> ……自己の取引上の地位が相手方に優越している一方の当事者が，取引の相手方に対し，その地位を利用して，正常な商慣習に照らして不当に不利益を与えることは，当該取引の相手方の自由かつ自主的な判断による取引を阻害するとともに，当該取引の相手方はその競争者との関係において競争上不利となる一方で，行為者はその競争者との関係において競争上有利となるおそれがあるものである[50]。

しかし，建設業における地位の不当な利用による値引き等の禁止は濫用した

う「指名競争・予定価格・談合の三点セット」（金本良嗣『公共調達制度のデザイン』会計検査研究7号〔1993〕36頁参照）の時代は確かに過去のものとなった。しかし，入札参加資格の設定，業務仕様の設定等の仕方次第では指名競争と同様の「囲い込み」は可能であろう。

47）当然，土木と建築とで事情は異なるだろうし，指名行為のような旧来的な（とはいえ通常モードで指名競争を利用している発注者も多いが）実務の世界での出来事であるという見方もあろうから，現代における建設実務において必然にいえる話ではないだろう。

48）その経緯も含めて，同規制の回顧と展望を行うものとして，根岸哲「優越的地位の濫用規制の来し方・行く末：覚書」商学討究71巻臨時号（2021）27頁以下参照。

49）公正取引委員会Webページ〈https://www.jftc.go.jp/hourei_files/yuuetsutekichii.pdf〉参照。

50）同前第1.1。

側の競争上の有利さ，濫用された側の競争上の不利さの問題では必ずしもなく，むしろそういった有利な地位と不利な地位とが建設業という産業の特性から構造的に生じ易いものであり，取引における対等な関係の形成それ自体が尚も問題とされ続けている。法の構造を見ても，地位の不当な利用に係る二つの規定，そして下請取引に係る規定は建設業法18条の理念を受けて存在するものであって，そこで観念される「公正さ」は同条のそれ，すなわち格差の是正にある。だからといって直ちに独占禁止法と建設業法が決定的に乖離すると評価することはできないが，独占禁止法の側に若干の変化が生じたことによって，両者の関係を再検討し，建設業法の側に必要な修正を施す必要が将来，生じ得るかもしれない，という点は現段階で意識してもよいだろう。

II　建設業法が目指す公正な取引

建設業法19条の6と42条の規定を併せて読むと，歴史的経緯もあって同法と独占禁止法（そして下請法）の「棲み分け」がなされているものの，これら法律の射程の重複が前提になっていることが分かる。しかし，建設業における公正な取引に係る問題は，独占禁止法（や下請法）を念頭に置いたものばかりではない。

建設業法においては短い工期に係る19条の5第1項の規定は，一般には取引上の地位が不当に利用された場合に問題になり得るものであるように思われるし，一般にそうなのであろうが，それとは無関係のものとして定められている。これは建設工事一般における安全上の配慮から定められたものであると理解されているので，地位の不当な利用の要件が置かれていない。地位の不当な利用に問題があるのではなく，契約内容としての著しい短い工期が健全な建設業のあり方として不適切なのである。実際に，独占禁止法に言及のある建設業法19条の6第1項も42条1項も19条の5第1項の違反を射程にしていない。そこで念頭に置かれている優越的地位濫用規制における地位の濫用に相当する地位の不当な利用が要件になっていないからである。独占禁止法上の不当廉売規制（2条9項3号等）のような競争減殺のシナリオが意識されている訳でもない。工期の長短の妥当性それ自体を問題にするその性格は，独占禁止法のような競争機能を妨害する特定の行為を禁止する立法ではなく，市場過程に直接介入する国民経済安定緊急措置法に近いものがある。そして令和6年改正で新設された19条の5第2項は建設業者側にも第1項同様の禁止を定めている。著しく短い工期は押し付けされる場合に問題になるのではなく，それ自体問題だというのであれば受発注者双方に規制をかける必要があるので，これは当然の改正ということになる。

独占禁止法との棲み分け規定が建設業法にあり，建設業において下請法の適用を排除する規定が下請法に存在するので，建設業法における不公正な取引の禁止を論じる際，どうしても独占禁止法，下請法を意識したものになりがちであるが，こうした建設業法独自の適正さを論じることも重要ではないだろうか。前項で見た独占禁止法条の優越的濫用規制における「変化」（の兆し）は，建設業法上観念される適正な取引の姿を改めて見つめ直す格好の機会を提供しているように思われる。

建設業は官公需，民需ともに大きな経済的インパクトを伴うものであり，雇用の受け皿として大きな社会的役割を果たしてきた産業分野である。その中でも請負契約における公正な取引の維持，促進の要請は強い。そういった政策的な配慮から，あるいは安全なインフラの整備という観点からも，品質の確保，労働環境の整備という観点からも，建設業法の目的規定にある（結果としての）「発注者の保護」に資する，市場過程へのより直接的な介入は，確かに独占禁止法の論理からは遠ざかるものではあるが，それに囚われない取引の公正さを概念することもあってよいし，業法という立法の性格を考えれば，そうあるべきだともいえよう。

建設業においては公共工事に係る特別な立法である，公共工事の入札及び契約の適正化の促進に関する法律（公共工事入札契約適正化法），公共工事の品質確保の促進に関する法律（公共工事品質確保法）が，官公需，民需の両方を射程とする建設業法を併せて「担い手育成・確保」を目指した改正が近年なされ（いわゆる「担い手3法」），さらに「働き方」改革も意識した改正も直近でなされるなど動きが加速化している。建設業における適正な取引の要請は官公需だけに限定されたものではない。官公需でない私的空間においても経済，生活の重要な基盤であることは疑いない。建設業は時代の趨勢の如何を問わず重要産業であり続けるものであり，こうした近年の産業政策，社会政策的見直しの潮流は，適正な取引に係る建設業法のあり方を再確認し，再検討することを強く要請するものであると認識されるところである。

Ⅲ　地位の不当な利用とは切り離された廉売問題

建設業法上の不当な地位の利用に係る二つの条文（19条の3第1項，19条の4）のうち，19条の3第1項の不当に低い請負代金の禁止は，発注者側の取引上の地位を利用していることから独占禁止法上の優越的地位濫用規制に類似するものであるが，「原価に満たない金額」を問題にしていることから不当廉売規制にもリンクしそうな内容になっている。しかし廉売それ自体では19条の3第1項違反には足りないので，42条1項の射程外となる[51]。一方，令和6年改正で新設された19条の3第2項は建設業者による著しい原価割れ契約自体を問題にする。それだけでは独占禁止法違反には足りず，42条1項の射程外である。

政策として建設業を眺めるならば，建設請負契約において原価割れの受注が適正ではない理由は，それが手抜き工事や労働者へのしわ寄せにつながるおそれを生じさせるからである。建設業法19条の3第1項は（優越的地位濫用と言い換えることができる[52]）地位の不当な利用を問題にしているので，力の格差を背景とした契約内容の片務性に焦点が当てられている。しかし，建設業という産業に係る政策として原価割れを眺めるとき，優越的濫用規制が念頭に置く個々の取引関係における原価割れ受注の強要のみを問題にするのではなく，発注者あるいは元請業者をめぐる建設業者間の激しい価格競争の結果としての原価割れも併せて問題にするべきであるという意見は自然なものである。

しかし，ここで意識されるべきは独占禁止法上の不当廉売規制の発動ではな

51）19条の3第2項違反については違反の主体が建設会社なのであるから，建設会社に対する国土交通大臣等による28条1項上のサンクションの射程となる。

52）重複することはいえても厳密に両者が一致するかは解釈次第である。仮に建設業法にいう利用される「地位」が独占禁止法よりも広い射程を有するというのであれば，建設業法独自の違反が成り立つ部分があるが，とするならば同法19条の6第1項の括弧書きにいう，「私的独占の禁止及び公正取引の確保に関する法律（昭和22年法律第54号）第2条第1項に規定する事業者に該当するものを除く。」の規定によってその部分が「流されてしまう」ことをどう説明するかという問題が生じる。

く，むしろ独占禁止法との分岐である。建設業法上の廉売規制は独占禁止法における不当廉売規制とはその趣旨を異にする。

公共工事に係る競争入札において低入札調査基準価格や最低制限価格の制度が厳格に運用されているのは，品質確保のために他ならない。その要請は民間工事においても同様であろう。もちろん，著しい安値受注の結果は発注者に跳ね返ってくるので，民間の発注者の自己責任の問題ともいえるが，品質危機の影響は発注者に止まらない。民需にまで品質管理のための価格統制を行うべきか，は意見が分かれるかもしれないが，そこは業法として何を目指すのかによるだろう。建設業を民需であってもある種のインフラ産業と考えるのであれば，そのような発想も十分理解できる。

そして公共工事品質確保法が，近年の改正によって担い手育成・確保の要請を受けて労働賃金の適切な支払いにまで踏み込んだことを考えれば，同様の要請は民需であっても働くはずである。公共調達における付帯的政策の基盤が持続可能な社会の形成の要請にあるというのであれば，民需もその要請は同じはずである。

確かに，建設業でしばしば問題になるダンピング問題は，独占禁止法における不当廉売規制と建設業法上の不当な買い叩き規制の両方に係り得るものである（それは民需でも問題になり得る）。一方は「した方」を名宛人とし，一方は「させた方」を名宛人とする。後者は独占禁止法上の優越的地位濫用規制にリンクするものである。しかし，地位の不当な利用の絡まない建設業における原価割れ受注（過当競争による激しい値崩れ）が，常に独占禁止法上の不当廉売規制に抵触するとは限らない。それは以下の理由による。

独占禁止法上の不当廉売規制における公正競争阻害性は，必ずしも常に原価割れ受注をカバーするとは限らない。過去に，公共工事入札をめぐるダンピング受注が独占禁止法の不当廉売規制の警告となった事案がいくつか存在した。[53]
しかし行政処分には至っていない。

独占禁止法は競争の機能を維持，促進するところにその狙いがある。言い換

53）　公正取引委員会・競争政策研究センター編「低価格入札に関する研究」競争政策研究センター共同研究 CR04-12（2012）16頁以下参照。

えれば，特定の業者（群）が市場を支配することを抑制することを目指している。不公正な取引方法は，かつては，すなわち不公正な競争方法からその名称が変更され優越的地位濫用規制が創設された頃は，個別の取引関係における格差の解消を射程とする趣が強かった。しかし，それが競争機能の方にウェイトが置かれるようになり，不当廉売規制も原価割れ（が適正でないという）それ自体の不公正さではなく，廉売を通じた競争者の排除，そして市場支配の危険を公正競争阻害性として理解されるようになった。

そうすると，原価割れ受注がもたらす建築物，構造物の品質確保への脅威という建設業法の要請するところが「空白地帯」になってしまう。また，労働集約産業といわれる建設業における原価割れ受注がもたらす労働環境への悪化，端的にいえば労働賃金の低下の阻止という社会的要請は実現されないことになってしまう。そういった建設業独自の要請，あるいはそれに伴う社会的要請に応えようと，原価割れ受注それ自体を禁止する条項の新設が，重要な検討事項として強く認識されるようになった[54)]結果としての令和6年改正だった。

建設業法は「業法」であり，政策的な観点から必要に応じて積極的な介入が求められている。極端な廉売は工事の品質に悪影響を与えるだけではなく，その担い手を疲弊させ，自由市場の効率化作用によって建設業を発展させるどころか却って逆の結果を招くのではないか，という危惧を抱かせるものである。自由市場の頑健さをどこまで信用するかは論者さまざまであろうが，そこは業法規制を主導する所管官庁や中央建設業審議会，そして最終的には立法府の判断に委ねられている。

54)　ただ，原価割れ受注は，例えば宮内庁の施設工事のような受注することそれ自体が名誉であるような場合，あるいは世間の関心が強い施設の工事のような何らかの宣伝効果が期待できる場合，経験値を高める，技術習得のために行うような投資的意図があるような場合には，その工事単体でみれば赤字だがそれを上回るメリットがトータルでは存在する。一律に原価割れを禁止するというのは確かに過度の介入だという批判は当然出てくるだろう。原価割れを禁止する基準の定め方（継続性要件を定めるか，下請取引に限定するか）等，課題は少なくない。

第２章

建設業法と独占禁止法

第1節　はじめに

昨今，独占禁止法上の優越的地位濫用規制（独占禁止法19条，２条９項５号）の動きが活発である。デジタル・プラットフォーマーに関連する規制のあり方や，フリーランス人材市場の拡大を受けた働き方をめぐる公正な取引環境の整備の必要性が盛んに議論される中，同規制の適用のあり方が大きく注目されるようになった。

これらの問題も含めて同規制は公正取引委員会の競争唱導（アドボカシー）活動の強力な武器として，その存在意義がますます高まってきた[1)]。現在進行形のイシューの一つが，資材高騰局面や労働賃金高騰局面におけるコストの分担問題である。公正取引委員会は，令和４年６月から翌年５月にかけて，「独占禁止法上の『優越的地位の濫用』に係るコスト上昇分の価格転嫁円滑化の取組

1)　公正取引委員会の Web ページでは「競争唱導（アドボカシー）活動」について次の通り説明されている〈https://www.jftc.go.jp/dk/advocacy/index.html〉。

> 公正取引委員会では，今後成長が期待される分野や規制分野などにおける取引慣行や規制制度について，実態調査の実施や有識者による検討会によって問題点を整理し，その結果を報告書にまとめて公表しています。報告書では，取引慣行や規制制度についての独占禁止法・競争政策上の考え方を明らかにすることを通じて，事業者や事業者団体による取引慣行の自主的な改善を促したり，所管省庁による規制制度の見直しなどを提言したりしています。
>
> また，実態調査等で明らかとなった問題点について，ガイドラインの形で周知することにより，独占禁止法違反行為の未然防止に努めています。
>
> このような取組は，アドボカシー活動や競争唱導活動などと呼ばれています。

に関する特別調査」を行った[2]。価格転嫁円滑化は，令和3年12月に公表された，内閣官房（新しい資本主義実現本部事務局），消費者庁，厚生労働省，経済産業省，国土交通省，公正取引委員会の各省庁共同で示された方針である，「パートナーシップによる価値創造のための転嫁円滑化施策パッケージ」（令和3年12月27日[3]）を受けてのものである[4]。

2）公正取引委員会 Web ページ〈https://www.jftc.go.jp/partnership_package/tokubetsu/chosa.html〉参照。

3）内閣官房 Web ページ〈https://www.cas.go.jp/jp/seisaku/atarashii_sihonsyugi/pdf/partnership_package_set.pdf〉より。

4）公正取引委員会（独占禁止法）関連のものを以下まとめておこう（前注資料中，「2. 価格転嫁円滑化に向けた法執行の強化」より）。

> (1)　価格転嫁円滑化スキームの創設【公正取引委員会・中小企業庁・事業所管省庁】
> ・業種別の法遵守状況の点検を行う新たな仕組みを創設する。この新しい仕組みにおいては，公正取引委員会・中小企業庁が事業所管省庁と連携を図り，事業者について，①関係省庁から情報提供や要請，②下請事業者が匿名で，「買いたたき」などの違反行為を行っていると疑われる親事業者に関する情報を公正取引委員会・中小企業庁に提供できるホームページの設置（「違反行為情報提供フォーム」）を通じて，広範囲に情報提供を受け付ける。このため，価格転嫁に関する関係省庁連絡会議を内閣官房に設置する。
> ・今年度末までに把握した情報に基づき，来年6月までに，事例，実績，業種別状況等について公正取引委員会・中小企業庁が報告書を取りまとめ，公表する。これにより，問題点を明らかにするとともに，法違反が多く認められる業種については，公正取引委員会・中小企業庁と事業所管省庁が連名で，事業者団体に対して，傘下企業において法遵守状況の自主点検を行うよう要請を行う。
> ・また，公正取引委員会，中小企業庁は，これらの情報に基づき，労務費，原材料費，エネルギーコストの上昇分の転嫁拒否が疑われる事案が発生していると見込まれる業種について，重点立入業種として，毎年3業種ずつ対象を定めて，立入調査を行う。
> (2)　独占禁止法の適用の明確化【公正取引委員会】
> ・下請代金支払遅延等防止法（昭和31年法律第120号。以下「下請代金法」という。）の適用対象とならない取引（※）についても，労務費，原材料費，エネルギーコストの上昇を取引価格に反映しない取引は，私的独占の禁止及び公正取引の確保に関する法律（昭和22年法律第54号。以下「独占禁止法」という。）の「優越的地位の濫用」に該当するおそれがあることを公正取引委員会は明確化し，周知徹底する。
> ※　資本金要件を満たさない取引（例：資本金2億円の企業と資本金1,500万円の企業の取引）や，売買などの委託以外の取引，自家使用する役務を委託する取引（「事業者が業として行う提供の目的たる役務の提供」の委託）
> (3)　独占禁止法上の「優越的地位の濫用」に関する緊急調査及び法執行の強化【公正取引

その主戦場の一つが道路貨物運送業であるが，建設取引も例外ではない。建設工事の契約は請負契約であり，設計図書に基づく工事完成を以て契約履行とするものであり，特に定めがない以上は資材の高騰のリスクは受注者側が負うことになる（一方，下落場面ではその差額が利益になる）というのが契約の基本である。しかし現在，建設資材の急激な高騰について極端な費用負担の偏りが，受発注者間，元下間で深刻な問題を生じさせている[5)]。

建設工事をめぐる費用負担問題は，単に独占禁止法だけの問題ではない。もう一つ，建設業法も深くこの問題に関連し，むしろ同法こそがこの問題の起点になっているといっても過言ではない。昭和28年に独占禁止法において不公正な競争方法の規定が見直され，不公正な取引方法規制の一環として優越的濫用規制が設けられたことに先駆けて，昭和24年制定の建設業法は受発注者関係，元下関係について公正な取引の観点からの規律が定められていた。元下関係については独占禁止法の特例法である下請代金支払遅延等防止法に代わり建設業法がこれを専ら扱うものとなっている。

以下では，建設取引における価格転嫁円滑化問題を念頭に置いて，(1)独占禁止法上の優越的地位濫用規制に係る昨今の動きを踏まえつつ批判的にこれを考察，検討し，また(2)建設業法上の適正取引に係る規制について同様の視点から考察，検討し，問題解決の一つの出口である約款のあり方見直しについてコメントを行うこととする。

委員会・事業所管省庁】

・独占禁止法上の「優越的地位の濫用」に関して，労務費，原材料費，エネルギーコストの上昇分の転嫁拒否が疑われる事案が発生していると見込まれる業種について，これまでは荷主と物流事業者との取引のみ調査を行っていたが，今年度内に対象業種を追加的に選定し，来年度に緊急調査を公正取引委員会において，実施する（「買いたたき」の指導実績が多い道路貨物運送業のほか，関係省庁からの情報提供や要請，令和3年9月に実施した取組のフォローアップ調査の結果を踏まえて選定）。調査結果については，報告書を取りまとめ，公表する。また，公正取引委員会が取引価格への転嫁拒否が疑われる事案について，立入調査を行う。さらに，関係する事業者に対し，具体的な懸念事項を明示した文書を送付する。

5）そして資材の供給業者（流通業者）と購入業者（受注業者）の間でも問題になり得るが，これは売買契約であり，ここでは扱わない。

第2節　制度の整理

I　独占禁止法と建設業法

関連する知識を整理しておこう。

昭和24年に制定された建設業法は，昭和22年制定の独占禁止法よりも後発ではあるが，その理念である格差のない立場を前提にした取引の実現という観点からは独占禁止法よりも先行するものであった。というのは独占禁止法に優越的地位濫用規制が導入されたのは，不公正な競争方法規制が不公正な取引方法規制に変更された昭和28年のことである[6]が，原始建設業法には現在も存在する18条の理念規定が既に存在していた。元下関係も同様の観点から規律され得るので，昭和31年に独占禁止法の特例法として下請法が制定された際も，先行する建設業法を優先させる対応となった[7]。現在でも下請法は建設業法が射

---

6)　根岸哲「優越的地位の濫用規制の来し方・行く末：覚書」商学討究71巻臨時号（2021）28-29頁参照。この改正において定められた（旧）2条7項は，「不公正な取引方法とは，左の各号の一に該当する行為であって，公正な競争を阻害するおそれ……があるもののうち，公取委が指定するものをいう」と定め，その5号で，「自己の取引上の地位を不当に利用して相手方と取引すること」と定めた。公正取引委員会は，これを受けてその不公正な取引方法に係る告示（一般指定）の10として，「自己の取引上の地位が相手方に対して優越していることを利用して，正常な商慣習に照らして相手方に不当に不利益な条件で取引すること」と定めるに至った。以下，同前29頁から引用する。

> 2条7項が，不公正な取引方法の一類型として，5号に「自己の取引上の地位を不当に利用して相手方と取引すること」と定めるに至ったのは，昭和28（1953）年の改正により従来存在した「不当な事業能力の格差の排除に関する規定が削られたのに対処して，大規模事業者や事業者の結合体等がその優越した地位を利用して，中小企業その他を不当に圧迫するような取引を行う場合にこれを厳に取り締まる為」に新たに追加されたものであると説明されていた（公取委事務局編『改正独禁法解説』（唯人社　昭和28（1953）年）214頁）。独禁法により大規模事業者・中小企業間の取引条件に直接介入できる中小企業保護の橋頭堡としての役割が期待されたのである。しかしながら，他方では，大規模事業者間の自由な競争と中小企業間の自由な競争の中で取引先を選択し相互の取引条件が設定されるのであるが，公取委が，そのようにして設定される取引条件に直接介入することを認めるものであり，優越的地位の濫用規制は自由な競争との緊張関係に立つことになる。

程とする建設請負契約においては適用されていない。ただ，建設業法は独占禁止法に優先するものではなく，いわゆる二重規制となっている。

建設業法はその名の通り業法であり，独占禁止法と異なり特定の業の適正な環境の整備をその所管の官公庁，地方自治体の監督下で実現することをミッションとしている。そこで中央建設業審議会が標準請負約款を定める形で公正な取引を推進しようとしている（建設業法34条2項）。建設業法には独占禁止法と同様の一定の禁止規定を設けているが，独占禁止法との二重規制故に，重複する部分については建設業法の独自性はないというのであれば，唯一，独占禁止法では「事業者」性の要件を満たさない公的発注機関たる「発注者」に対する地位の不当な利用の規制のみが建設業法独自の有効な規制となっている（同19条の6）。

II　標準請負約款の位置付け

標準請負約款は必ずしも独占禁止法や建設業法違反の予防のためにある訳ではないが，適正な取引に向けた環境の整備という観点からは，独占禁止法や建設業法の理念に沿うものとなっている。例えば，民間建設工事標準請負契約約款（甲）の31条は次の通り定められている。

> 第31条　発注者又は受注者は，次の各号のいずれかに該当するときは，相手方に対して，その理由を明示して必要と認められる請負代金額の変更を求めることができる。
> 　一　工事の追加又は変更があったとき。

7）現在，元下規制が建設業法に委ねられるのは，下請法が明示的に建設請負に係る下請取引を除いているからである。以下，2条4項を示しておく。

> この法律で「役務提供委託」とは，事業者が業として行う提供の目的たる役務の提供の行為の全部又は一部を他の事業者に委託すること（建設業（建設業法（昭和24年法律第100号）第2条第2項に規定する建設業をいう。以下この項において同じ。）を営む者が業として請け負う建設工事（同条第1項に規定する建設工事をいう。）の全部又は一部を他の建設業を営む者に請け負わせることを除く。）をいう。

下請法は独占禁止法を排除するものではないのと同様，建設業法も独占禁止法を排除するものではない。いずれにせよ，建設請負工事はその全般に渡って独占禁止法の射程内にある。

二　工期の変更があったとき。

三　第3条の規定に基づき関連工事の調整に従ったために増加費用が生じたとき。

四　支給材料又は貸与品について，品目，数量，受渡時期，受渡場所又は返還場所の変更があったとき。

五　契約期間内に予期することのできない法令の制定若しくは改廃又は経済事情の激変等によって，請負代金額が明らかに適当でないと認められるとき。

六　長期にわたる契約で，法令の制定若しくは改廃又は物価，賃金等の変動によって，この契約を締結した時から1年を経過した後の工事部分に対する請負代金相当額が適当でないと認められるとき。

七　中止した工事又は災害を受けた工事を続行する場合において，請負代金額が明らかに適当でないと認められるとき。

2　請負代金額を変更するときは，原則として，工事の減少部分については監理者の確認を受けた請負代金内訳書の単価により，増加部分については時価による。

これは請負代金に関する契約変更に係る規定であるが，特別の事情があってもこのような契約変更がなされ得ないということは，あるいはその交渉の過程に応じないということは，当事者間の力関係に何らかの格差があり，その立場の違い故に，一方が不利益に甘んじざるを得ない構造があるのでは，と疑われる事情となる。もちろん，そのような構造が存在しなくても（言い換えれば，完全に対等な関係を前提にしても契約変更が進まないこともあるので），そのような結果に至ることもある。しかし，このような約款の規定があることでそのような問題を未然に予防することに役立ち，少なくとも対等な関係を前提にした取引の推進という建設業法の理念に合致する。既に述べたように，建設業法の理念と独占禁止法の理念は後者が前者に追い付く形で整合的なものであり，それは建設業法18条にあるように，「建設工事の請負契約の当事者は，各々の対等な立場における合意に基いて公正な契約を締結し，信義に従つて誠実にこれを履行しなければならない。」というものであって，約款規制はそのような関係を維持，促進することに役立つものである。上記約款31条を意図的に抜く民間契約もある。その場合，それ自体ある種の取引上の力の格差の存在を示しているという見方もなされ得よう。

請負標準約款それ自体は建設業法における地位の不当利用規制，あるいは元下規制とは異なるものであり，当事者間の力の格差を前提にするものでは必ずしもない。しかし，一律に対等な関係が担保されているのであれば，契約変更に係る契約条項はそもそも当事者間で決めればよいのであって約款の推奨は意味がなく，ただの（お節介な）サンプルにすぎない。しかし，約款に係る事項が建設業法に根拠があるものであるならば，同法1条の「建設業を営む者の資質の向上，建設工事の請負契約の適正化等を図ることによつて，建設工事の適正な施工を確保し，発注者を保護するとともに，建設業の健全な発達を促進し，もつて公共の福祉の増進に寄与する」という目的に資するとともに，取引関係を律する理念たる18条の規定と整合的でなければならない。特に後者は，契約の規律そのものであり，契約約款は受発注者，元下関係において「各々の対等な立場における合意に基い（た）公正な契約」の実現のための手段であると考えなければ，契約約款に係る建設業法上の位置付けが説明できなくなってしまう。

Ⅲ　建設業法19条の3第1項及び4の意味するもの

官民間では受発注者間の格差の程度の違いがあるだろうし，官公需の中でも発注者の規模等によっても程度が異なるだろう。民間も同様で，受発注者間で対等な関係もあるだろうが，そうでない場合もあるだろう。建設業法19条の3第1項（不当に低い請負代金の禁止）及び4（不当な使用資材等の購入強制の禁止）は，各々の禁止事項の主語が単に「注文者」になっているので，そこで想定されている主体の官民を問わない。一般的には官公庁，地方自治体の優位が問われることが多い。それは特に土木分野においては，特に地方の中小建設業者の官公需への依存度が高く，地域要件等の関係で，地元以外の工事を受注することが十分期待できない事情があるからであろう。民間工事の場合には，カテゴリカルに受発注者どちらが優位にあるかを論ずることはできず，それはケースバイケースである（官公需でも一定の傾向性はあるだろうが，カテゴリカルにいえないのは同様である)。しかし，建設業法19条の3第1項及び4が官公需，民需問わずその主語を「注文者」としている以上，ケースによっては官民問わずこの問題が生じ得ることを少なくとも法令は想定しているということになる。

やや奇妙に見えるのは，これらの規定を受けた建設業法19条の6である。その第1項は次のように定めている。

> 建設業者と請負契約を締結した発注者（私的独占の禁止及び公正取引の確保に関する法律（昭和22年法律第54号）第2条第1項に規定する事業者に該当するものを除く。）が第19条の3第1項又は第19条の4の規定に違反した場合において，特に必要があると認めるときは，当該建設業者の許可をした国土交通大臣又は都道府県知事は，当該発注者に対して必要な勧告をすることができる。

発注者が独占禁止法上の事業者（2条1項）でない場合，この条項が適用されることになるのだが，建設工事の契約主体で事業活動をしていない注文者となると，それは官公需の発注主体，すなわち国や地方自治体ということになる[8]。無償での公共サービスの提供，インフラ整備のため発注は，事業者ではないとの理解が定着している。この公的発注に係る建設業法19条の3第1項及び4違反への対応として同6の規定が存在しているということになる。

繰り返すと，建設業法は同法の射程においては下請法の適用は排除されるが，独占禁止法との関係においては独占禁止法と二重規制となっている。しかし，建設業法を所管する国土交通大臣又は都道府県知事の対応は，独占禁止法違反が認められる限り同法にその対応を委ね，それから漏れる部分についてのみ対応するという形をとって二重規制の問題が二重行政にならないように工夫されている。ただ，両者の射程が異なるのであれば（42条1項の規定ぶりからそのように読める）別途の検討が必要となる。その際，19条の6のような対応が民間の発注者による19条の3第1項や4（の独占禁止法の射程をはみ出す範囲）違反に対してなされないのは何故か，という問題が生じることになろう。

残る問題は，では受注者側に対するこの種の規制はどうなるか，である。受注者は元下関係においては建設業法の厳しい規制を受けているが，そもそもの受発注段階での地位の不当利用に関する規律はどうなっているか。この点につ

8）事業者の意味に関する判例は，都営芝浦と畜場事件最高裁判決（平成元年12月14日審決集36巻570頁）であるが，そこでいう「なんらかの経済的利益の供給に対応し反対給付を反覆継続して受ける経済活動（を行う者）」という解釈からは，一般の公共事業の実施主体は含まれないように見えるが，都が運営する費用徴収型の事業はこの射程内となる。

いて建設業法は特に定めがないので，純粋に独占禁止法の問題ということになる。建設業法1条は明確に「発注者の保護」を謳っているのにも拘らず，発注者による地位の利用のみに言及しているのは確かに違和感があるが，これは主として官公需の発注者が念頭に置かれてきたことがその背景にあるということは想像に難くない[9]。

確かに，建設業法18条が契約関係の対等性を謳っておきながら，発注者と元請会社（下請取引においては発注者）を規律する規定を置くだけで受注する側を問題にしない。結局は，独占禁止法の問題になるのだから不都合はない，との見方も可能ではあるが，建設会社が発注者に優越している場合の，建設業法上の対応が欠如している点は尚も否めない。建設業法42条1項は，「国土交通大臣又は都道府県知事は，その許可を受けた建設業者が第19条の3第1項，第19条の4……の規定に違反している事実があり，その事実が私的独占の禁止及び公正取引の確保に関する法律第19条の規定に違反していると認めるときは，公正取引委員会に対し，同法の規定に従い適当な措置をとるべきことを求めることができる。」と定めているが，19条の3第1項，19条の4はその主体が発注者となっており，とするならば，建設業者が発注者になる場合，つまりは建設業者が他の建設業者との間で建設工事の請負契約をする場合に限られる（そのほとんどが元下関係の問題として扱われるものだろう）。つまり建設業者の非建設業者に対する地位の不当利用等はここでは問題にされない。建設業法2条2項で「この法律において『建設業』とは，元請，下請その他いかなる名義をもつてするかを問わず，建設工事の完成を請け負う営業をいう。」とし，その5項で「この法律において『発注者』とは，建設工事（他の者から請け負つたものを除く。）の注文者をいい，『元請負人』とは，下請契約における注文者で建設業者であるものをいい，『下請負人』とは，下請契約における請負人をいう。」と定めているので，売買契約等は含まない。

9）　建設業法は官公需と民需との違いを明確にしていない。当事者間の力のバランスも事情に応じてまちまちであるので，主として官公需を念頭に置いて説明されるいくつかの規定は改めて位置付け直す必要があるかもしれない。

Ⅳ　公正な競争，適正な競争へ向けた制度パッケージ

建設業法と独占禁止法はパラレルな立法である[10)]。とはいえ，その射程が同じならば建設業法19条の3第1項及び4は19条の6の場面でしかその独自性を活かすことができず，独占禁止法と被る部分は独占禁止法の適用に事案の処理が委ねられる。公正な取引，適正な取引の環境整備という意味では，禁止規定の体系をとる建設業法19条の3第1項及び4は，18条の理念規定の下に続く義務付け規定である「建設工事の請負契約の内容の書面記載等」「現場代理人の選任等に関する通知」（19条，19条の2）と同系列である[11)]。その契約内容，取引内容を拘束する義務付け規定との比較で緩やかな，推奨されるものとしてその適用が勧告される契約内容，取引内容に係る規定を定める建設請負約款も，19条以下の規定と同様に18条の理念規定に導かれた一連のルールであると位置付けることができる。

現在最も定評があるコンメンタールである『建設業法解説』[12)]は，中央建設業審議会が標準請負約款を作成し，その適用を勧告する仕組みについて次のように説明している[13)]。

> ……標準請負約款を定めたり，入札参加者の資格の基準や予定価格の基準を定めたりすることは，本来契約当事者，あるいは注文者が自由に判断し，決定すべきものであって，一行政機関がこれを一方的に作成して使用を勧告する性質のものではない。しかし請負契約を締結する当事者間の力関係が一方的であるならば，たとえば大発注機関と受注者との契約であるならば発注者に有利に，また一般消費者と建設業者との請負契約であるならば受注者に有利に契約内容や請負代金が定められてしまうおそれが強い。実質的な当事者間の平等性を確保するために契約内容を適正なものとし，また契約の履行を確保

10)　建設業法42条1項は，19条の3第1項等違反が認められたケースにおいて独占禁止法上違反が認められれば，国土交通大臣等は公正取引委員会に対し適当な措置をとるべきことを求めることができる，と規定しているが，これは独占禁止法違反が認められない建設業法違反の余地を認めるものではあるが，この余地について研究上，実務上の検討が詰めてなされた歴史的な形跡は確認できない。

11)　書面記載義務は独占禁止法ではなく下請法の規定事項であることを考えれば，建設業法はこれら二つの立法の中間的存在であるようにも見える。

12)　建設業法研究会編著『〔逐条解説〕建設業法解説〔改訂13版〕』（大成出版社，2022）。

13)　同前556頁。

するために紛争処理機関を設置するというのが本法の基本的な態度であり，そのためには抽象的な規定を設けるより，当事者間の具体的な権利義務の内容を定めることが最も適当であるので，このような見地から標準請負契約約款等を作成することとしたものである。

当事者間の力の格差がなければ，このような標準請負約款は確かに不要である。一方，当事者間の力の格差がなければ，このような力の格差を解消するための標準請負約款に準拠しても不都合はあるまい。個別の実情に応じて修正は必要だろうが（だから標準のそれなのである），対等な関係が前提なのであるならば実現されるだろう適正な取引の実現のための標準的な契約モデルなのだから，力の格差の問題がない場合に，この標準モデルが支障になることはない。

独占禁止法2条9項5号や建設業法19条の3第1項及び19条の4は，力の格差が取引関係に歪みを生じさせた場合にこれを事後的に矯正する行政上の取締規定である。一方，標準請負約款はそうした歪みが生じないようにする予防的な私法上の規律である。そのような力の格差の問題への事前，事後の立法パッケージとして理解することでこれら制度をよく理解することができよう。建設業法19条及び19条の2のように義務付け規定にまで至らない（これを中央建設業審議会の勧告という形にしている）のは，契約の自由への配慮であると同時に，独占禁止法2条9項5号や建設業法19条の3第1項及び19条の4による事後的手続が用意されているからである。優越性の要件や不当利用される地位の要件の充足性に係る困難があり，仮にこれらの法令が機能しなければ約款規制がより強い形で行われるべきだという立法論に至ることになろう。

第3節　価格転嫁円滑化問題：エンフォースメントの硬軟

I　特別調査の開始，緊急調査報告

本章冒頭に掲げた「パートナーシップによる価値創造のための転嫁円滑化施策パッケージ」への公正取引委員会の対応として注目すべき動きは，以下の記述に係るものである。

> 独占禁止法上の「優越的地位の濫用」に関して，労務費，原材料費，エネルギーコストの上昇分の転嫁拒否が疑われる事案が発生していると見込まれる業種について，これまでは荷主と物流事業者との取引のみ調査を行っていたが，今年度内に対象業種を追加的に選定し，来年度に緊急調査を公正取引委員会において，実施する（「買いたたき」の指導実績が多い道路貨物運送業のほか，関係省庁からの情報提供や要請，令和3年9月に実施した取組のフォローアップ調査の結果を踏まえて選定)。調査結果については，報告書を取りまとめ，公表する。また，公正取引委員会が取引価格への転嫁拒否が疑われる事案について，立入調査を行う。さらに，関係する事業者に対し，具体的な懸念事項を明示した文書を送付する。

その緊急調査の結果は令和4年12月に公表されている[14]が，そのポイントは以下のようにまとめられる。

調査の結果は違反行為の存在を指摘するものではない。言い換えれば，個別の行為の違反要件の充足が認定された訳ではない（もちろん，調査の結果としてそのような蓋然性が認められた行為も相当程度あっただろうことは想像に難くない)。違反行為を疑いに対する「警告」や違反行為の可能性に対する「注意」のような行政指導とは異なり，広く産業を跨ぐ大規模調査の結果公表であって（法令に係る）意識の喚起の趣旨が強い。しかし，「労務費，原材料価格，エネルギーコスト等のコストの上昇分の取引価格への反映の必要性について，価格の交渉の場において明示的に協議することなく，従来どおりに取引価格を据え置くこと」「労務費，原材料価格，エネルギーコスト等のコストが上昇したため，取引の相手方が取引価格の引上げを求めたにもかかわらず，価格転嫁をしない理由を書面，電子メール等で取引の相手方に回答することなく，従来どおりに取引価格を据え置くこと」といったいわゆる濫用行為として想定される具体的な（不作為として描写される）行為が特定されている以上，違反認定の一歩手前の問題意識の下でなされていることは明らかである。そうでなければ「独占禁止法上の「優越的地位の濫用」に関する緊急調査の結果について」（傍点著者）

14)　独占禁止法43条は，「公正取引委員会は，この法律の適正な運用を図るため，事業者の秘密を除いて，必要な事項を一般に公表することができる。」と規定している。ただ公表自体には処分性がないので法的には争えず，この点に業者側からの不満の声をしばしば耳にする。

などというタイトルを付ける訳がない。この調査結果の報告においても上記の行為を「独占禁止法上の優越的地位の濫用の要件の1つに該当するおそれがある行為として挙げている」と述べている。

Ⅱ　特別調査の継続

公正取引委員会は令和5年5月末に，上記緊急調査報告に続く，「独占禁止法上の『優越的地位の濫用』に係るコスト上昇分の価格転嫁円滑化の取組に関する特別調査」を行うことを公表した[15)]（やや混乱を招くのは，令和4年6月段階に開始した調査も「独占禁止法上の『優越的地位の濫用』に係るコスト上昇分の価格転嫁円滑化の取組に関する特別調査」と呼ばれていたことである。この特別調査の中に前半の半年において緊急調査報告がなされ，その後調査が継続され，1年間の取組期間満了前にこれをバージョンアップさせた形で継続するという説明になる[16)]）。そこで「公正取引委員会は，今回の書面調査等の結果を踏まえ，必要に応じて発注者向けの書面調査を実施するとともに，発注事業者と受注事業者との間で協議を経ない取引価格の据置き等が疑われる事案について立入調査を実施」し，「問題につながるおそれのある行為が認められた事案については，関係事業者に対し注意喚起文書を送付するなど必要な対応を採るとともに，令和5年内を目途に調査結果を取りまとめ」るとしている。

緊急調査のところでも出てきたが，必要に応じて公正取引委員会は立入調査を行う，という。「立入」（47条1項4号）という手法に出る以上は，それは公正取引委員会による「事件について必要な調査」のために行われる（47条柱書）ものであり，それが「独占禁止法上の『優越的地位の濫用』に係るコスト上昇分の価格転嫁円滑化の取組に関する特別調査」の中で行われる以上，違反を構成する要件である地位の優越までもが意識されているのは明白である。明

---

15)　公正取引委員会Webページ〈https://www.jftc.go.jp/houdou/pressrelease/2023/may/230530_tokubetsu.html〉参照。

16)「令和5年度において，独占禁止法上の『優越的地位の濫用』に関して，労務費，原材料価格，エネルギーコスト等のコストの上昇分の価格転嫁が適切に行われているかなどを把握するための更なる調査として特別調査を実施することとし，本日，11万名を超える事業者に対して調査票を発送しました。」とある（同前）。

らかに無関係な事案についても違反を懸念するというのはあり得ない。これは緊急調査の結果公表についても，同様である[17]。なお，立入調査は間接強制と呼ばれるように，正当な理由なく検査を拒み，妨げ，又は忌避した場合，あるいは物件を提出しない場合には罰則（独占禁止法94条）が適用されることがあり，これによって強制力を働かせる手続である。

特別調査のアウトプットは「注意喚起文書を送付するなど必要な対応を採る」ことのようなので，確約手続や排除措置命令等の行政処分までにはいくつかのステップが残っている。緊急調査と同様，違反の認定の外で，あるいは行政処分よりも手前の段階で，あるべき競争環境，取引環境の整備を促す，いわゆる「アドボカシー（競争唱導）」と呼ばれる活動の一環として理解することができる。

Ⅲ　競争唱導

独占禁止法違反が認められれば，必要に応じて排除措置命令や課徴金納付命令が公正取引委員会によってなされる。疑いの段階に止まれば警告，将来的に違反の可能性を孕む場合には注意といった措置がなされることもある。不当な取引制限や私的独占等の違反が認められ，その重大性，悪質性等が認められる場合には刑事告発がなされることもあり得る。

最近，こうした個別の事件処理ではなく，ある産業分野やある取引分野を広く念頭に置いて，その競争環境，取引環境の適正化を目指した公正取引委員会のアドボカシー活動が目立っている。具体的には，システム調達，デジタル調達といわれる分野におけるロック・インの解消へ向けた一連の取り組み[18]や，フリーランス人材をめぐる公正取引委員会の一連の取り組み[19]がその例である。

一般的には，対象となる分野の競争状況，独占禁止法違反との関連性，ある

17）43条が，「この法律の適正な運用を図るため」と書かれている以上，法令違反の存在が念頭に置かれていることは明らかである。

18）本稿後掲注21）に掲げた文献，及びそこに掲げられた資料参照。

19）「人材と競争政策に関する検討会」が作成，公表した報告書（公正取引委員会競争政策研究センター「人材と競争政策に関する検討会報告書（平成30年2月15日）」）〈https://www.jftc.go.jp/cprc/conference/index_files/180215jinzai01.pdf〉及びそれに続く公正取引委員会の取り組み参照。

べき取引，契約のあり方といった事項についての分析や考察が有識者研究会によってなされ，その報告書が作成，公表されることが出発点となり，一定の競争政策上の提言がなされる。各種調査の結果，問題が認められたケースにおいては公正取引委員会から何らかの形で注意喚起が行われる。それは事業者に対して個別に行われる場合もあるだろうし，調査結果の公表という形で広く一般に向けてなされることもある。

こうした政策レベルでの環境整備を目指した取り組みは当然，個別のケースにおける事件処理とリンクするものである。問題点が指摘されていたのにも拘らず，その問題が改善されないままになっていた場合，個別の事業者，事業活動に対する事件処理という形で出口が見出されることになる。その場合，アドボカシー活動は問題の喚起で，事件処理は問題の解決という対比となる。

Ⅳ　確 約 手 続

留意すべき点は，事件処理の形である。一般的には違反を認めた上での行政処分が想起されるが，確約手続（48条の2ほか）による事件処理が現在では可能であり，制度導入後，積極的にこれが用いられている。要するに，違反を認定しない前提で対象事業者からの改善計画が公正取引委員会によって認められれば，（行政処分という形で）その内容での認定となる。違反を認定しないので事業者にとっても公正取引委員会にとっても負担が少なく，事件の迅速な処理が可能であるメリットがある。法政策的にいえば事業者のインセンティブを与え，誘導する仕組みであり，それはアドボカシー活動を効果的ならしめるための手段にもなる。ただ，違反の射程が曖昧にされてしまうリスクはある。

Ⅴ　公　表

その他，問題があると認定される事業者の公表がなされることもある。これは処分性がないので警告や注意と同様，法的には争いようがない。この公表は，独占禁止法43条の「公正取引委員会は，この法律の適正な運用を図るため，事業者の秘密を除いて，必要な事項を一般に公表することができる。」の規定を受けてのものである。既に警告事案については公表の対象になっているのであるから，その延長線上で考えられる。上記緊急調査の結果発表時に特に顕著な問題があると考えられた事業者の名前が公表された[20]ものについては，警告のそれに準じるものが対象になっているようだ。

提言された競争環境，取引環境に適応しない事業者を公に名指しすることの是非は今後も問われるだろう。ただ，個別の違反類型とは切り離されて扱われるものではなく，上記の緊急調査や特別調査のように何らかの違反の問題とリンクさせた上でアドボカシー活動がなされている以上，公表されるということは，その名前は「法律の適正な運用」のための「必要な事項」だということになり，当然に違反の疑いあるいはその蓋然性が意識されているはずである。しかし，公表と非公表の線引きは相対的にならざるを得ず，その判断は行政の裁量ということになるが，事業者からすればその差は雲泥のものがあり，法的には争えない以上，事業者側からの不満は大きいものがあろう。しかも，多くのケースではコンプライアンス対応として拒絶反応を示す訳にもいかず，とすると公正取引委員会のこのような対応は実質的に法令違反の認定の枠外で事業者の行動の変化を促すある種の強制力として働くことになる。法執行のあり方として果たして妥当かは，さまざまな意見があるだろう[21]。

Ⅵ　優越的地位濫用規制の射程

上記緊急調査，特別調査はいずれも「独占禁止法上の『優越的地位の濫用』に係る……特別調査」である。ここで，優越的地位濫用規制を念頭に置いた留意点について触れておこう。なお，濫用する側は「事業者」であるが，濫用される側は「取引の相手方」と規定されているので，事業者ではない個人も含まれるが，以下では事業者間同士の問題を扱おう。

優越的地位濫用規制はその名の通り，地位の優越性が前提にありこれを濫用した場合に違反となる。およそビジネスである以上，取引上の地位の優劣は必然的に生じるものであり，競争上強みのある事業者にそうでない事業者が必ずしも恵まれたとはいえない条件で契約し，以後依存関係が生じること（悪い言

20）独占禁止法43条参照。

21）例えば，楠茂樹「株式会社サイネックス及び株式会社スマートバリューから申請があった確約計画の認定について（公正取引委員会令和4年6月30日認定）」公正取引867号（2023）52頁以下参照。

い方をすれば「ぶら下がること」）は，むしろ自然な現象ではある。取引において優位に立ち，できる限りよい条件での契約を目指して事業者がマーケットの要請に応えようと努力，工夫しているのであって，どこから先が濫用でどこまでが濫用でないのかの線引きは難しい。何よりも，この規制が自由競争基盤としての取引主体の自主性，独立性に着目しているので，多分に被害者側の属人的要素に左右されることになる。仮にある事業者がある事情から経営上困難な状況にある場合，自主性，独立性が侵されたと評価され易くなってしまいかねない。また濫用の射程を広げ過ぎると，優位に立つ事業者の優位性それ自体に反規範性を見出す事態になってしまう。[22)]

だからこの種の規制の射程はできる限り抑制的に捉えておいた方が望ましい。実際にこの規制が適用されるとき，優越性（力の格差）の程度も濫用（不利益の押し付け）の度合いも大きく，要求が常軌を逸していると常識的に見て評価されるだろうケースに限定されてきた。[23)]

しかし，近年になって，同規制の射程は広がりを見せているように思われる。柔軟性を帯びてきたといってもよいかもしれない。第一に，取引の相手方は従来の法実務としては事業者に限定されてきたが，法の規定上事業者に限定されていないことからこれを個人にまでその射程が拡大されて議論されるようになり，実際，Eコマースの分野においては個人を被害者とする優越的地位濫用規制のあり方が模索されるようになってきた。[24)]

第二に，環境の大きな変化によって当初の取引条件が一方当事者にとって大きく不利に偏った場合に，この条件の変更に応じないことが濫用に当たるとい

22）　このような問題意識は著者に特有のものではなく，多かれ少なかれ，この分野に所属する研究者にある程度共有されているものである。この規制への賛否には濃淡があるが，自由競争に対する「信条」をよく反映するものではある。根岸・前掲注6）30頁の記述が非常に参考になる。

23）　ローソン事件（公正取引委員会勧告審決平成10年7月30日審決集45巻136頁）がその例だろう。いずれにしても，一般人の目からみて常軌を逸したように映るものばかりである。

24）　例えば，公正取引委員会による「デジタル・プラットフォーム事業者と個人情報等を提供する消費者との取引における優越的地位の濫用に関する独占禁止法上の考え方」（令和元年12月17日，最終改正令和4年4月1日）〈https://www.jftc.go.jp/dk/guideline/unyoukijun/dpfgl_files/220401_dpfgl.pdf〉参照。

う認識がなされるようになったということである。コンビニの24時間営業をめぐる本部と店舗との対立問題は，一つの例である。

第三に，マーケットの要請に応えるという正当化，消費者の利益のためにという正当化は効かないということが近年のケースの積み重ねで明らかにされてきた，ということである。楽天の送料無料問題に象徴されるように，多面的市場における各種ステークホルダーの利益を満遍なく配慮するという要請がこの規制にかけられている。マーケットへの要請に応えるためにという理由であっても一部取引相手にとって不満が生じる条件変更がこの規制の射程として扱われることは，緊急停止命令の申し立てがなされたこの事件において明らかになった（ただ裁判所の判断を待たずに事業者が方針を撤回したので司法の判断が下された訳ではない）。

アドボカシーの一環として上記の緊急調査，特別調査がなされたということを，そのような同規制の射程の拡大，柔軟化という流れの中で位置付けて考える必要がある。言葉遣いとしてはやや古くなりつつあるが，（独占禁止法という）ハード・ローを（アドボカシー活動として）ソフト・ローの形で用い，要件の充足を前提にした行政処分等という事件処理によらない政策誘導を試みているのである。

地位の優越性の認定に際しては，濫用行為がなされた際に取引相手の変更がコスト上容易であるか否かがポイントになるが，これは検討対象となる取引の個別の事情によるのであるから必然的にケースバイケースであるのである。短期的には他の取引相手を選ぼうと思えば選べるが，より長期の関係を意識して相手の変更に躊躇する場合もあるだろう。こういった場合，実際にかかるコストは見え難く，長期的な関係を断ち切ることへの将来への不安のような心理的障壁であるかもしれない。どのような基準，視点を以て取引相手の変更可能性を論じるべきかは，必ずしも明らかでない場合も多々ある。これもまた不確定要素であって，アドボカシー活動や確約手続において同規制の運用が積極化される際には，事業者はコンプライアンス対応に苦慮するかもしれない。法適用においては予測可能性の担保が重要なのはいうまでもなく，際限なく適用の範囲が広がる恐れがあるような運用は控えるべきであることをここで確認しておきたい。

Ⅶ　請負契約に特有な問題

請負契約は決められた条件で請け負った作業を完成させることで契約の履行となる。総価一式で行われるか否かに拘らず，公序良俗にでも反しない限り当初の条件が決定的な基盤となる。もちろん，契約条項で契約変更に係る規定が設けられていたり，当事者間で任意に交渉を行ったりすることは妨げられていない。要するに契約の自由の下，請負契約に係る取り決めは柔軟に行い得るのである。

ではこの分野に独占禁止法はどのように係ることになるのであろうか。不当な取引制限規制違反を構成する入札談合のケースでは悩まない。請負契約それ自体ではなくその契約締結過程における競争制限が問題にされるから，違反要件の充足はその前段階のそれを検討すれば足りる。

しかし，優越的地位濫用の場合，違反要件の充足は契約過程において問題にしなければならない。継続的に繰り返される売買契約のような場合，その一連の過程において契約条件の不利益変更がなされること，あるいは契約外での不利益要求がなされることが，濫用行為として想定される。その継続性の中で力の格差が生じ，どちらかがどちらかに関係上依存する状況になっているのであれば，優位性要件の充足性が認められることとなる。

一方，フランチャイズ契約やＥコマースサイトの利用契約のように一つの契約で一定期間の継続性が認められ，その期間内での特定行為の禁止要求や契約条件の変更をフランチャイズの本部やデジタル・プラットフォーマーが要求することもある[25)]。

請負契約，特に建設工事のそれは，一定期間の継続性があるのが当然であり，その期間中に資材価格が高騰し，一方当事者がその費用負担に苦しむケースがある。一方，一つの請負契約の履行終了後に新たな請負契約を同じ発注者との間で結ぼうとする際，費用高騰を反映しない価格での新規契約を余儀なくされるケースもあるだろう。これらは発注者が優位にあるケースであるが，受注者が優位にある場合，高騰した分の費用を発注者に全部，または多くの部分を持

25）　消費期限がある食品の値引き販売の禁止が前者の例であり，Ｅコマースにおける送料無料化の契約上の義務付けは後者の例である。

たせようとするケースもあるかもしれない。地位の優位の存否は個別の事情によるのであって，力の格差によって平等な費用負担が歪められる場合に，この規制の適用が問題になる。

ここでいくつかポイントがある。

第一に，継続的な取引関係の下において一つの契約終了後，新規契約に際して条件変更が認められない場合について，同規制の射程となることは争いないだろうが，一定の継続性がある請負契約の過程における条件変更はどうだろうか。

第二に，契約変更に応じたか，応じないか，という事実だけでは法的評価は下せない，ということである。契約変更に応じるか否かだけでは地位の不当な利用は明らかではない，発注者が受注者の要請に応えず契約変更がなされない場合だったとしても，発注者は将来において当該受注者との契約の機会を失うかもしれないが，それでもよしと考えての判断かもしれない。そういった関係においては地位の優越もなければ，当然に濫用行為にもならない。特に建設工事請負契約は実に多様であって一部を切り取って全体を論じることは厳に慎まなければならない。

第三に，より一般的な問題として，優越的地位濫用規制の発動は，問題があるとされた事業者は価格設定等の取引条件について後から変更を余儀なくされることになるのであるが，これはビジネスを遂行する際の大きな不確実性を生むのではないか，ということである。同規制の発動による条件変更はある意味，絶対的に優位な地位にある国家権力による法的強制なのであって，場合によっては重要な計画の変更を余儀なくされる。つまり法的な強制力を伴うというのであれば，劣後の地位にある取引の相手方からの一定の費用負担の要請に応えなければならないという不確実性を抱えることになる。

第四に，契約変更に応じないビジネス上の合理的理由が存在するが，一方，地位の優越もあった場合はどうするか。これは合理的理由が優先するというのが基本的考え方だ。もちろん負担の程度にはさまざまあるので，判断は相対的になされるべきものであって，程度の問題ということにはなる。

なお，これらの問題について独占禁止法と建設業法の間でどう棲み分けを行うのか，あるいは行わないのか，これまでの議論の積み重ねは皆無といってよい。しかし，建設業法についての立法作業が現実的なものとなる中，この議論がないまま実務を先行させるのは，建設行政の不確実性を生み出すだけの結果となりかねない。

第4節　建設業法上の対応：パートナーシップ構築のための法的戦略

公正取引委員会の上記緊急調査報告がなされたのは令和4年12月のことであったが，これを受けて令和5年1月，日本経済団体連合会，日本商工会議所，そして経済同友会の経済三団体は共同で「『パートナーシップ構築宣言』の実効性向上に向けて」と題する文書を発出した[26]。以下，引用しよう（下線部は著者による[27]）。

> わが国経済は，過去20年以上にわたり物価，賃金，生産性がほぼ横ばいという停滞が続いてきた。現下のエネルギー・原材料価格の高騰，人手不足の深刻化といった内外の環境変化を契機に，わが国経済を停滞から成長へと転換させ，多くの人が豊かさを実感できる社会の実現につなげることは経済界の責務でもある。
>
> このためには，新たな付加価値の創造による「成長」と，公正・適正な取引や賃上げを含む人への投資による「分配」の好循環の実現が不可欠である。
>
> この観点から官民挙げて推進している「パートナーシップ構築宣言」は，サプライチェーン全体での成長と分配の好循環を目指すものとして極めて重要な取組である。
>
> しかしながら，宣言企業数は増加しているものの，<u>昨年末の公正取引委員会や中小企業庁の調査結果で浮き彫りになったように，宣言の趣旨が自社調達部門等の取引現場に十分に浸透していない企業があるのが実態であり，宣言の実効性向上が急務である。</u>

---

26)　日本経済団体連合会 Web ページ〈https://www.keidanren.or.jp/policy/2023/001.html〉参照。

27)　政府と日本経済団体連合会，日本商工会議所，そして経済同友会の経済三団体等，官民共同で形成された「未来を拓くパートナーシップ構築推進会議」において令和2年5月，「パートナーシップ構築宣言」の導入が決定された。この宣言は，事業者が，取引先との共存共栄を目指し，(1)サプライチェーン全体の付加価値増大と，新たな連携（IT 実装，BCP 策定，グリーン調達の支援等），(2)下請企業との望ましい取引慣行（「振興基準」）の遵守，特に，取引適正化の重点5分野（①価格決定方法，②型管理の適正化，③現金払の原則の徹底，④知財・ノウハウの保護，⑤働き方改革に伴うしわ寄せ防止）といった事項について取り組むことを「代表権のある者の名前」で宣言し，ポータルサイトで公表するものである。

費用負担問題でいえば，この発出文書では「『パートナーシップ構築宣言』の趣旨および自社の宣言内容について，自社調達部門等の取引現場への浸透徹底を図るとともに，取引先に明示する。」「受注側企業におけるコスト（労務費，原材料費，エネルギー価格等）上昇分について，積極的に価格協議に応じるとともに，取引対価へ円滑に反映する。」といったことが謳われている。

公正取引委員会等の上記調査結果は優越的地位濫用規制を入り口にはしているが違反を認定するものではなく，アドボカシーとして環境整備を促すものである。経済界の反応も違反の有無を問うものではなく，そうした政策提言に積極的に呼応しようというものである。これまで議論してきた点に絡めるのであれば，建設業法や独占禁止法の要件が充足されるかどうかに拘るのではなく，これら違反が疑われる，あるいはその可能性を孕む問題状況が指摘されたことを受けて，より先を見た環境整備を行う必要性を官民あげて共有するものである。だからこそ，経済三団体は「パートナーシップ構築宣言」の実効性確保を指摘しているのである。しかし，このようなある種の「焦り」が経済界にあるということは，各種業界の反応はまちまちということであり，それはこの種の独占禁止法上の対応の効果には限界があるということを示すものでもある。

では，業法である建設業法上の対応についてはどうだろうか。国土交通省の「持続可能な建設業に向けた環境整備検討会[28]」が令和5年3月に公表した報告書（とりまとめ）において，建設業法19条の3の手続を見直し，問題業者への国土交通大臣等による勧告（それを公表の対象とする）を可能にする旨の提案がなされている[29]。社会評判のダメージを回避したいという業者側のインセンティブに訴えかける手続の整備は一つの実効性確保方法であるが，法適用の不確実性の問題は避けられない。元下間であれば両者とも建設業であり，（地方自治体も含め）所管故の効果もあろうが，発注者にはさまざまあり，どこまでこの「業法」が機能するかは不明な部分もある。ただ，（担当部署のあり方次第だが）一定程度の機動力は期待できる。ただ，独占禁止法との射程の異同については先ずは詰めた議論が必要だ。

28）国土交通省Webページ〈https://www.mlit.go.jp/tochi_fudousan_kensetsugyo/const/content/001599759.pdf〉参照。以下，「環境整備検討会報告書」と表記する。

29）「環境整備検討会報告書」21頁。

パートナーシップ構築を目指した，受発注者間における契約変更へ向けての協議条項の標準請負約款のあり方見直しについてはどうか。上記検討会報告書では，建設業法上，中央建設業審議会が作成，その利用を勧告する標準請負約款の利用の促進が提唱されている。具体的には，「民間約款の利用を促進するため，元下ガイドラインにおける元下約款の利用と同様に，受発注者ガイドラインにおいて，『民間約款又はこれに準拠した内容を持つ契約書による契約を締結することが基本』である旨を明記」「民間約款の利用を促す観点から，契約書において民間約款又はこれに準拠した内容を持つ請負契約であるか否かについて表示するよう措置」「ガイドラインによる措置で効果がないのであれば，民間約款の利用を建設業法上の努力義務とすることも視野に検討」といった記述がなされている[30)]。

公共事業の場合，社会基盤整備の公共的な必要性からその品質維持が強く求められ，そのために会計法等による契約過程の規律を補完する公共工事品質確保法が制定され，その一環として公的財源を原資として官公需契約と費用負担問題の解決を図ることができる。標準請負約款における契約変更の協議条項はその条項があるから機能しているのではなく，契約変更に応じることを可能とする金銭的バックグラウンドが発注者側に存在するからである。しかし民間の建設取引の場合はそうはいかない。ビジネスとして展開される民需における建設取引の場合，その品質は発注者がマンション販売，オフィスビル賃貸，あるいは自社工場の稼働というユーザー視点に立った自由市場の論理で保証されるものあって，工事価格の高低はそうした自由市場のリスクを考慮して決定されるべきだという意見はもっともではある。発注者は費用高騰局面において負担を拒絶するということはそこで発生する費用負担のアンバランスのリスクを受け入れるということを意味する。そういった自由市場の論理に対する過度にパターナリスティックな介入はその正当化が難しい。しかし，業法というのは，そういう自由市場の論理に一定の法的な枠を設けること，あるいは行政によるグリップを効かせるためのものであって，敢えて約款規制についてまで業法で言及しているのは，建設業がそれだけ特殊な市場構造，産業構造にあるという

30）　同前 19-20 頁。

ことを意味するものでもある。もちろん，官民の違い，元請け段階と下請け段階の違いを踏まえたものでなければならないが，約款のあり方見直しは，パートナーシップ構築へ向けた基盤整備そのものであり，受発注者双方を委員とした中央建設業審議会の場においてコンセンサスに至ることが前提にあるのであるから，中長期的にはFIDIC（Fédération Internationale des Ingénieurs-Conseils: 国際契約約款[31]）型のモデルの導入も含めて，そこには持続可能な環境整備として問題解決の大きな可能性があるのではなかろうか。

31）FIDICについては，建設関係，法律関係の各種サイトで解説がなされている。本文の記述に係るものとして，例えば，西村あさひ法律事務所所属弁護士による解説「FIDIC契約約款のポイント（第2回）物価調整条項」〈https://www.nishimura.com/sites/default/files/images/newsletter_construction_infrastructure_20221219.pdf〉等参照。

第3章

令和6年建設業法改正：回顧と展望

第1節　はじめに

自由市場原理が支持されるのは，自由な取引が契約当事者にとって相互改善をもたらし，その積み重ねが全体としての資源配分の効率性を生み出すと考えられているからである。ただ，そこに矯正されるべき歪みが生じれば何らかの対処が必要である。自発的な取引に委ねた結果，何らかの見過ごすことのできない歪みが発生しているとしても，自発的な取引の結果なのであるから通常，それ自体に歪みの除去を期待できない[1)]。そこで立法の必要性が生じる。自由市場の歪みを矯正する立法として社会政策立法が強調されることが多いが，独占禁止法のような競争の促進（競争の制限の禁止）を目指す法律もまた存在する。

土木や建築といった建設取引の分野は，公共契約（公共工事）はもちろんのこと，民間契約であっても生活環境や経済活動の基盤を提供するものであって，その取引規模は官民合わせて年間60～70兆円であることからも分かる通り，国民全体の利益に強く影響を与える分野である[2)]。昭和24年制定の建設業法は，

---

1)「企業の社会的責任（corporate social responsibility）」が声高に叫ばれても，企業は株主の利益に結び付かないことはしない，というのが会社の法的な構造としての帰結である。パートナーシップの構築が長期的利益に資するという限りで確かに企業の社会的責任に関わる活動と株主利益は整合的といえるのかも知れないが，それはもはや「社会的な責任」として説明されるべきものでもあるまい。そもそも「社会」という視点から企業の責任を問うこと自体の問題でもある。この辺りはミルトン・フリードマン（Milton Friedman）の端的な主張と，それに参戦したフリードリヒ・ハイエク（Friedrich Hayek），そして彼らに対する反論という形で展開されてきた，定番の論点である。楠茂樹『ハイエク主義の「企業の社会的責任」論』（勁草書房，2010）参照。

「建設業を営む者の資質の向上，建設工事の請負契約の適正化等を図る」（1条）ことを趣旨とする，歴史の長い法律である。この建設業法が今，大きな転機を迎えている。

その大きなきっかけになったのが，令和3年末に，内閣官房，消費者庁，厚生労働省，経済産業省，国土交通省及び公正取引委員会が共同でその方針を定めた「パートナーシップによる価値創造のための転嫁円滑化施策パッケージ[3)]」である。そこでは，労務費，原材料費，エネルギーコストの急激な上昇によって，契約当事者間で負担の格差が激しくなり，事業活動に大きな支障が出ている状況に鑑み，この負担を適切に転嫁できるように政府全体で取り組みを推進していくことが宣言されている。建設業法を所管する国土交通省には，工事発注者が，労務費，原材料費，エネルギーコスト等の取引価格を反映した適正な請負代金の設定や適正な工期の確保について，契約後の状況に応じた必要な契約変更の実施も含め，適切に対応するための取り組みを求めている。

こうした課題を受けて，令和4年8月，国土交通省は「持続可能な建設業に向けた環境整備検討会」（以下，「環境整備検討会」という場合がある）を設置し，翌年3月にその報告書[4)]が作成，公表された（以下，この章では「環境整備検討会報告書」あるいは単に「報告書」と呼ぶ[5)]）。議論の対象は多岐にわたるが，その主たる関心事は，発注者に対する禁止事項である地位の不当利用規制の措置強化，あるいは特に下請取引を念頭に置いた労務費を割り込む廉売規制の新設といった建設業法上のテーマであった。いずれも契約当事者間の良好な信頼に基づくパートナーシップの構築，そして働き方と生活の品質維持といった持続可能な社会形成を目指す重要な視点に導かれたものである。建設業法の改正を求めるこれらの提案については，社会資本整備審議会と中央建設業審議会の合同

2）　国土交通省等の各種資料参照。

3）　内閣官房 Web ページ〈https://www.cas.go.jp/jp/seisaku/atarashii_sihonsyugi/partnership/index.html〉参照。

4）「とりまとめ」という呼称になっているが，ここでは後で述べる社会資本整備審議会と中央建設業審議会の合同委員会（基本問題小委員会）が公表した「中間取りまとめ」（次注参照）との混同を避けるために「報告書」と呼ぶこととする。

5）　国土交通省 Web ページ〈https://www.mlit.go.jp/tochi_fudousan_kensetsugyo/const/content/001599759.pdf〉参照。

審議（基本問題小委員会[6)]）を経て政府法案が作成され，令和6年3月，国会に提出，6月に可決成立した[7)]。

この改正は，確かに建設業法のそもそもの趣旨目的からすれば違和感のない，ストレートなものであるといえようが，建設業法のあり方に大きな意味を有する一つの転換点であるともいえる。そこで，以下，改正に至るまでの経緯と議論状況，改正点のポイントを手際よく整理し，改正についての個人的見解を示すとともに，今後の検討課題も併せて指摘することとする。

第2節　嚆矢としての環境整備検討会

I　背　景

建設業は洋の東西を問わず，その国の社会基盤を支える重要産業である。それは公共のみならず民間の工事であっても同様である。人々の住居はもちろんのこと，企業もオフィスや工場のような施設がその活動の拠点となる。情報産業の発展に伴い，ライフスタイルやビジネスモデルに大きな変革が生じたが，基本的な部分は不変である。

需要の官民問わず，契約の自由と競争原理が問題を解決すると考えられている。契約の自由は契約当事者に相互改善の効果をもたらし，競争が良質と廉価を市場にもたらすので，経済が発展するという発想だ。特に公共契約の場合は，資金拠出の担い手と資金支出の担い手が異なることから，会計法令上，民間にはない厳格な手続が定められている。

しかし，契約の自由と競争原理は経済取引の出発点ではあっても終着点ではない[8)]。契約の自由と競争原理によっては調達の目的が達成できない場合，あ

6)　審議の結果は，「担い手確保の取組を加速し，持続可能な建設業を目指して」と題された「中間とりまとめ」（以下，単に「中間とりまとめ」と表記する）としてまとめられた〈https://www.mlit.go.jp/policy/shingikai/content/001631030.pdf〉。

7)　建設業法及び公共工事の入札及び契約の適正化の促進に関する法律の一部を改正する法律。

8)　公共の場合には，競争ではなく計画を出発点にするという発想は当然ある。その場合，公共契約を通じた公共調達という発想に限界が必然的に生じる。米国の国防生産法（Defense Production Act of 1950, 50 U.S.C. §4501 et seq.）のような契約強制の根拠法がない日本では計画を徹底するならば内部生産，内部調達が必要になる。例えば，防衛施設に関連する建

るいは契約の自由と競争原理によって何らかの歪み，問題が生じるのであれば，それは修正され，矯正されなければならない。そこでいう歪みや問題がどのようなものであるかは，関連する法令等の趣旨や狙いから評価されなければならない。建設業についていうならば建設業法がそれであり，公共工事についていうならば建設業法に併せて公共工事入札契約適正化法，そして公共工事品質確保法がこれを規律する。

建設業法は，「建設業を営む者の資質の向上，建設工事の請負契約の適正化等を図る」（1条）ことを趣旨とする立法である。この立法の狙いが，今般の建設業法の改正とどのようにつながるのであろうか。以下，「環境整備検討会報告書」の内容を拾いつつ，改正の背景を探る。[9)]

Ⅱ　建設業法における下請ダンピング規制

1　建設業と競争原理

労働賃金の労働者への行き渡りの問題は，確かに主として労働法分野の関心事であるが，建設業法もこの問題に強い関心を持っている。というのは，重層的な下請構造において，どうしても取引関係上立場の弱い下請業者の契約条件が不利になり易く，とりわけ昨今の費用高騰局面においては，後に触れる受発注者間の負担問題について，総価一式での請負契約であることを背景として元請業者の負担が重くなり，その分さらに下請業者に皺寄せがいく状況にある。

建設は元請業者だけでなされるものではなく，現場を支えるのは下請業者である。建設業全体が財務面で苦しくなり，現場に皺寄せが行くと下請業者の経営困難を招く。下請業者の労働賃金の水準が低迷し，行き渡りが滞るという現象も生じる。このような状況は，短期的には工事の品質への懸念を生じさせるが，中長期的にはそもそもこの職種に魅力が見出されなくなり新規入職が滞る。

設工事については，陸上自衛隊施設科がこれを担うといった具合に，である。しかしそうであっても，必要な資材や建設機械等の調達は民間から行う必要があり，内部調達を徹底することは不可能である。

9）「環境整備検討会報告書」の作成，公表に続いて，既に述べた二つの審議会の合同委員会（基本問題小委員会）で議論がさらに重ねられた。両者は基本的な方向性を共有している。ここでは著者は環境整備検討会の座長をしていたということもあり，その報告書の記述をベースにまとめることとする。

基幹産業として欠かすことのできない建設業を支える技能労働者が育たなければ，産業は維持できない。

ここで，競争原理をロバストなものとして考える立場の論者からは，そのような状況が仮に現在存在しているとしても　自由市場のメカニズムが非効率な業者を排除し，やがて請負業者の側においても無理な赤字受注はなくなるだろうという見立てがなされるかもしれない。中央建設業審議会の場でも，特に民間契約においては契約の自由を最大限尊重するべきだという声が聞かれるが，おそらくこの種の主張の背景には自由市場，競争原理への強い信頼があるのだろう。[10)]

しかし，競争原理を無垢に信頼する立場は確かにあるものの，一定の法的介入による調整，規律が必要であるというのは多くの論者が共有することである。例えば独占禁止法や刑法で入札談合が禁止されているが，入札談合もまた契約の自由の射程であり，競争原理に任せていればそのような非効率がなくなり，仮に入札談合が安定的になるのであれば，それは相手方，すなわち被害者となる発注者がそれを求めているからだ，という理屈は通用しない。

争点になり易いのは，優越的地位濫用規制である。不公正な取引方法規制にいう構成競争阻害性の理解としてよく問題になる競争基盤の侵害型の規制である。端的にいえば，取引当事者間における力の格差があるときにそのような力が濫用的に行使されないようにする規定であり，その趣旨は力を濫用される側の主体性を維持する（それを自由競争基盤と表現している）ことにある。当然ながら，このような規制は入札談合などと異なり，自由市場の競争機能とは切り離されたところにある要請であり，そもそもこのような法的関与が規範的に望ましいかという問題の他に，これが独占禁止法の一類型としてなされるべきものか，という点についてさまざまな意見があるところである。[11)]

建設業法はどうか。優越的地位濫用規制やその特例法である下請法とオーバラップする各種規定が建設業法に存在する。ただ，建設業法においては「建設工事の請負契約の当事者は，各々の対等な立場における合意に基いて公正な契

10)　その点については著者も同様である。

11)　その異質さについては，例えば，今村成和『独占禁止法〔新版〕』（有斐閣，1978）148-150頁参照。

約を締結し，信義に従つて誠実にこれを履行しなければならない。」との通則が18条において定められており，それに続く各種規定が優越的地位濫用規制や下請規制とパラレルなものになっていることが分かる。ただ，独占禁止法とは異なり，建設業法はその名の通り業法なのであって，その1条も「この法律は，建設業を営む者の資質の向上，建設工事の請負契約の適正化等を図ることによつて，建設工事の適正な施工を確保し，発注者を保護するとともに，建設業の健全な発達を促進し，もつて公共の福祉の増進に寄与することを目的とする。」と定められていることからも分かる通り，競争政策の要である独占禁止法よりもより産業政策よりの理念が示されているといえる。

そういう意味では，独占禁止法における優越的地位濫用規制類似の規定が建設業法にあるということはむしろ自然で，建設産業特有の事情を考慮した上で敢えて契約の自由に対して一歩踏み込んだ法的関与が妥当するという考え方が同法には反映されているという理解ができる[12]。

そう考えると立法論においては，建設業法は独占禁止法よりもより政策的に柔軟なポジションにある。というのは，端的にいえば建設業法は建設業の振興を促進することに狙いがあるのであり，また国土交通省（および都道府県）という個別の所管組織があり，その専門的見地から，その固有の特有事情を反映させ，また建設業を取り巻く時代の変化に応じて柔軟にそのあり方を決めていくことが求められる立法でもある。独占禁止法類似の禁止規定の他にも約款規制のようなより契約の内容に立ち入った関与も期待されるところであり，そういった特徴を活かした立法や運用を目指すことが求められてもいる。

2　独占に至らない廉売の禁止

建設業における労賃支払いについては，諸外国では一定の規制が存在する。米国では，デービス・ベーコン法（Davis Bacon Act of 1931）により，連邦政府の補助金が2,000ドル以上使われる公共工事において，建設企業はその雇用する労働者に対し連邦政府が定める基準賃金以上の支払いをしなければならない。欧州に目を向けると例えばフランスやスイスでは，産業別の労働協約に基

12）　むしろ独占禁止法の方にその考え方が拡張していることこそが争点になるのではなかろうか。

づき定められた協約賃金以上の支払い義務が，労働協約を締結していない者にも拡張適用されている。それが底なしのダンピング合戦の大きな歯止めになっている。[13]

日本では公共工事品質確保法の射程である公共工事では，建設生産物の品質と適正な利潤の確保を目的とする中央公契連モデルの適用によってダンピング抑止が一定程度効いている[14]が，元下間におけるダンピング対策は存在せず，受発注者間のダンピング対策からの間接的効果に止まってきた。また，民間工事に関しては，受発注者間も元下間においても法的な対応が欠けている状況である。[15]

> ……特に労務比率の高い専門工事業において価格競争が行われると，価格を低下させるための原資が，技能労働者の処遇を犠牲にするか，あるいは，法定福利費を適切に負担しないなど，限られた方法しかないため，結果として，技能労働者の労働条件にしわ寄せが及ぶことになる。技能労働者の処遇を改善せず，法定福利費を適切に負担しないような企業が低価格を打ち出すことに対し，競合する他企業としても価格を下げざるを得ない状況では，処遇改善を進める企業から，価格競争の中で不利な状況に置かれることになる。[16]

> ……建設業の健全な発達という目的から，建設業において，特に下請企業を対象として廉売行為を制限することにより，下請企業が労務費を犠牲にした低価格競争をすることができない環境となれば，生産性や施工品質の高さ，非財務情報の充実により他社と差別化を図ることが不可欠となる。その結果，生産性や施工品質に優れる建設企業が活躍することとなり，そのような優良な建設企業が建設市場を牽引していくという好循環が生まれることが期待される。他方において，象徴的なプロジェクトなど必ず受注したい事業について，例えば，内部留保を廉売の原資とすることで下請企業にしわ寄せが及ばないよう対応することも考えられることから，技能労働者の労働条件を犠牲にして低価格競争を行うような場合とは分けて考える必要がある。[17]

13）「環境整備検討会報告書」15 頁。

14）　そもそも法的制度として（条件付きではあるが）競争入札における下限価格の設定が可能となっており，実務でも広く利用されていることから，少なくとも受発注者間におけるダンピング抑制は効いているといえよう。

15）「環境整備検討会報告書」16 頁。

16）「環境整備検討会報告書」16 頁。

建設業法19条の3第1項（旧19条の3）は，「注文者は，自己の取引上の地位を不当に利用して，その注文した建設工事を施工するために通常必要と認められる原価に満たない金額を請負代金の額とする請負契約を締結してはならない」と定めている。いわゆる買い叩きの禁止である。売り叩き，すなわち廉売ではなく，地位の不当な利用による廉売（減額）の強制を問題にしている。これは独占禁止法では優越的地位濫用規制に相当するものであり，独占禁止法上の不当廉売規制に相当する規制は建設業法には存在しない。

仮に建設分野で極端な廉売がなされた場合はどうか。確かに建設業法は下請法との関係では前者が後者を排除する（建設業法が専属的に下請法の射程を扱う）が独占禁止法はそうではない。とするならば，独占禁止法がそのまま適用されれば足りるようにも見えるが，そうでもない。独占禁止法における不当廉売規制の「目的は，企業の効率性によって達成した低価格で商品又は役務を提供するのではなく，採算を度外視した低価格によって顧客を獲得しようとするのは，公正な競争を阻害するおそれがあるからであ」り，「労務比率の高い専門工事業において，技能労働者の労働条件を犠牲にした低価格競争を必ずしも制限できるとは限らない[18]」。共倒れを招く破滅的な価格競争は独占禁止法の射程外である。それは地位の不当利用の結果の場合もあるが，そうではない場合もある。「発注者が優越的な地位を不当に利用しない場合において受注者による不当行為が行われた場合，一義的には廉売行為を行った受注者の問題であり，受注者が競合他社を市場から排除するといった意図を有していないとしても，例えば，市場における競争環境等から受注者が自発的に廉売行為をせざるを得ない状況に置かれていることが考えられ，このような場合には，発注者の責任を問うことは想定しづらい」のである[19]。

そこで建設業法独自の廉売規制の必要性が生じた。具体的には建設業法旧19条の3の違反主体を限定しない形にするか，あるいは何らかの条文を新設するかという立法論（結果として，建設業者を主体とした廉売規制を新設した）になるが，悩ましい問題はどういう基準を禁止される廉売の判断に当てるかとい

17）「環境整備検討会報告書」16頁。

18）「環境整備検討会報告書」16頁。

19）「環境整備検討会報告書」16頁。

うことである。独占禁止法の観点からすれば，「通常必要と認められる原価」を「下回る請負代金での契約を禁止するものとして，廉売の対象となったサービスを供給することによって発生する費用と価格との比較により判断すること」[20]になろうが，今問題にしている賃金行き渡りの課題との関係では別の考慮が必要になる。「環境整備検討会報告書」は次の通り述べる。多少長くなるが制度設計の重要なポイントになるので以下，引用する。

> ……技能労働者賃金を低水準に抑えることによる競争が不適当であるという前提に立つと，「通常必要と認められる原価」のうち労務費相当部分は，実際に発生している労務費ではなく，あり得べき賃金水準をベースとして，これを一定程度下回る水準であった場合には廉売行為として制限していくことが必要となる。海外においては，アメリカではデービス・ベーコン法に基づき，ユニオン賃金が優勢な地域においてはこれを基準賃金とし，そうでなければ平均賃金を基準賃金としている。フランスやスイスにおいては，産業別の労働協約において定められた協約賃金を下限としている。我が国建設業においては，これらの国々のように産業別の労働組合による賃金相場の形成は盛んではないが，例えば，労働者派遣法に，派遣労働者の同一労働同一賃金という観点から，派遣先の通常の労働者との均等・均衡待遇か，一定の要件を満たす労使協定による待遇として，同種の業務に従事する一般労働者の平均的な賃金の額と同等以上の賃金額の支払いが義務付けられているところであり，行政において一定の賃金水準を定めている事例は存在する。このため，公共工事において下請企業による廉売行為を制限するに際しては，設計労務単価が市場の実勢価格として示されているところであるが，これに基づき予定価格の積算が行われ，中央公契連モデルに基づくダンピング対策が行われており，公共工事を受注する元請建設企業の請負代金には設計労務単価に基づく労務費相当が含まれていることから，設計労務単価に基づく労務費を「通常必要と認められる原価」の基準とすることが考えられる。もちろん，設計労務単価は公共工事における予定価格の積算に使用されるものであり，民間工事において必ずしも利用されるものではない。しかしながら，設計労務単価は公共工事を受注している企業に限っているものの，建設企業に従事する技能労働者の労務費を調査した結果として市場における実勢価格であること，公共工事と民間工事とで賃金に差があることが合理的とはいえないこと，などから，民間工事においても設計労務単価相当の労務費を「通常必要と認められる原価」の基準とすることに一定の理解が得られると考えられる。[21]

20）「環境整備検討会報告書」17頁。

21）「環境整備検討会報告書」16頁。

そこで環境整備検討会報告書は，「標準労務費」という概念を提起する。「廉売行為の制限により，下請企業として安定的な水準の労務費を確保できる場合，請負による契約として，トンあたり，平米あたりの単価で精算するのであれば，歩掛を低下させてコストを減少させることで，下請企業に追加的な利益を生み出すことができるため，下請企業に生産性向上のインセンティブが生じる可能性がある」一方で，「常用による契約であれば，実際に稼働した人日で精算することとなり，生産性の向上により労務費を低下させても下請企業の利益とならないため，下請企業に生産性向上のインセンティブが生じない可能性がある」という観点に加え，「もとより建設請負契約は，報酬を得て建設工事の完成を目的として締結する契約であることも」併せ考えると，「トンあたり，平米あたり等の単位施工量あたりの単価による労務費を基準としていくことが適当であ」り，「設計労務単価を基に，廉売行為を制限する水準として，トンあたり，平米あたりの単価を『標準労務費』と」するアイデアが提起されている。[22)]

この段階ではその概念は「安定的な水準の労務費」「設計労務単価を基に」といった具体性にやや乏しいものに止まっていたが，基本問題小委員会の「中間とりまとめ」ではこの概念をもう一段階明確化している。

……建設工事においては，材料費等の削減よりも技能労働者の労務費等の削減の方が容易であることから，技能労働者の処遇はしわ寄せを受けやすく，また，労務費等を適切に確保し処遇改善に積極的な建設企業が競争上不利な状況に置かれやすい。こうした事態が生じる背景には，受注産業である建設業において，労務費等の見積りが曖昧なまま工事を受注した場合，受注金額の範囲内で労務費等を決定せざるを得ず，結果としてサプライチェーンの末端では適正な賃金の原資が確保できないおそれがあること，技能労働者の賃金を能力や経験が反映された適正な水準に設定しようとしても，相場感が分からず，賃金適正化の取組が進まないことなどの事情があると考えられる。また，労務費は，短期的な市況の影響を受けやすく，累次の下請契約等が繰り返されるなかで，適正な工事実施に必要で，かつ，中長期的にも持続可能な水準の労務費が確保されにくい。この結果，現場の技能労働者への行き渡りも徹底されにくい。こうした状況に対応していくためには，1)適正な工事実施のために計上されるべき標準的な労務費を中長期的にも持続可能な水準で設定し，これを参照して適切な労務費がそれぞれの下請契約等にお

22)「環境整備検討会報告書」18-19頁。

いて明確化されるルールを導入することで，下請契約等における労務費の額が市況の影響を受けにくい環境をつくること，2)適切な労務費等の確保や賃金行き渡りを阻害し，出血競争による共倒れを招きかねない不当な安値での受注を排していくこと，3)その他，適切な労務費等の確保や賃金行き渡りを担保する措置を講じていくこと，が必要である。[23)]

標準労務費概念の重要なポイントはそれが「中長期的にも持続可能な水準」として語られているということである。競争の結果が正しく，それこそが中長期的に持続可能なものだという発想から決別し，敢えてそういった水準を目指した廉売規制をかけていくという点について異論はあるかもしれないが，それが「分配と成長の好循環」戦略の一つの帰結であり，それこそが「新しい資本主義」の「新しさ」なのだ，という点には合点がいく。しばしばこの問題に関心がある法学者や法実務家と議論する際，「建設業法」という特定の業界についての業法であるが故に可能なのであって，より一般的な法，具体的には独占禁止法の世界において同じような視点で立法を行うのであれば反対するという声をよく聞く。

この標準労務費の水準は，環境整備検討会報告書では，「中央建設業審議会が勧告する」とした。[24)]そこでは明示されていないが，その水準の客観性，公正性を担保するために規制当局ではなく，第三者機関にその判断を委ねるということである。その水準を決める視点，要素についても基本問題小委員会の「中間取りまとめ」が具体的に示している。

標準労務費の策定に当たっては，例えば，設計労務単価に工種ごとの標準的な仕様・条件（＝規格）での労務歩掛等（単位施工量当たりの作業労力・人工）を乗じる方法により，単位施工量当たりの金額として算出することを検討すべきである。その際，労務歩掛等は，工種ごとに様々な規格が存在していることから，工種によって幅を持たせた形で勧告すること等を検討すべきである。加えて，標準的な労務歩掛等の設定に当たっては，それらが各種工事の実態に即しているかどうかや，国の直轄工事の歩掛等が設定されていない住宅建築工事の工種に係る算出をどのような方法で行うかなども含め，行政のみならず建設工事の受発注者等の関係者からも十分に意見を聴取して検討を進めて

---

23) 「中間とりまとめ」8頁。

24) 「環境整備検討会報告書」19頁。

いくことが必要である。また，労務費の相場感を形成し，廉売行為の判断基準にすると，その機能を損なわないかにも留意しつつ，標準労務費を例えば労務比率の高い工種から段階的に勧告する等の対応も検討すべきである。さらに，標準労務費の具体的な範囲や内容等については，技能労働者の能力・資格や経験等に応じた賃金支払いの実現に十分に寄与できるよう考慮しつつ，幅広く合意を得ながら検討すべきである。併せて，下請契約における適切な労務費等の確保のため，標準見積書，請負代金内訳書等に労務費等の内訳を明示する取組を促進すべきである。[25)]

このような基準で廉売の規制のフレームワークができたとしても，それだけでは規制の目的は完結しない。賃金行き渡り，すなわち労務費の労働者への確実な支払いが目的であるから，「設計労務単価に基づく労務費が下請企業に支払われたと仮定しても，実際に下請企業が技能労働者に設計労務単価相当の賃金を支払うかどうかは必ずしも定かではな」く，「設計労務単価に基づく労務費が下請企業に支払われた場合，下請企業から，雇用する技能労働者に対し設計労務単価相当の賃金を支払うことのコミットメントを得る必要があ」る。[26)]公共工事の場合，公共工事品確法に基づく基本方針において「国は，元請建設企業のみならず全ての下請企業を含む公共工事を実施する者に対して，労務費，法定福利費等が適切に支払われるようその実態把握に努めることと」されており，実効性担保に向けての配慮がなされているが，民間の場合はどうか。この辺りはCCUS（Construction Career Up System：建設キャリアアップシステム）[27)]のようなここでのテーマの射程を超える内容が環境整備検討会報告書で展開されているので，それは割愛するが，関連する周辺の制度や実務と関連付けて制度の実効性を議論しなければならないし，環境整備検討会報告書ではそのような示唆がなされている。[28)]

25）「中間とりまとめ」9頁。

26）「環境整備検討会報告書」21頁以下。

27）一般財団法人建設業振興基金が開設しているWebページ〈https://www.ccus.jp/〉参照。さらには国土交通省のWebページ〈https://www.mlit.go.jp/tochi_fudousan_kensetsugyo/const/ccus_about.html〉参照。

28）以上，引用部分も含めて，「環境整備検討会報告書」18頁。

Ⅲ　建設業法における費用の公平な負担

環境整備検討会報告書のもう一つの柱で，また改正建設業法の目玉の一つが，物価の変動に対して，受発注者間で適切に費用を負担するスキームを作るということだ。[29]

民間の建設工事においては，（工事全体での契約価格を合意する）総価一式での請負契約という工事原価を必ずしも明示し合意しない契約方式が普及している。この方式だと急激な物価変動が発生したときに，受発注者の一方に大きな皺寄せがいくことになる。物価高騰場面では，工事を請負う建設業者が硬直的な請負契約の下，不利益を受ける。環境整備検討会報告書では以下の通り述べる。

> 価格変動への対応という点では，総価一式での請負契約という工事原価を必ずしも明示し，合意しない契約により，受発注者間に情報の非対称性が発生していることが問題となる。請負という契約方式である以上，工事原価がわからないとしても与えられた裁量の範囲であるが，工事原価がわからないことにより受発注者間での意思疎通を難しくしている面は否定できない。また，実務上，見積書の内訳明示などが行われていても，「物価上昇による請負代金の変更は認めない」といった条項とともに総価一式で契約されるため，契約後に価格変動への対応が困難となっている事例も見られる。[30]

資材価格を交渉で圧縮することは困難であり，結果，立場上劣位に立ち易い下請業者や労働者にその皺寄せが移行する。低賃金，長時間勤務という悪循環を招き，場合によっては未払いの問題も発生する。見積書の内訳明示などが行われていても，「物価上昇による請負代金の変更は認めない」といった条項とともに総価一式で契約されるので，契約後の価格変動へ対応が難しいと考えられる。[31] 公共工事標準請負契約約款に基づく契約が結ばれている公共工事におい

29）「環境整備検討会報告書」6 頁以下。

30）「環境整備検討会報告書」6 頁。

31）手続的には契約変更は可能であるし，後に触れる民間約款ではそのような手続が用意されている。この点について環境整備検討会報告書は以下の通り述べる（7 頁）。

> リスクをどう分担するかという点については，契約期間が長くなるほど将来の不確実性が高まるため，それに対応するため柔軟な対応を可能とすることが求められる。民間約款第 31

ては，同約款26条に規定する，予備的経費が請負代金に含まれないことを前提として請負代金の増減ルールを定めたいわゆる「スライド条項」が効いているので[32]，少なくとも法的には問題解消の仕組みは整っているといえるが，民間はその基礎に欠けているのである。

そのような事情の下，建設業法は，中央建設業審議会が民間建設工事標準請負契約約款（以下「民間約款」という）を作成，民間業者にその利用を促すことで適切な請負契約の締結を期待しているのだが，実効性に欠けるのが現状である[33]。そもそも同法が主として対象とする建設業者以外の業者（発注者の多くはそうだろう）に対しては，各種許可にも関連しない以上，民間約款の利用を促す程度の対応では不十分なのは当然ではある。

こういった問題の把握を受け，環境整備検討会報告書は，次の提言を導いている[34]。

第一に，民間約款の利用の努力義務化である。

第二に，民間約款の利用の有無についての表明制度の導入である。

そして第三に，民間約款31条の担保のための建設業法19条1項8号の明確化である。

ここで第一，第二にいう「民間約款の利用」は，第三にいう「民間約款31条」の機能化に向けられたものである。民間建設工事標準請負契約約款（甲）

条は，発注者及び受注者の双方から，契約締結時点において予期することのできなかった事象が発生した際や，長期にわたる契約で将来的に物価変動が発生した際に，請負代金の変更を求めることができる旨の規定であるが，請負代金が上振れする場合と下振れする場合の両方が想定されるものであり，発注者又は受注者の一方が過剰にリスクを負うことがないよう，適切にリスクを分担するための協議を求める入り口となる重要な規定である。民間約款を利用している建設請負契約であっても，この第31条が意図的に削除され，あるいは，物価高騰による請負代金の変更は認めない旨の特約を追加することなどにより，請負代金の変更を求める協議入りを拒む契約を締結することで，契約締結時点で想定が困難なリスクを一方当事者に事実上負担させている事例がみられるが，最近の建設資材価格の高騰により価格変動への対応が困難となる問題が顕在化している。

32）「環境整備検討会報告書」6頁等。

33）「環境整備検討会報告書」6頁以下参照。

34）「環境整備検討会報告書」20頁以下参照。

の当該条文は以下の通りである。

発注者又は受注者は，次の各号のいずれかに該当するときは，相手方に対して，その理由を明示して必要と認められる請負代金額の変更を求めることができる。

一　工事の追加又は変更があったとき。

二　工期の変更があったとき。

三　第三条の規定に基づき関連工事の調整に従ったために増加費用が生じたとき。

四　支給材料又は貸与品について，品目，数量，受渡時期，受渡場所又は返還場所の変更があったとき。

五　契約期間内に予期することのできない法令の制定若しくは改廃又は経済事情の激変等によって，請負代金額が明らかに適当でないと認められるとき。

六　長期にわたる契約で，法令の制定若しくは改廃又は物価，賃金等の変動によって，この契約を締結した時から一年を経過した後の工事部分に対する請負代金相当額が適当でないと認められるとき。

七　中止した工事又は災害を受けた工事を続行する場合において，請負代金額が明らかに適当でないと認められるとき。

2　請負代金額を変更するときは，原則として，工事の減少部分については監理者の確認を受けた請負代金内訳書の単価により，増加部分については時価による。

現段階では民間約款は推奨されるものに止まっている。「契約の自由」に対する制限としてはあまりにも弱い。裏を返せば「契約の自由」の要請がそれだけ民間契約においては強く働いているということだ。しかし，環境整備検討会報告書は建設業法の狙いを一段と推し進めるべく，約款規制の強化を唱えた。[35)]

第三の提言はややテクニカルなものであるが，約款の実効性確保のためには重要なステップだ。民間約款31条を機能化させるための建設業法における書面記載事項の明確化の必要性についてである。

もとより，建設業法第19条第1項第8号の規定については，請負契約の締結後，その基礎となった価格等が変動し又は変更されたため，当初の契約内容で工事を続行することが妥当でないと認められるような場合に，請負代金の額又は工事内容をどのように変更するかということについての定めを契約書面に記載することが目的であるとされる

35）「環境整備検討会報告書」6頁以下，20頁以下参照。

が，条文の文言のみではその目的が明確ではなく，実務上も請負代金の額又は工事内容をどのように変更するかということについての定めを契約書面に記載するという扱いはなされていない。このため，建設業法第19条第1項第8号の主旨を明確にするとともに，民間約款の利用促進と併せて，事実上，民間約款第31条の規定が担保されるよう措置することが必要となる。[36)]

さらに踏み込んだのは建設業法19条の3への言及である。前項で建設業法19条の3に言及したのは廉売規制の拡大の必要性に関してのものであったが，前項が扱う費用負担の平等化の問題については，適切な協議が行われることの実効性確保手段，履行担保措置としてこの条文が持ち出されている。地位の不当利用が伴えば，費用負担の合理的根拠のない拒絶は建設業法19条の3に規定する「不当に低い請負代金」と認定される可能性がある。これをどう活かすか。

環境整備検討会報告書の提言は以下の通りである。

……建設業法第19条の3に規定する「不当に低い請負代金」とならないよう，個別の事案に応じて許可行政庁が契約内容を判断し，違反する者に対して勧告等の措置を行うことで，協議の実効性を担保することが期待されるが，現行制度上，民間事業者に対する勧告権限が国土交通大臣など許可行政庁に付与されておらず，独占禁止法を所管する公正取引委員会において，独占禁止法第19条の規定に違反する場合に適当な措置を講ずることとなっている。このため，まずは，公正取引委員会による優越的地位の濫用に関する考え方を周知徹底することで協議の実効性を担保することが求められる。加えて，公正取引委員会が独占禁止法において規制する優越的地位の濫用と，建設業において規制することが期待されているものとでは，現下の状況においては，それぞれその目的や考え方が異なるようになってきているものと考えられることから，建設業法に基づき，許可行政庁が建設業の健全な発達といった観点から，民間事業者に対しても勧告を実施することができるよう制度化することが求められる。[37)]

建設業法における禁止規定に違反する事実があると認められる場合に勧告等を行うこととなるが，勧告等を行うに足る証拠が得られない場合であっても，違反の疑いがあるときは「警告」を行い，是正措置をとるよう行政指導を行うとともに，違反行為の存在を疑うに足る証拠は得られなかったが，違反につながるおそれのある行為がみられた場

36)「環境整備検討会報告書」7頁。

37)「環境整備検討会報告書」9頁。

> 合には，未然防止を図る観点から「注意」として行政指導を行うといった形で，行政指導の実施方法についても併せて見直すことが適当である。その際，例えば貨物自動車運送事業法第24条の2を参考に，建設請負契約の適正化にかかわる情報を調査・整理し，公表することができるよう措置するとともに，これらの対応に必要となる組織体制の整備も併せて行うことが必要である。このような取組により，適切な協議プロセスを確保した上で，建設生産プロセス全体での適切なリスク分担と価格変動への対応を実現することが期待される[38)]。

基本問題小委員会の中間取りまとめは，基本的な方向性は環境整備検討会報告書と軌を一にするものであった[39)]。具体的提言は7つあるが，1)民間約款の利用促進，2)価格変動等に伴う請負代金の変更条項の契約書への明示，3)当事者間での誠実協議，4)民間事業者への勧告等，といった民間約款の利用について環境整備検討会報告書の提言を改めて確認したことに加え，「受注者によるリスク情報提供の義務化」「請負契約における予備的経費等に関する事項の明記」「オープンブック・コストプラスフィー方式の標準請負契約約款の制定」といった点にまで踏み込んだ点が特徴といえる。1)についていえば，「中間取りまとめ」では民間約款31条1項5号の「経済事情の激変」，同6号の「物価，賃金等の変動」といった文言について「どのような場合がこれらに該当するのか，例示も含めて解釈を明示すべきである」との要請がなされている点では，より具体化された提言になっているといえよう[40)]。

38）「環境整備検討会報告書」10頁。

39）オープンブック・コストプラスフィー方式の標準請負契約約款の制定あたりはやや踏み込んだ印象が強い。解説として，土木学会「コストプラスフィー契約に関する検討報告書」(2017)〈https://committees.jsce.or.jp/cmc/system/files/コストプラスフィー契約報告書本編_0.pdf〉等参照。

40）「中間とりまとめ」は，建設業法19条の3に関連し，以下の通り述べている（6頁)。これは優越的地位濫用規制の適用について警戒する民間発注業者に配慮した記載であるといえよう。

> 不当に低い請負代金の禁止規定の違反につながるおそれのある行為の整理に当たっては，工事の難易度や工期，支払い条件等も考慮しつつ，民間同士の契約に基づく自由な経済活動を阻害しないことや，受発注者間の関係や立場は，協働して建設工事を施工する元下間の関係や立場とは異なること等に十分留意しながら検討すべきである。また，建設工事請負契約

第3節　立　法

令和6年3月，建設業法改正法案が公共工事入札契約適正化法改正法案とともに閣議決定され，国会に提出された。やや遅れて公共工事品質確保法改正法案も提出され，これら三法は同年6月，それぞれ成立した。いわゆる担い手三法の改正であるが，ここでは設定されたテーマに従って建設業法についてのみ言及する[41)]。以下，改正法案に付された要綱（建設業法及び公共工事の入札及び契約の適正化の促進に関する法律の一部を改正する法律案要綱）を紹介する。本章に関連した改正内容は以下の通り[42)]。なお，関連する改正後の条文については，下

の締結状況について広く情報を調査・整理し，必要な対応を求めていく上では，請負金額だけでなく工期や支払い条件等についても考慮するとともに，例えば勧告等の前段階で対象者とのコミュニケーションの機会を設けるなどしつつ，十分な根拠に基づき公平な立場から行われるべきことに留意すべきである。

41）公共工事入札契約適正化法，公共工事品質確保法については機会を改めて考察することとする。

42）関連性はあるが，本文に掲載しなかった要綱の記載を参考までに掲げておく。

四　著しく低い額による建設工事の見積りの禁止等

1　建設業者は，建設工事の請負契約を締結するに際しては，工事内容に応じ，工事の種別ごとの材料費，労務費及び当該建設工事に従事する労働者による適正な施工を確保するために不可欠な経費（以下「材料費等」という。）その他当該建設工事の施工のために必要な経費の内訳等を記載した建設工事の見積書（以下「材料費等記載見積書」という。）を作成するよう努めるものとし，材料費等記載見積書に記載する材料費等の額は，当該建設工事を施工するために通常必要と認められる材料費等の額を著しく下回るものであってはならないものとすること。（第20条第1項及び第2項関係）

2　建設工事の注文者は，建設工事の請負契約を締結するに際しては，当該建設工事に係る材料費等記載見積書の内容を考慮するよう努めるものとし，建設業者は，建設工事の注文者から請求があったときは，請負契約が成立するまでに当該材料費等記載見積書を交付しなければならないものとすること。（第20条第4項関係）

3　建設工事の注文者は，材料費等記載見積書を交付した建設業者に対し，その材料費等の額について当該建設工事を施工するために通常必要と認められる材料費等の額を著しく下回ることとなるような変更を求めてはならないものとし，これに違反した発注者が当該求めに応じて変更された見積書の内容に基づき建設業者と請負契約を締結した場合において，国土交通大臣等は，当該建設工事の適正な施工の確保を図るため特に必要があると認めるときは

記第４節の考察において言及する。

一　請負契約における書面の記載事項の追加[43)]

建設工事の請負契約における書面の記載事項に，価格等の変動又は変更に基づく請負代金の額の算定方法に関する定め等を追加するものとすること。

二　建設業者による不当に低い請負代金による請負契約の締結の禁止[44)]

建設業者は，自らが保有する低廉な資材を建設工事に用いることができること等の正当な理由がある場合を除き，その請け負う建設工事を施工するために通常必要と認められる原価に満たない金額を請負代金の額とする請負契約を締結してはならないものとすること。

五　工期等に影響を及ぼす事象に関する情報の通知等[45)]

１　建設業者は，その請け負う建設工事について，主要な資材の供給の著しい減少，資材の価格の高騰等の工期又は請負代金の額に影響を及ぼす事象が発生するおそれがあると認めるときは，請負契約を締結するまでに，注文者に対してその旨を当該事象の状況の把握のため必要な情報と併せて通知しなければならないものとすること。

２　１の規定による通知をした建設業者は，請負契約の締結後，当該通知に係る事象が発生した場合には，注文者に対して工期の変更，工事内容の変更又は請負代金の額の変更についての協議を申し出ることができるものとし，当該協議の申出を受けた注文者は，正当な理由がある場合を除き誠実に当該協議に応ずるよう努めるものとすること。

六　労働者の適切な処遇の確保に関する建設業者の責務[46)]

建設業者は，その労働者が有する知識，技能その他の能力についての公正な評価に基づく適正な賃金の支払その他の労働者の適切な処遇を確保するための措置を効果的に実施するよう努めるものとすること。

当該発注者に対して必要な勧告等をすることができるものとすること。（第 20 条第６項から第８項まで関係）

43）第 19 条１項関係。

44）第 19 条の３第２項関係。

45）第 20 条の２第２項関係，第 20 条の２第３項及び第４項関係。

46）第 25 条の 27 第２項関係。

十　建設工事の労務費に関する基準の作成等[47)]

中央建設業審議会は，建設工事の労務費に関する基準を作成し，その実施を勧告することができるものとすること。

十一　国土交通大臣による調査等[48)]

国土交通大臣は，請負契約の適正化及び建設工事に従事する者の適正な処遇の確保を図るため，建設業者に対して，建設工事の請負契約の締結の状況，五の規定による通知又は協議の状況，六に規定する措置の実施の状況等の事項につき必要な調査及びその結果の公表を行うとともに，中央建設業審議会に対し，当該結果を報告するものとすること。

以下，節を改めてこれら改正内容について考察を行うこととする。

第4節　考　察

I　総　論

あらゆる契約において事後的に費用の公平な負担を強制することはできず，そこで，費用負担に関する協議の場を設けることへのコミットメントを受発注者に求めることをもって一歩前進と考えたのが今回の改正である。資材価格や労務費の高騰分を受発注者間で適切に負担しておかないと，結局，働き手，特に中小企業の働き手の苦境を招く。建設業の場合，現場の担い手である。しかし，現場で汗水流している労働者が物価高騰の最大の被害者となる社会は，果たして持続可能な社会なのか。もちろん，発注者側にも事情がある。不動産を扱うデベロッパーの場合，マンションの購買者やオフィスビルのテナントなどへのマーケティング活動が計画段階で行われるので，契約後の費用負担の変更はビジネスの計画に大きな影響を与える。また，総価一式にはリスク回避という一定の合理性がある。そもそも契約上の根拠の欠ける費用負担を株主が納得するはずがない。特定のスタイルの契約を強制するのは，時期尚早で，そもそも契約の自由に対して介入主義的過ぎるとの批判が根強い[49)]。これは将来的な課

47)　第34条2項関係。

48)　第40条の4関係。

49)　この種の指摘は中央建設業審議会の場でも一部委員からなされている。

題にとどまらざるを得ない。短期的には，議論が平行線に終わることが容易に予想された。

このような膠着状態を大きく揺れ動かしたのは，独占禁止法，主として優越的地位濫用規制に関わる公正取引委員会のいわゆるアドボカシー活動の活発化である。日本政府は，今から3年ほど前に「パートナーシップによる価値創造のための転嫁円滑化施策パッケージ」（令和3年12月7日内閣官房・消費者庁・厚生労働省・経済産業省・国土交通省・公正取引委員会）を公表した[50]。ウクライナ戦争等の有事，極端な円安などが追い討ちをかける形で資材費高騰が深刻化し，コスト増分の転嫁がますます喫緊の課題となったからだが，小泉純一郎政権の時代は契約の自由と自由市場の原理とをピュアに追求する傾向が強く，また旧民主党政権の時代は公共事業費の削減が背景となり，競争が激化したことで建設，特に土木分野における下請への皺寄せが激しくなっていたことを思い起こすと，隔世の感を禁じ得ない。平成17年に公共工事品質確保法が制定されてから国の公共工事においては総合評価落札方式がスタンダードになったが，地方においては浸透せず，最低制限価格がほぼ唯一のダンピング防止策になっている状況であった。この時代，そもそものパイが縮小していたこともあって，落札率が高止まりしていても下請の売上には十分反映されない状況だったということは容易に想像がつく。特に深刻なのは労務費である。令和5年11月，公正取引委員会は，内閣官房と共同で作成した「労務費の適切な転嫁のための価格交渉に関する指針」を公表した[51]。その冒頭に「原材料価格やエネルギーコストのみならず，賃上げ原資の確保を含めて，適切な価格転嫁による適正な価格設定をサプライチェーン全体で定着させ，物価に負けない賃上げを行うことは，デフレ脱却，経済の好循環の実現のために必要である。その際，労務費の適切な転嫁を通じた取引適正化が不可欠である。」と触れられていることからも分かる通り，物価高が労務費に適正に反映されなければ労働者の環境はより苦しいものとなってしまう。

50）　公正取引委員会 Web ページ〈https://www.jftc.go.jp/houdou/pressrelease/2021/dec/211227.html〉参照。

51）　公正取引委員会 Web ページ〈https://www.jftc.go.jp/dk/guideline/unyoukijun/romuhitenka.html〉参照。

Ⅱ　請負契約における書面の記載事項の追加

今回の改正によって，柱書において「建設工事の請負契約の当事者は，前条の趣旨に従つて，契約の締結に際して次に掲げる事項を書面に記載し，署名又は記名押印をして相互に交付しなければならない。」と定める19条はその8号において，「価格等（物価統制令（昭和21年勅令第118号）第2条に規定する価格等をいう。）の変動若しくは変更に基づく請負代金の又は工事内容の変更」とされていたところ，「価格等（物価統制令（昭和21年勅令第118号）第2条に規定する価格等をいう。）の変動又は変更に基づく工事内容の変更又は請負代金の額の変更及びその額の算定方法に関する定め」と改められた。

旧法でも変更により変動する金額の「決め方」を読み込むことは可能である。そもそも変更なのだから変更に際しての額が事前に確定しないのは当然なのであって，その基準や考え方についての共有がなされなければ変更金額について言及する意味が希薄なものになってしまう。確認的な色彩の濃いものではあるが，この明確化によって標準約款の見直しを法的に基礎付けることともなった。[52)]

Ⅲ　建設業者による不当に低い請負代金による請負契約の締結の禁止

建設業法改正法によって19条の3第2項が新設された。「建設業者は，自らが保有する低廉な資材を建設工事に用いることができることその他の国土交通省令で定める正当な理由がある場合を除き，その請け負う建設工事を施工するために通常必要と認められる原価に満たない金額を請負代金の額とする請負契約を締結してはならない。」というものだ。「注文者は，自己の取引上の地位を不当に利用して，その注文した建設工事を施工するために通常必要と認められる原価に満たない金額を請負代金の額とする請負契約を締結してはならない。」と定められる旧19条の3はそのまま残って，第1項とされた。「通常必要と認められる原価に満たない金額」という表現で平仄を合わせた形になった。

当初，優越的地位濫用規制とパラレルに理解される旧19条の3とは趣旨の異なる廉売規制における「原価割れ」をどう法的に表現するかは悩みの種であ

---

52)　将来的には標準約款におけるコストプラスフィー契約，オープンブック方式を導入する一つの起点ともなろう。

った。建設業法上の廉売規制は独占禁止法のそれと異なる「賃金行き渡り」という明確な政策的目標がある一方で，地位の不当利用による買い叩きは取引の平等，公正という観点から規制されるものであり，価格に対するアプローチが異なっている。立法においては「その請け負う建設工事を施工するために通常必要と認められる原価」というやや「広がりのある」文言をそのまま利用したので，今後は，標準労務費がキーポイントとなる19条の3第2項における「原価」の考え方がガイドライン等で示されることとなる[53]が，その際，両項の関係がどこまで明確化されるか，そもそも第1項における費用概念が詰めて考えられるかといった課題は，しばらくは残り続けるだろう。

措置面においては，改正後の建設業法28条1項柱書第1文が「国土交通大臣又は都道府県知事は……この法律の規定……違反した場合においては，当該建設業者に対して，必要な指示をすることができる。」としており，そこから19条の3第1項は除外しているが同第2項は除外していないことから，この手続の射程とされることとなった。

なお，建設業者による廉売禁止が意識される形で，20条の規定も見直されることとなった。改正法はその1項において建設会社が作成すべき見積書記載事項に「当該建設工事に従事する労働者による適正な施工を確保するために不可欠な経費として国土交通省令で定めるもの」(「材料費等」) を加え，「見積書に記載する材料費等の額は，当該建設工事を施工するために通常必要と認められる材料費等の額を著しく下回るものであつてはならない。」(2項) とし，注文者に対しては見積書を交付した建設業者に対し，「その材料費等の額について当該建設工事を施工するために通常必要と認められる材料費等の額を著しく下回ることとなるような変更を求めてはならない。」(6項) として見積段階での買い叩きの予防規定を設けた。そして地位の不当利用規制を準用する形で勧告等の手続を置くことでその実効性の担保を図っている (7項，8項)。

53)　標準労務費を検討するため，中央建設業審議会の下にワーキンググループが設置されることが，令和6年3月に開催された中央建設業審議会総会の場で国土交通省側から提案され承認された。

Ⅳ　労働者の適切な処遇の確保に関する建設業者の責務

賃金行き渡りを確実にするためには元となる受発注者間の契約における適正な対価の維持が出発点ではあるが，結局，建設会社による実際の支払いがなされなければ意味がない。どこかで行き渡るべき部分が吸収されてしまうことを防ぐためにはどうしたらよいのか。25条の27における第2項が次の通り新設された。

> 建設業者は，その労働者が有する知識，技能その他の能力についての公正な評価に基づく適正な賃金の支払その他の労働者の適切な処遇を確保するための措置を効果的に実施するよう努めなければならない。

この規定は第4項に定める国土交通大臣による必要な措置の対象になるので，2項の要請に従わない業者名の公表等がなされ得ることになる。

Ⅴ　建設工事の労務費に関する基準の作成等

改正後の34条はその第2項で，中央建設業審議会に「建設工事の……労務費に関する基準」の作成，実施の勧告権限が与えている。この規定に関する改正法の施行は公布後3ヶ月以内となっており，令和6年9月，同審議会の下に標準労務費算出に関するワーキング・グループが設置された。19条の3第2項の廉売規制や20条各項における低価格見積規制については公布後1年6ヶ月以内の施行となっているので，令和7年末以降，勧告された標準労務費が各規定運用の根拠として機能することになる。

Ⅵ　国土交通大臣による調査等

改正法によって40条の4が追加された。条文は以下の通りである。

> 1　国土交通大臣は，請負契約の適正化及び建設工事に従事する者の適正な処遇の確保を図るため，建設業者に対して，建設工事の請負契約の締結の状況，第20条の2第2項から第4項までの規定による通知又は協議の状況，第25条の27第2項に規定する措置の実施の状況その他の国土交通省令で定める事項につき，必要な調査を行い，その結果を公表するものとする。

2　国土交通大臣は，中央建設業審議会に対し，第34条第2項に規定する基準の作成に資するよう，前項の調査の結果を報告するものとする。この場合において，国土交通大臣は，中央建設業審議会の求めがあつたときは，その内容について説明をしなければならない。

条文を読めば分かるが，具体的には20条の2第2項から第4項，すなわち費用負担の事前協議に関することがらと，25条の27第2項，すなわち建設会社による支払いに関することがらの両方を国土交通大臣の調査，公表に絡めることで制度の実効性を担保しようというものであるが，強調されるべきは建設工事の請負契約の締結の状況が特定の条文に結び付けられない形で挙げられているということである。つまり，国土交通大臣の調査と公表の射程は「極めて広い」ものになっているということである。そして第2項で「第34条第2項に規定する基準の作成に資するよう」と定められていることからも分かる通り，改正の経緯を踏まえれば，これは賃金行き渡りの肝となる標準労務費の水準設定において重要な手続として法令上位置付けられていることを示しているものである。

Ⅶ　発注者による買い叩き問題について

本章第2節で言及したように，19条の3（改正法では19条の3第1項）（不当な地位の利用による買い叩き禁止）に違反した発注者に対してなされ得る勧告を民間業者にも拡大すること，勧告に至らないケースであっても警告や注意といった行政指導が行えるようにするべき旨の示唆が「環境整備検討会報告書」ではなされていた[54]。そして「中間とりまとめ」においても次の通り記載されていた。

現在の建設業法においては，注文者が不当に地位を利用して通常必要と認められる原価に満たない請負金額での契約を締結することを禁止する建設業法第19条の3の規定に違反する行為があった場合は，違反者である民間事業者に対しては公正取引委員会が独占禁止法に基づき対応することを予定しているが，建設業の健全な発展という観点か

54）「環境整備検討会報告書」10頁，21頁。

ら，建設業を所管する国土交通大臣及び都道府県知事から勧告ができるようにすることを検討すべきである。

また，「警告」や「注意」などの行政指導を円滑に行うため，不当に低い請負代金の禁止規定違反につながるおそれのある行為に関して，あらかじめ類型化して整理・公表すべきである。

さらに，建設工事請負契約の締結状況について広く情報を調査・整理した上で，公表することができるよう法令上の根拠規定を措置するとともに，不適切な契約に是正措置を講ずるための組織体制についても整備すべきである[55]。

この19条の3違反に対する民間業者への適用は公正取引委員会への措置請求の規定以上のところに踏み込まずに，資材高騰リスクに対する情報通知と誠実対応に関する規制が設けることで対応することとなった。20条の2第2項以降の追加と修正が次の通りになされた。

2　建設業者は，その請け負う建設工事について，主要な資材の供給の（新設）著しい減少，資材の価格の高騰その他の工期又は請負代金の額に影響を及ぼすものとして国土交通省令で定める事象が発生するおそれがあると認めるときは，請負契約を締結するまでに，国土交通省令で定めるところにより，注文者に対して，その旨を当該事象の状況の把握のため必要な情報と併せて通知しなければならない。

3　前項の規定による通知をした建設業者は，同項の請負契約の締結後（新設），当該通知に係る同項に規定する事象が発生した場合には，注文者に対して，第19条第1項第7号又は第8号の定めに従つた工期の変更，工事内容の変更又は請負代金の額の変更についての協議を申し出ることができる。

4　前項の協議の申出を受けた注文者は，当該申出が根拠を欠く場合その他正当な理由がある場合を除き，誠実に当該協議に応ずるよう努めなければならない。

今回の改正は改正法にいう19条の3第1項それ自体の見直しは含まれていないが，上記のように費用割れ防止のための各種方策が盛り込まれている。見積段階での規制は，地位の不当利用規制における不当性を判断する一つのきっかけになるだろうし，地位の不当利用を抑止するための予備的な対応ともなろう。ただ，第4項は「前項の協議の申出を受けた注文者は，当該申出が根拠を

55）「中間取りまとめ」5-6頁。

欠く場合その他正当な理由がある場合を除き，誠実に当該協議に応ずるよう努めなければならない。」との努力義務に止まるし，そもそも義務違反に対する措置の規定が存在しない[56]。約款規制の射程としての対応となるだろう。

地位の不当利用における「地位」の認定について課題は先送りされたともいえる。この規定は独占禁止法における優越的地位濫用規制とパラレルに考えることができるものであることから，公正取引委員会作成の指針（「優越的地位の濫用に関する独占禁止法上の考え方」〔最終改正平成29年6月16日[57]〕）に示された考え方が応用されることとなろう[58]。

56）建設業法28条は建設会社が対象であるので，元下間においては20条の2違反はその射程にはなり得る（さらには28条1項2号の「建設業者が請負契約に関し不誠実な行為をしたとき。」にも該当し得る）。

57）公正取引委員会Webページ〈https://www.jftc.go.jp/hourei_files/yuuetsutekichii.pdf〉参照。

58）発注者側が協議に応じないことを建設業法19条の3第1項が禁止する地位の不当な利用による買い叩きと構成するためには，利用される地位の認定が必要だ。多種多様な発注者が存在する民間契約においては，官公需以上に，個々具体的な事情に左右されるが，建設業法はどのような場面を想定してその「地位」を認定しようとしているのか，これまで詰めて検討されたことがない。建設業法42条1項は，19条の3第1項違反が認められたケースにおいて独占禁止法上違反が認められれば，国土交通大臣等は公正取引委員会に対し適当な措置をとるべきことを求めることができる，と規定している。これは独占禁止法違反が認められない建設業法違反の余地を認めるものであるが，業法としてどのような地位を問題にするかは19条の3第1項の解釈論の課題となる。それを考えるために重要な視点となるのが，建設業法はどのような「適正な取引」像を前提にしているのか，ということである。この問題を考えるとき，上記の費用の平等な負担と同様，建設業法の「適正な取引」像が焦点となる。同じ自由市場における極端な廉売を禁止する独占禁止法上の不公正な取引方法規制は私的独占の予防規定としての性格を有し，いわゆる「出血競争」それ自体を禁止していない。一方，建設業法の改正で検討されている下請段階における労務費を割り込む廉売の禁止は賃金の労働者への十分な行き渡りがその直接の狙いであるが，官公需の場合，公共工事の品質確保の要請と働き方の質の確保の要請とがオーバーラップする形で建設業法上のこの立法案を説明することになるが，民需の場合，専らその要請は働き方の質の確保の側にある。ビジネスとして展開される民需における建設取引の場合，その品質は発注者がマンション販売，オフィスビル賃貸，あるいは自社工場の稼働というユーザー視点に立った自由市場の論理で保証されるものであって，工事価格の高低はそうした自由市場のリスクを考慮してなされるものと考えられ易い。そこでサプライチェーンたる下請の価格の高低に業法上の強い介入を行う法理とその合理性はどこにあるのか，という問題が生じる。

第5節　おわりに

労務費を切り詰めるような破滅的なダンピングは，独占禁止法が問題にするような，支配的地位を確立し，どこかで損失を埋め合わせるようなダンピングではない。労務費を切り詰めなければ契約を獲得できない底なしの競争である。労働者の立場は多くの場合非常に脆く，皺寄せが行きやすい。労務費を切り詰める行為は，人のダンピングであり，それは生活のダンピングである。自由市場において安さは重要な要素であるが，それは一定の最低水準というものがある。人を否定し，生活を否定するような安さがあってよい訳がない。「持続可能な社会の形成」というのならば，そして「分配と成長の好循環」というのであれば，働く人とその生活こそが基本中の基本にあるはずだ。

今般の改正は，本質的，抜本的な改正というよりも，テクニカルな部分が目立つように見えるが，そうではない。廉売に関する考え方，契約の自由の領域に大きく踏み込んだ費用負担の公正さの追求等，建設業法の目指す「適正な取引」をめぐる法思想，法理に深く関連する改正であったといえよう。今後，建設業法に係る基本思想を前提に，取引の段階の違い，官民間の違いを意識して各種規定を検討する作業が継続的に続くことだろう。本改正は，下請取引を含む受発注者の各種義務付け規定，禁止規定全般に渡る法的規律の体系的整理の重要な視点を提供し，昭和24年の制定以降，必要に応じて接木的に立法作業が進められてきた業法の再構築の契機となるものと期待されるという，やや大胆な結語をもって本章の記述を終えることとする。

【付記】　著者は第213回国会衆議院国土交通委員会（令和6年5月21日）に参考人招致され，意見陳述を行った。以下の文章は，陳述内容を原稿に起こしたものである。

〈意見〉

建設請負契約は一つの工事をとっても比較的中長期の契約になりますし，下請関係については契約が長期にわたって繰り返される「継続的な取引関係」が一般的といえます。

中長期的な取引関係において重要な視点は「パートナーシップの構築」です。今回の建設業法の改正は，令和３年12月に政府が公表した「パートナーシップによる価値創造のための転嫁円滑化施策パッケージ」が重要な背景となりました。そしてこれに経済界が呼応する形で展開された「パートナーシップ構築宣言」，更にはこれに向けた一連の取り組みによって，経済界のコンセンサスが形成されたといえるでしょう。こうした政策的なトレンドの中で，令和４年の８月，国土交通省に，私が座長を務めました「持続可能な建設業に向けた環境整備検討会」が立ち上げられました。同検討会のとりまとめが公表されたのが令和５年３月で，これを受けて中央建設業審議会と社会資本整備審議会とが共同で開催した基本問題小委員会で関連するルールの見直し等が審議され，そのとりまとめを受けて政府法案が作成されるに至りました。

建設業法の改正案の内容は多岐に渡りますが，⑴労働者の処遇改善，⑵資材高騰に伴う労務費へのしわ寄せ防止，⑶働き方改革と生産性向上，の三つの軸で構成されていますので，これらのそれぞれについて所見を申し上げます。

まず「⑴労働者の処遇改善」についてですが，どの産業にも共通しますが，とりわけ建設業においては現場の担い手，働き手の処遇の改善が，魅力ある業界の形成に不可欠です。私たちの検討会においても，「持続可能な建設業の発展」という視点から，単に目先の効率性のみに拘泥せず，長期的視点からその適正なあり方を契約や労務という観点から検討をしてきました。厳しい工期の設定や天候リスクの影響等で労働環境が悪化することも多々あり，とりわけ下請取引においては交渉力の格差から需給バランスの変化による皺寄せを受けやすい，一方で恩恵を受けにくい，という構造的問題が存在します。この構造こそが魅力ある建設業の形成の阻害要因であります。建設業は，官公需はもちろんのこと，民需であっても社会基盤形成の基幹産業です。労務環境の改善が最重要課題と考えます。そして労務環境改善という観点からは，業者としての下請の保護のみならず，会社内部の規律，すなわち確実な賃金の支払いもまた重要になってきます。

下請関係については独占禁止法の特例法である下請代金支払遅延等防止法が射程としますが，建設請負契約については建設業法が専属的にこれを扱います。また，建設業法は業法ですので，その中で受発注者双方に対して，「建設工事の完成を請け負う」業務（同法２条２項）たる「建設業の健全な発達を促進し，もつて公共の福祉の増進に寄与」（１条）することを目的に，さまざまな政策的手法を盛り込むことができます。

こういった点を踏まえて，今回の改正法案は，○建設業者に対する労働者の処遇確保の努力義務化，○国による当該処遇確保に係る取組状況の調査・公表，○労務費等の確保と行き渡りのための，中央建設業審議会による「労務費の基準」の作成・勧告，○受注者における，不当に低い請負代金による契約締結の禁止，といった内容のものであり，いずれも，建設業法の趣旨に沿った，また時宜に適った改正であると考えます。

一点，注意したいのは，「不当に低い請負代金による契約締結の禁止」ですが，これは独占禁止法上の不当廉売規制とは異なり，「賃金行き渡り」等の観点からの政策的規制であるということです。言い換えれば，特定の業者が独占的地位を目指して廉売を行うことを問題にする独占禁止法と異なり，労務環境軽視につながる廉売，共倒れ的な廉売を防ぐことに狙いがあるものです。

次に，「(2)資材高騰に伴う労務費へのしわ寄せ防止」でありますが，令和3年の「施策パッケージ」では，「中小企業等が賃上げの原資を確保できるよう……取引事業者全体のパートナーシップにより，労務費，原材料費，エネルギーコストの上昇分を適切に転嫁できることは重要である」との認識が示されています。その後も資材や労務費の高騰は深刻なもので，そのような影響が中小企業に大きな負担としてのしかかる，その一つの象徴的な例が建設業であると考えます。

費用高騰局面においては，取引事業者間に力の格差が大きいと，中小企業が皺寄せを受けます。受注者が中小企業であった場合には，発注者は契約を盾に費用負担を拒むと，資材高騰の煽りをもろに被ることになります。発注者が中小企業の場合，受注者側から費用負担を事後に押し付けられる危険があります。一般論でいえば，請負契約である以上，当初の契約条件通りでの履行をすることが契約上求められますが，どうしても弱い立場の業者の負担に帰着することになる傾向があります。

このような歪みに対して，今触れました「施策パッケージ」公表後，独占禁止法を所管する公正取引委員会は顕著な動きを見せてきました。こうした資材負担の拒絶，交渉それ自体の拒絶に対して，独占禁止法上の不公正な取引方法規制（同法19条，2条9項5号）の一類型である優越的地位濫用規制違反の恐れがあることを指摘し，その観点からも各種調査結果の公表や，問題のある事業者名の公表など，行政処分に至らない段階でさまざまな「アドボカシー」と呼ばれる各種の唱導活動を展開してきました。対象となった事業者や業界は，各種ステークホルダーからの厳しい評価も伴い，コンプライアンス活動をこれまで以上に積極的，真剣に取り組むことを求められることになります。この効果はこれまでのところ大きな成果を上げているのではないかと考えます。

建設業法は，その18条で「建設工事の請負契約の当事者は，各々の対等な立場における合意に基いて公正な契約を締結し，信義に従つて誠実にこれを履行しなければならない」と定めており，その後に「発注者の地位の不当な利用」に係る規制が置かれていることからもわかるように，独占禁止法の優越的地位濫用規制とその趣旨においてパラレルに考えることができます。法制史的にいえば，昭和28年に独占禁止法が改正され，そこで「不公正な競争方法」が「不公正な取引方法」と改められ，優越的地位濫用規制が導入された訳ですが，それは昭和24年に制定された建設業法の関係する規定をモチーフにしたという見方もできます。これらの二つの法律は，互いに成長，進化する関係にあるといえ，こうした公正取引委員会の動きに呼応する形で，建設業法も現代的課題に対処すべきであると考えます。

そうした観点から，◯請負代金や工期に影響を及ぼす事象（リスク）がある場合の，請負契約の締結までに受注者から注文者に通知することの義務化，◯資材価格変動時における請負代金等の「変更方法」の，契約書の記載事項としての明確化，そして，◯注文者に対しての，当該リスク発生時の，誠実に協議に応ずることの努力義務化，といった内容の，今回提出された建設業法改正法案に賛成いたします。

そして三つ目の軸である「(3)働き方改革と生産性向上」について所見を申し上げます。そのための重要な視点として，従来は，ワーク・ライフ・バランスのような労働者の生活環境の改善と生産性向上とは別の問題として議論されがちだったと思いますが，この二つは非常に密接にリンクしているのではないかと考えます。例えば，睡眠時間の確保や適切なインターバルの組み込みは，集中力の低下による事故発生リスクの低下を実現しますし，労働効率の向上にも資するという考え方は，アカデミックにも普及してきているのではないかと思います。意見としては，報酬の確保のために，できるだけ労働時間を短期に集中させたいという声もあるようですが，労働者個人のインセンティブと社会全体への影響を切り離して考える必要があろうかと思います。完全に自由市場に任せてしまうと，トータルで大きな弊害が生じてしまうかもしれない，そういった観点から労働に係る諸ルールが設けられる必要があります。建設業においては，契約の自由に労働環境のあり方を全て委ねてしまうことは，却って労働者を苦しめることにもなりかねません。もちろん，その在り方の詳細は個別の議論に委ねなければなりませんが，少なくとも今回の改正法案にあります，○長時間労働を抑制するための，受注者における著しく短い工期による契約締結の禁止，については，安全性等労働環境の観点からも社会基盤整備の観点からも，妥当な改正内容ではないかと考えます。なお，生産性向上の観点からはICT技術の活用に関わる現場管理の合理化は当然の要請ですので，併せて提案されております，ICT活用に関連する一連の改正についても，時代の要請であり，その機能面からいっても妥当なものと考えます。

第4章

公共工事の発注をめぐる不正と独占禁止法上の取引妨害規制

第1節　はじめに

平成30年6月，株式会社フジタ（以下「フジタ」）に対して，公正取引委員会は，競争者に対する取引妨害（以下「取引妨害」）規制（19条，2条9項6号，一般指定14項）違反での排除措置命令を下した（以下「フジタ事件[1]」）。この事件は，ある受注希望業者が，ある公共発注機関を退職して自社に再就職した職員を通じて，当該発注機関の現役職員から総合評価型競争入札における内部情報を聞き出し，さらには提案書の書き方について指南を受け，結果複数の受注を獲得したという事案であり，公契約関係競売等妨害罪（刑法96条の6第1項），官製談合防止法違反罪にとって「絶好のストライクゾーン」ともいえるようなものであったが，適用されたのは独占禁止法であった。同事件は，公共契約における入札不正を取引妨害規制違反とした初のケースである。

公共契約の受注をめぐってなされる受注業者側の不正には，受注希望業者間で結託し競争を制限するタイプ（「談合」型）のもの，ある受注希望業者が他の受注希望業者を排除し，あるいは自社のみを有利にしようとするタイプ（「抜け駆け」型）のものがあり，フジタ事件は後者のものである。それはさらに一連の入札過程における発注者側の行為を利用するタイプのものと，そうでないものに分けることができ，排除型私的独占規制違反（3条前段，2条5項）が問われたパラマウントベッド事件[2]が前者の例であり，低価格受注に対して不当廉

1）　平成30年（措）第12号。

2）　勧告審決平成10年3月31日審決集44巻362頁。

売規制違反の疑いでなされた警告（例えば，公共工事に係る大成建設㈱等に対する警告[3]，住宅地図等の販売に係る警告[4]等）が後者の例に当たる。フジタ事件は前者に属するが，発注機関職員を欺罔するタイプであるパラマウントベッド事件とは異なり，発注機関職員と癒着するタイプのものである。

「抜け駆け」型の入札不正に対する独占禁止法の適用についてはその数の少なさもあり，議論自体未開拓の状況にある。公正取引委員会の公共入札に係る指針[5]においても，「談合」型の入札不正が専らの対象となっている。この事件をきっかけに，同種の事件に対する独占禁止法と刑法，官製談合防止法の関係（制裁・措置の対象としての個人と法人の差異，行政と刑事の差異を意識した上での棲み分けのあり方，交錯）の整理も，入札談合事案と同様に問われることとなろう。本章では，フジタ事件が提起することになるだろうこれら法律上の論点，争点を指摘し，多少の考察を行うことを課題とする[6]。

第2節　考察1：独占禁止法における検討

Ⅰ　「抜け駆け」型の入札不正と独占禁止法

発注者側の行為を利用するタイプの「抜け駆け」型の入札不正には，発注機関職員，受注業者職員に官製談合防止法違反の罪，公契約関係競売等妨害罪が問われ，独占禁止法が関わることがないのが通常であることから，フジタ事件のような事案処理はやや奇異に映るかもしれない。注目すべきは，公正取引委員会が，排除措置命令に併せて，他の建設業者10社に対して不当な取引制限規制違反につながるおそれがあるものとして注意を行っている，という点であ

3）公正取引委員会警告平成19年6月26日。

4）公正取引委員会警告平成12年3月24日。

5）「公共的な入札に係る事業者及び事業者団体の活動に関する独占禁止法上の指針」（最終改定令和2年12月25日）〈https://www.jftc.go.jp/dk/guideline/unyoukijun/kokyonyusatsu_images/kokyonyusatsu.pdf〉。

6）本章の記述については初出一覧に掲げた文献のほか，関連する拙稿として以下の事件解説がある。楠茂樹「入札における技術提案書の添削，技術評価点の教示等と取引妨害（経済法4）」新・判例解説編集委員会編『新・判例解説 Watch（Vol. 23）』（日本評論社，2018）263頁以下参照。

る。公正取引委員会はその事実が「本件審査の過程において……認められた」としているが，当初から不当な取引制限規制違反での立件を念頭に置いていた，という見立ては可能だろう。公正取引委員会は（官製）談合事件として関心を抱いたが，結果的に単独事業者の「抜け駆け」型の違反として処理することになり，その落とし所に選ばれたのが一般条項的な性格を有する取引妨害規制だったのではないか。「いかなる方法をもつてするかを問わ」ない取引妨害規制の行為要件の射程は広く，「競争関係にある他の事業者」である他の応札者を出し抜いて自らが有利になる行為を「取引を……妨害」とすることには然したる障壁はなかろう。フジタ事件にみる，発注機関職員による技術提案書の添削や技術評価点の教示等の行為は，当該教示等を受けた応札業者の受注の可能性を相当に高めることは疑いない。

Ⅱ　公正競争阻害性について

取引妨害規制にいう不当性，すなわち公正競争阻害性は，大きく分ければ手段としての不公正，あるいは自由競争減殺のいずれかで説明される（その両方で説明されるケースもある[7)]）。

1　手段の不公正型としての理解

ある事業者が取引相手と通じて他の事業者よりも有利になろうとする行為は，通常，当該取引相手の「契約の自由」の行使に過ぎず，自由市場の要請に何ら反するものではない以上，「不当」とは評価されない。しかし，公共契約の場合，発注機関は会計法や地方自治法の定める契約手法の手続に基づかなければならず，そこでは内部情報の提供や特定業者の有利な取り計らいは手続上認められていない不正な行為である。つまり，フジタ事件における取引妨害規制適用のポイントは，公正競争阻害性が契約の公共的な性格にリンクしているということであり，「公共契約の手続違背」に能率競争に反する取引妨害の「手段としての不公正」たる公正競争阻害性が見出されているという点にある，とい

7)　取引妨害規制の公正競争阻害性について，根岸哲編『注釈独占禁止法』（有斐閣，2009）512頁以下［泉水文雄執筆］，根岸哲＝舟田正之『独占禁止法〔第5版〕』（有斐閣，2015）290頁以下，菅久修一ほか『独占禁止法〔第5版〕』（商事法務，2024）189-190頁［伊永大輔執筆］等参照。

うことである。

発注者側の関与による入札不正の手続違背性に着目して取引妨害の不当性を理解する見方の他，発注機関職員の行為の当該機関に対する背任的性格に着目してその不当性を説明することもまた可能であろう。平成18年に官製談合防止法に刑事罰則が設けられ，その際自由刑たる法定刑を「5年以下の懲役」としたのは背任罪に合わせたからだとの説明がなされている[8)]。この点を意識して，発注機関職員の背任的な行為を利用した事業者の行為が手段として不公正であるという理解もあり得るのではないだろうか。その場合，個人的なつながりを利用した「癒着」型の取引妨害として，民間企業同士の一般的な取引にも応用が効くだろう[9)]。

2　自由競争減殺型としての理解

不公正な取引方法の一類型である取引妨害規制は，かつては「手段の不公正」型で説明されることが多かったが，最近では自由競争減殺型としての取引妨害規制の適用が強調され，そういった事案も多く見られるようになった[10)]。

フジタ事件は，受発注者間の不正なやりとりによって，単に特定の競争相手の取引の機会を奪うだけではなく，一連の競争入札において期待される最も望ましい契約者の選定，契約内容の実現を妨げ，自由市場の機能である競争過程を人為的に歪めるものであり，自由競争減殺型にも該当する。不公正な取引方法において当該行為を捕捉し得る他の違反類型が見当たらず，この類型が選択されたといえよう[11)]。

---

8)　大原義宏「『官製談合の排除及び防止に関する法律の一部を改正する法律』について」警察学論集60巻3号（2007）44頁参照。

9)　こういった公正競争阻害性の手段の不公正としての特徴は，これまでの分類でいえば，「顧客の奪取」として説明されてきたものといえるかもしれない。指摘されているように，「顧客の奪取」というだけでは，「競争そのものとの限界が微妙となる」（泉水文雄「第5章　不公正な取引方法（9）優越的地位濫用，競争者に対する取引妨害（経済法入門第21回）」法教435号〔2016〕137頁）。（過去のケースに関連して）「民法の不法行為を構成する積極的債権侵害でもあることが，競争者の能率競争を侵害しているというための重要な要因にな」（同前）るのと同様に，フジタ事件では，財務会計法令上の手続違背，背任的な性格が能率競争の侵害の説明になっているといえるだろう。

10)　根岸＝舟田・前掲注7）290頁。

11)　取引制限規制と不公正な取引方法の他の類型との関係については，根岸＝舟田・前掲注

発注機関の行為を利用して正当化できない競争優位を作り出す行為が問題とされた過去のケースに，前述のパラマウントベッド事件がある。フジタ事件で公正取引委員会が排除型私的独占規制違反の有無を検討したのかは不明だが，発注機関側の行為を利用した「抜け駆け」型の入札不正を自由競争減殺と結び付けたこの先例に続くケースであるといえ，それが不公正な取引方法の一類型としての取引妨害規制違反として開拓されたという意味で先例的価値を有する。

第3節　考察2：公契約関係競売等妨害罪，官製談合防止法等との関わり

I　業者側の規律

従来，公契約関係競売等妨害罪[12)]が射程としてきた癒着型の入札妨害について，今後取引妨害規制の射程となるとすると，公契約関係競売等妨害罪との棲み分けはどうなるか。刑法の談合罪と不当な取引制限規制との棲み分けは，従来は，後者の違反要件たる「一定の取引分野」の存在が背景となって，単発の入札か複数回のそれかによってなされてきた[13)]。取引妨害規制には「一定の取引分野」の制約はないが，同様の観点から公契約関係競売等妨害罪と取引妨害規制との棲み分けがなされる可能性がある。フジタ事件では5件の土木一式工事（一括審査方式が適用され一つの建設業者が落札・受注できる工事は最大で3件）が問題となった（うち2件の落札・受注[14)]）。一方，手段の不公正型を念頭に置くならばどうだろうか（いわゆる「行為の広がり」の観点を入札不正に持ち込むか[15)]）。フジ

7）289，292-293頁，根岸編・前掲注7）522頁［泉水文雄執筆］等参照。

12）　業者側にも共犯として官製談合防止法違反は成立し得るが，ここでは触れない。

13）　白石忠志「政府調達と独占禁止法」フィナンシャル・レビュー104号（2011）44頁。

14）　ただ，近年の独占禁止法の実務においては，そのような厳密な棲み分けがなされている訳ではない（東京都個人防護具受注調整事件〔排除措置命令平成29年12月12日〕，NTT東日本作業服談合事件〔排除措置命令平成30年2月20日〕等）。一回限りの入札においてもそこでなされた談合が独占禁止法の射程として扱われるケースも散見される。そうすると棲み分けの議論自体が意義を失い，単に，「どこが手を付けるか」で適用法令が変わるというだけに過ぎなくなるともいえる。

15）　取引妨害規制と「行為の広がり」の問題については，大久保直樹「一般指定15項及び

タ事件は，公契約関係競売等妨害罪（の性格）との距離という視点から取引妨害規制の性格を改めて考え直す重要なきっかけとなるだろう。[16)]

これまで刑法上の公契約関係競売等妨害罪と独占禁止法上の不公正な取引方法との関係については，後者に刑事罰則がないこと，入札不正への適用事例がなかったことから，議論されること自体がなかった。しかし，取引妨害規制が入札不正に適用されるに至り，両者の比較考察の必要性が生じた。公契約関係競売等妨害罪においては，侵害される法益の種類から分類するならば，「公務」としての競売・入札を保護法益として理解する考え方（公務侵害説），自由な価格形成を担保するための「競争制度」として理解する考え方（競争侵害説），競売・入札制度を利用する施行者等の具体的な財産的利益として理解する考え方（施行者等利益侵害説）に分かれ，判例はやや曖昧だが競争侵害説で理解する立場が強い。[17)] 研究，実務の両者において参照度が最も高いテキストである青林書院刊の『大コンメンタール刑法』の該当箇所では，刑法96条の6第1項にいう，「公正を害すべき行為」とは，「公の競売又は入札が公正に行われていること，すなわち入札等の参加者が平等な取扱いの下でその意思に基づいて自由に競争しているということに対し客観的に疑問を懐かせることないしそのような意味における公正さに正当でない影響を与えることをいう」とされている。[18)] これは法益論において競争侵害説に立つならば，ごく自然な理解である。

独占禁止法上の取引妨害規制が，公正競争阻害性としての手段の不公正を公

16項の生い立ちと不公正な取引方法規制の基本原理」知財研紀要13巻（2004）118頁以下参照。

16）前者について関連する議論（保護法益論等）として，大塚仁＝河上和雄＝中山善房＝古田佑紀編『大コンメンタール刑法第6巻〔第3版〕』（青林書院，2015）252-3頁［髙﨑秀雄執筆］。

17）橋爪隆「競争入札妨害罪における『公正を害すべき行為』の意義：最近の最高裁判例の検討を契機として」神戸法学雑誌49巻4号（2000）39頁以下参照。時代の変化とともに判例が拠って立つ法益の利益についてもその理解が変わり得ることには注意が必要である。京藤哲久「競争と刑法」『法と政治の現代的課題〔明治学院大学法学部20周年論文集〕』（第一法規出版，1987）381頁以下では，当時の理解として，施行者（すなわち発注機関）の利益が，裁判例が拠って立つ同罪の法益であるという理解を示している。直近のものとして，大下英希「刑法96条の6第1項の現状と課題」立命館法学390号（2020）134頁以下参照。

18）大塚他編・前掲注16）252-3頁［髙﨑秀雄執筆］。

契約関係競売等妨害罪における保護法益としての公務への侵害と同視し[19]，自由競争減殺を公契約関係競売等妨害罪における保護法益としての競争制度と同視するのであれば，排除措置命令に止まる公正取引委員会による取引妨害規制の適用と，公正取引委員会の関わらない公契約関係競売等妨害罪との境界をどこに設けるべきなのであろうか。取引妨害を問題とする限り，独占禁止法は事業者に対する排除措置命令に止まるものでありそれに関与した個人は組織内部の責任追及の対象に止まり，一方，刑法は直接に個人を処罰する。独占禁止法の側に行為の広がりや繰り返しを求めるとなると，侵害される利益の大きい方を非犯罪化するという，規範感覚に反する結果を招きそうだ。談合罪と不当な取引制限の関係については，後者が（例外的にではあるが）刑事罰則を用意しているので，法定刑の違いからも棲み分けの理屈は立ったが，刑事罰則の存在しない取引妨害規制には公契約関係競売等妨害罪との差別化の理屈は難しい。入札談合以外の入札不正は刑法の専売特許であるという前提ならば，そのような棲み分け論は生じないが，しかしながら今後，実務的にもこの問題と正面から向き合う必要が生じたといえよう。

仮に公正取引委員会の事業者に対する行政処分と個人に対する公契約関係競売等妨害罪の刑事制裁が重複するならばどうだろうか。もちろんそこには憲法上の二重処罰禁止の問題が生じる訳もなく，法的には何ら問題のない対応ではあるが，その実益はどこにあるのだろうか。受注業者の職員が公契約関係競売等妨害罪で摘発された場合，通常，当該違法行為は強制的に終了となる。発注機関側職員も併せて摘発される場合にはなおさらであろう。とするならば，特別の事情がない限り，排除措置命令に止まる公正取引委員会の取引妨害規制の適用が妥当する場面は，当該職員個人の問題では捕捉し切れない組織体としての違法を認識した場合であるというのだろうか。違約金特約や指名停止といった派生するサンクションへの影響が異なるのであれば格別，そうではない場面において，取引妨害規制を適用する積極的な理由を用意しておく必要は，あるだろう[20]。

19）官製談合防止法を意識するならば，手段の背任的性格との重複が指摘できよう。

20）実際には，公正取引委員会と警察・検察のどちらが当該ケースを取り上げるか，という「事実」の問題に過ぎない，と割り切るだけかもしれない。

Ⅱ　発注者側の規律

発注者側の規律についても問題が生じる。官製の入札不正の場合，業者側に刑法の公契約関係競売等妨害罪を問いつつ，そのセットとして官製談合防止法違反罪を問う場合が多い（少なくとも問われ得る[21]）。一方，独占禁止法上の取引妨害規制は，それ自体では発注者側の規律には至らない。妨害されたのは取引相手の競争者だからだ。一連の行為を不当な取引制限，あるいは共同による排除型私的独占と捉え発注者側をその射程に入れる発想もあろうが，そもそも独占禁止法自体が公的発注機関を事業者の射程に入れるのは事業活動を行う限りにおいてであって，公共調達一般について事業者性を認めるのには解釈論上ハードルが高い[22]。発注機関の職員個人の行為であって，発注機関それ自体の行為ではないという反応も十分予想される。受注業者による単独行為としての排除型私的独占として捉え，これに加担した発注者側職員の刑事責任を問う，という構成は理屈上あり得るが，実際的ではない。発注者側の規律を独占禁止法で自己完結的に行うのには無理がある。

公正取引委員会が受注業者側を取引妨害規制で処分したとしても，その後の官製談合防止法違反罪での摘発が続かなければ，公契約関係競売等妨害罪と官製談合防止法違反罪とがセットでなされる場合とその均衡が疑われる[23]。その場合には，偏面的な対応をすることの合理的な説明が求められることになる。以下Ⅲでみるように，フジタ事件で公正取引委員会が官製談合防止法に基づかない形で「申入れ」を行ったのは，そういう事情を意識してのことなのだろうか。

21）　両者は観念的競合の関係にあるとされる（大原・前掲注8）44頁以下参照）。

22）　公的機関に事業者性を認めるか否かというより一般的な議論と，公共調達に係る公的機関への事業者性の有無を考える議論との差については，意識を先鋭化させる必要がある。EU競争法においては常時強い関心の対象であるようだ。*See* ALBERT SANCHEZ-GRAELLS, PUBLIC PROCUREMENT AND THE EU COMPETITION RULES, 2ND EDITION, HART PUBLISHING (2015), Chapter 4.

23）　本件発注機関職員は当該総合評価落札方式における「評価者であり，かつ，工事技術評価委員会に出席する立場にあった」のであり，そういった職務を行う立場にあったこの職員に「技術提案書の提出期限前に，技術提案の内容について添削又は技術提案についての助言……を依頼し，添削等を受け」（同事件排除措置命令書より。前掲注1）参照）たというのであるから，官製談合防止法違反罪の主体たり得るだろうし，もしそうでなくても公契約関係競売入札妨害罪には問われ得るだろう。

Ⅲ　官製談合防止法における措置要求について

フジタ事件において公正取引委員会はその排除措置命令及び注意に併せて，同事件の違反の対象となった工事について，東北農政局の職員が，同工事に係る競争参加資格を有する建設業者に在籍する農林水産省の元職員に対して，（技術提案の課題，技術評価点及び順位等）各種未公表情報の教示，（技術提案書の提出期限前の）技術提案書の添削等を行っていた事実が認められた，として「同省の発注担当職員に対して，同様の行為が再び行われることのないよう適切な措置を講ずる」という申入れを農林水産省に対して行っている。官製談合防止法3条による「改善措置要求」の適用場面は「入札談合等の事件についての調査の結果，当該入札談合等につき官製談合があると認めるとき」であり，「入札談合等」は不当な取引制限，事業者団体による実質的競争制限（8条1号）に結び付けられているので，不当な取引制限については注意に止まったフジタ事件では申入れという形になった。[24)]

官製談合事件として知られる，国土交通省四国整備局等発注の一般土木工事の談合事件や鉄道建設・運輸施設整備支援機構発注の北陸新幹線融雪・消雪基地機械整備工事の談合事件では，不正に関与した発注機関職員は官製談合防止法違反の罪で有罪となっており，公正取引委員会を官製談合防止法3条に基づく改善措置要求を発注機関の長に対して行った。改善措置要求は不当な取引制限や事業者団体による実質的競争制限にリンクしているが，刑罰の対象たる競争入札の「公正を害すべき行為」はこれに限定されない。

官製談合防止法は歪な構造をしている。平成14年に制定された当時は，刑事罰はなく，不当な取引制限等といった公正取引委員会が所掌する独占禁止法違反を前提に，それも独占禁止法にはない「入札談合等」という文言を伴って，公正取引委員会による発注官庁（の長）に対する改善措置要求の手続が創設された。独占禁止法という，自らの所掌する法律の違反が前提にあるからこそ，それに発注者側職員がこれに関与した場合には公正取引委員会が同法違反処理の延長として，この行政指導を行うという構造のものだった。ただ，平成18

24)　併せて，退職職員による不当な取引制限を防止するための退職前の研修の実施も申入れている。

年に刑事罰則が導入されるに至って，官製談合防止法と独占禁止法とに距離が生じることになった。「入札談合等」では捉え切れない入札不正が広く官製談合防止法上の刑事罰の対象とされたからである。

入札談合に関していえば，談合罪（の共犯）の身分犯的性格と背任罪的な要素があり，官製談合防止法違反罪の法定刑は談合罪の法定刑よりも重く設定されている。独占禁止法の不当な取引制限は複数回の入札談合を扱い，談合罪は単発のそれも扱うという棲み分けが従来はあったが[25]，官製談合防止法違反の罪は独占禁止法の不当な取引制限規制違反となる「入札談合等」のみでなく，市場画定要件を伴わないタイプの違反（すなわち独占禁止法上の不公正な取引方法違反）も対象とすることからこの刑法典における犯罪との棲み分けには対応していない[26]。「入札等の公正を害すべき行為」は入札談合等ではない入札不正も含むので，もはやそれは不当な取引制限，事業者団体による実質的競争制限とは切り離されたもの，すなわち公正取引委員会の射程ではない，と説明せざるを得ない状況に映るものであった。官製談合防止法について，公正取引委員会の活動という視点から各規定の説明を一貫して行うということは困難に見える[27]。

しかし，取引妨害規制が入札不正にも適用されるというのであれば，そういった説明（の困難さ）にも変化を与えることになるのではないだろうか。入札不正が契約者選定過程の競争性それ自体にあるいはその競争の手続の公正性に悪影響を及ぼすものであるならば，自由競争減殺型あるいは手段の不公正型のいずれかの公正競争阻害性は説明可能であり，とするならば，特定の受注希望者が有利になる限りにおいて取引妨害規制の射程となり得る。これを実証したのがフジタ事件であった。

そこで，官製談合防止法3条による「改善措置要求」の適用場面を3条，8条1号違反以外にも拡大するという立法論は一考に値するのではないだろうか。

25）但し，最近ではそうではなくなっていることについて，本章前掲注14）参照。

26）8条では「談合」という言葉は用いられているが「入札談合等」という言葉は用いられてはいない。独占禁止法では拾われなかった刑法における談合罪該当行為はここでは射程となる。

27）細かい話かもしれないが，次の点は意識しておいてもよいだろう。官製談合防止法3条の対象は「入札談合等」であり，それは入札等について「……等により……第3条又は第8条第1号の規定に違反する行為をいう。」（2条4項）と定義されているという点である。

入口を「入札談合」にして3条，8条1号違反に結び付けることで限定的にするのではなく，対象を「入札不正」と広くとった上で「公正取引委員会が独占禁止法違反を認定したもの」という形で規定し直すというやり方である。

第２部

公共工事と会計法令

第５章

競争への抵抗と迎合：公共工事改革の変遷

第１節　非（反）競争から競争へ

ここ四半世紀から30年の公共契約をめぐる改革の歴史を一言でまとめるならば「非（反）競争から競争へ」ということになるだろう[1]。しかし，公共契約を規律する会計法や地方自治法といった会計法令（公共契約に係る法令）の原則は，競争を求めることで終始一貫してきた。支出原因となる公共契約（公共調達と一般にいわれる）であっても，収入原因となる公共契約（公有地の売却等）でも同様である[2]。四半世紀前における改革の出発点としての「非（反）競争」は，簡単にいえば法令と実態とが乖離している状態だった[3]。競争入札が原則でありながらも随意契約が多用され，一般競争が原則でありながらも指名競争が一般化され，競争入札は文字通り競い合いの手続であるのにも拘らず入札談合が横行してきた。要件を満たせば，談合行為は独占禁止法違反，刑法の談合罪

1）「協調から競争へ」と表現してもよい。協調とは受発注者間（官民間），受注候補者間（業者間）での明示的な話し合いによる，あるいは暗黙の了解による非競争的な調整行為によって契約者と契約内容とが決められる状況をいい，競争とはいうまでもなくそのような話し合いや了解が存在しない，法令の枠内で発注者側が定めたルールの下でなされる価格要素，非価格要素についてのよりよい条件提示，より高い評価を目指す競い合いの結果，契約者と契約内容とが決まる状況を指す。

2）公共目的が伴う場合の随意契約の許容など，公共調達に比べ，競争性確保に係る法的制約は多少緩やかであるといえるが，一般的傾向としては本文の通りであると考える。ただ，森友学園に係る国有地売却問題の際に多少の議論があったものの，支出原因となる公共調達よりも議論が盛んであるかといえばそうともいえない。

3）この法令と実態との乖離を鋭く指摘する著作として，郷原信郎『「法令遵守」が日本を滅ぼす』（新潮新書，2007）第１章参照。

に該当することになるし，そこに契約の一方当事者である公的機関の職員等がその職務に違背する形で関与すれば官製談合防止法[4]違反に該当する。かつては談合天国と揶揄されるような状況が公共調達の分野を問わず蔓延していたと，よく指摘されている[5]。また，「談合」という言葉は，英語で書かれた外国人の著書や論文で“dango”と書かれてしまうくらい[6]，「日本的なもの」「日本に固有なもの」として国際的に認識されてしまっている。その典型的な分野が公共工事であったことについては，もはや追加の説明は不要であろう[7]。平成17年の独占禁止法大改正に併せて大手ゼネコンが共同で「談合決別宣言[8]」を出したことからも分かるように，業界自体が正面から認めるほどに「半ば当然に存在するもの」として認識されてきた[9]。

4）なお，同法該当行為については，同法制定前においては独占禁止法における不当な取引制限罪，あるいは旧競売入札妨害罪の共犯という形で処理された。

5）例えば，日本経済新聞平成17年4月23日朝刊2面（社説）等。

6）*See, e.g.,* Brian Woodall, *The Logic of Collusive Action: The Political Roots of Japan's Dangō System,* 25-3 COMP. POLIT. 297 (1993); William K. Black, *The "Dango" Tango: Why Corruption Blocks Real Reform in Japan,* 14-4 BUS. ETHICS Q. 603 (2004).

7）もちろん物品，役務の調達においても似たような事情が指摘できるだろうことは否定しない。

8）（社）日本土木工業協会「透明性ある入札・契約制度に向けて――改革姿勢と提言」(2006年4月27日)。背景事情，公表の経緯等については，当時の日本土木工業協会元副会長の山本卓朗へのインタビューを参照。「[INTERVIEW] 日本土木工業協会元副会長・広報委員長山本卓朗氏――『決別』当時の緊張感を忘れるな（平成の土木5つの転換点：震災から脱談合まで激動の時代をひもとく）」日経コンストラクション709号（2019）40頁以下。

9）注意したいのは，この宣言は談合だけを問題にしているのではない，ということである。以下，引用する。

> 透明性や公正性，自由な競争への要請に対応し，政治や行政の側においては，「公共工事の入札及び契約の適正化の促進に関する法律」の施行，総合評価方式の導入・拡大など，公共調達制度の改善に積極的に取り組み，公共工事における競争の枠組みが整備されてきた。しかしながら，会計法などの関係法令は物品も含めた公共調達のすべてを包含したもので，価格のみによる一般競争入札を原則としている。このため，公共工事の特性を十分に反映していないことから，技術力を活かして品質確保を図る入札・契約システムを導入すべきとの声が高まり，「公共工事の品質確保の促進に関する法律（品確法）」が党派を超えた議員立法により成立した。これにより，公共工事に係る調達において技術力が直接的に反映できる新たな時代を迎えた。このような画期的な枠組みが整備される中で，建設業が自らへの不信感を

第2節　維持されてきた談合システム

なぜ（今では不法の認識で一致している）談合は安定的に維持されてきたのだろうか。法制面からいうならば，昭和16年の談合罪の創設時，「良い談合，悪い談合」の区別がなされる形で構成要件が定められたこと[10)]，その後形成された判例[11)]が「公正な価格」を競争的価格説で解釈したのにも拘らず，昭和43年の地裁判決（大津判決[12)]）が適正利潤説を採用し単純な談合行為を無罪としてしまい，控訴されず確定してしまったことをきっかけとして，その後の摘発がストップしてしまった（談合金の授受のケース等に限定された）ことなどを挙げることができる[13)]。また，会計法令の面では，明治会計法制定後，早い段階で指名競争が「一般的に」用いられる法的環境が整えられてきたことも大きな背景となった[14)]。併せて歴史的に随意契約が多用され得る実務の放任が官民間の癒着を誘発したのは事実だろう。戦後は独占禁止法が談合摘発の主たる役割を果たすこ

払拭し魅力ある産業として再生するため，談合はもとより様々な非公式な協力など旧来のしきたりから訣別し，新しいビジネスモデルを構築することを決意した。

談合だけが旧来のしきたりではなく，それ以外にも「様々な非公式な協力」が存在していたことが指摘されているのである。そういった旧来のしきたりが水面下で存在していることを前提に，非競争的な公共調達のシステムが機能してきた，ということを関係者は述べているのである。この旧来のしきたりが何であったのかを探る作業は，公共調達改革を考えるうえで不可欠の作業となる。この宣言は「旧来のしきたりとの決別宣言」と呼んだ方がよさそうである。

10）　勝田有恒「談合と指名競争入札：法文化史的アプローチ」一橋論叢111巻1号（1994）13頁以下。

11）　大判昭和19年4月28日刑集23巻97頁，最決昭和28年12月10日刑集7巻12号2418頁，最判昭和32年1月22日刑集11巻1号50頁，最判昭和32年7月19日刑集11巻7号1966頁。

12）　大津地判昭和43年8月27日下刑集10巻8号866頁。

13）　郷原信郎『独占禁止法の日本的構造：制裁・措置の座標軸的分析』（清文社，2004）139頁以下参照。

14）　木下誠也『公共調達解体新書：建設再生に向けた調達制度再構築の道筋』（経済調査会，2017）43頁以下参照。

とが期待されたが，公正取引委員会は長い期間その期待に十分応えられなかった。[15)]

加えて重要なポイントは，我が国において談合的（協調的）構造が安定的，恒常的な状況にあったことの要因として，被害者であるはずの発注機関（＝行政）がこの問題の解消に必ずしも積極的でなかったということだ。それは何故か。[16)]

金本良嗣は日本の公共調達の性格を「指名競争・予定価格・談合の三点セット」と皮肉を込めて断じている。[17)] 予定価格が計上された予算の執行のコントロールの手法になっていることを想起すれば，予定価格ぴったりの契約（の積み重ね）は「過不足のない予算執行」を意味することになる。予算を残さない，というマインドは「官の無謬性」の表れである。言い換えれば「計画通り」ということだ。建設工事の場合，計画通りの工事の完了が行政側の最大のミッションだ。請負契約においては，発注機関である行政にとって，いかにして受注者である民間に計画通りに契約を履行させるのかということに頭を悩ませる。契約である以上，相手方がいる話なのでそこに存在する不確実性は自身で100％コントロールし得ない話であり，「法的」には不履行の責任は法的紛争を通じて解決すればよいのであるが，発注機関にとってそれは計画通りではない。また，場合によってはさまざまな環境変化，事前の計画からのズレもあるだろう。計画変更は自然な帰結であるが，柔軟な対応を必ずしも得意としない行政[18)]

15)　勝田・前掲注10）18頁等参照。

16)　談合が摘発されると一様に発注者は「被害者」として振る舞おうとするが，談合という「業界の常識」についてその契約のパートナーである行政が無知な訳がない。積極的に関与する官製談合（多くが贈収賄に至る）の事件には至らない，気付いていて対処してこなかったケースが圧倒的に多いといえよう。

談合の加害者である業者側の都合は，価格引き上げによる利益確保（それも，公共調達は必要があってなされるので価格引き上げによって需要量が減少しないという特徴がある。もちろん予算制約からの間接的なトータルでの発注量の減少の効果はあるだろうが）で十分に説明が付くが，発注者側の事情は説明できない。もちろん，発注者側職員の個人的利益（収賄や天下り）が関わる場合もあるだろうが，これは発注者全体の事情ではない。

17)　金本良嗣『公共調達制度のデザイン』会計検査研究7号（1993）36頁参照。

18)　最近，「アジャイル（agile）」という言葉が行政改革で用いられるようになった（とはいえ令和6年時点ではその言葉も用いられなくなった感がある）。もともとシステム開発の世

はその不確実性のリスクを負担したくないので，民間にその役割を期待する。「請け負け」といわれる現象の一つの説明は受発注者間における地位の不当利用で可能なのだが，指名競争や随意契約が多用されていたこととセットで考えるならば「持ちつ持たれつ」の関係にあったともいえる。発注機関側に指名の裁量（あるいは随意契約の裁量）があるということは，こういったリスクの移転を説明する重要な要素となる。[19]

第3節　必要悪と無謬性

請負契約は制度上，リスクを受注者に負担させるものではあるが，ポイントは契約の表面に出てこない部分にある。そこに入札談合を「必要悪」[20]として不可避の扱いがなされてきた点を考える入り口がある。[21]しかし，深掘りされた部

界の用語で，一般的には「すばやい」「俊敏な」という意味のものだ（そのアナロジーが行政改革において妥当するかは著者には分かりかねるが）。令和4年には政府・行政改革推進会議に「アジャイル型政策形成・評価の在り方に関するワーキンググループ」が立ち上げられて，同年5月にはその提言が公表されている〈https://www.kantei.go.jp/jp/singi/gskaigi/pdf/agile_teigen.pdf〉。その中で次のような記述がある。

> 政策立案段階においてエビデンスに基づく十分な検討を行い，機動的で柔軟な見直しが行える形での設計を基本としつつも，一方で，社会の複雑性・不確実性が高まっている現在，これまでに経験のない課題も増えている。こうした未経験の事案については，チャレンジから学ぶことができるような仕掛けを政策立案段階において準備しつつも，政策立案段階での検討に時間をかけ過ぎて，政策実施の機を逸することがないよう，まずはチャレンジしてみて，トライ＆エラーで政策の精度を上げていくアジャイルの度合いが強いアプローチを採ることが特に求められる。

行政機関の調達活動において，果たしてこのような発想に立てるかどうか。政策とその評価のレベルでは可能であっても，個々の契約においてはどうだろうか。課題は多かろう。

19）そうすると，談合構造の安定性について，一般競争の拡充は競争を活発化させるという業者側の事情に影響を与えるだけではなく，裁量の低下による官側のコントロール可能性を少なくさせるという意味で発注機関側の事情にも影響を与えることになる，といえるだろう。

20）勝田有恒は今から四半世紀前に，談合に対する日本人の意識について，「業者はもとより我々日本人自身の意識にこれをなんとなく許す部分がありはしないか」と指摘し，その背景事情として以下のように述べている（勝田・前掲注10）19頁）。

……談合は談合参加者間での仕事の配分，共存共栄という経済効果をもつとさえ考えられるに至るが，こうした考え方は，仲間内での競争を避け，互いにほどほどにやってゆく日本の仲間社会あるいは許認可が設定する「埒社会」では，あまり非難の対象とはならず，むしろ談合での申し合わせを破った者を村八分のように仲間から排除するという，仲間規範のほうが優先する。それはとりも直さず，談合社会といわれるように，日本の文化や社会意識の反映でもあるだろう。

……高度成長期においては，幼稚産業の育成・保護，仕事の効率化の点で，経済官庁にとって，極めて都合のよいものであり，政治家にとっても，業者を経由して公金を政治資金として還流させ，選挙にも協力させるというメカニズムを作りあげる躾糸のようなものであった。そして発注担当官には，天下り先を保証するものでもあった。このようにして談合は必要悪という意識さえも希薄になってきたのである。

では，そもそもの「必要悪」の源泉は何だったのか。法令違反が「悪」で日本の文化や社会意識が「必要」というのはあまり説得的ではない。勝田は二番目の引用で「仕事の効率化」に言及しているが，その前の記述を読むと，どうやら高度成長期における大量発注業務の受け皿としての建設業者の存立と繁栄を問題にしているようだ。これは「必要」性の部分的説明にしかならない。

多少の弊害はより大きな利点のためには仕方がないという「必要悪」の意味は，ここでは，公金の計画された使途が説明されているものとその実態とに乖離があるという点（競争という体裁と談合という実態という「言動不一致」）に悪性が見出されたのかもしれない。表に出せない金銭の利用が業務の円滑な遂行を可能にしているという必要性も相俟って，非競争の合理性が，体裁と実態の乖離という悪性よりも強いという点に，関係者は「納得」を見出したのではないだろうか。しかし，非競争が合理的なのであれば，契約手法の中にそれを正面から取り込めばよいのにそうしなかった。表に出せない何かがあるとすると，それは何なのだろうか。善悪正邪を断じるだけではなく，その背景事情を読み解く作業が本来必要だった。しかし，そうしないままに，言い換えれば法令と実態が乖離していることを関係者の間で黙認している状況下で生じた一連の不祥事が，実態を悪，法令を善とするわかりやすい二元論の上で，競争性をひたすら追求する改革の原動力（あるいは起爆剤）となったシナリオは想像に難くない。

これまでさまざまなものに「必要悪」という言葉を用い，そういった事実を曖昧にすることで物事を解決する手法が我が国では好まれたようである。恒常化していた談合という現象も含めて，この公共工事をめぐる「必要悪」の歴史を詳らかにする作業はこれまでほとんどなされてこなかった。それは競争という体裁と非競争という実態との間にある差（法令と実態の乖離）の解明，と言い換えてもよいだろう。

21）　従来から，「談合は必要悪」といわれる世論があった。その一端が大津判決のような事情に見出されることは事実だろうが，それならば「悪」という言われ方をするには足りない。

分に係る一次資料がほとんど存在しないのがこの歴史的事実の特徴だ。[22] ただ，一般論として，受注者側にとっては「安定」，発注者側にとっては「計画」の要請があり，両者の思惑が一致していた点，それが談合という見方が，一定の説明力を持つことは指摘できよう。[23] 冒頭，「非競争から競争へ」の転換を指摘したが，行政側の事情を考慮すると，「計画から競争へ」の転換と指摘してもよいだろう。[24] 裏を返せば，競争への転換は，受発注者にとって不確実性の負担という意味を持つことになる。改革への抵抗の根源は，こういったところにあるという視点はもっと強調されてもよい。[25]

談合罪にいう「公正な価格」が最高裁判例のいうような競争的価格説が採用されていたことを考えれば不可能ではないだろうが，業界内部の言われ方としては特殊過ぎる。

「必要悪」とは，広辞苑によれば「社会的に否定的に評価されるが，それがなかった場合により大きなマイナスがある時に存在を肯定される悪」を意味する。英語でいう「Necessary evil」もほぼ同様の理解だ。英米でこの言葉が用いられるとき，「政府」「税金」「一定の条件の下での武力行使」「銃の携帯」等，正面からその正当性が唱えられる傾向があるようだが，日本の場合，この言葉は法令違反，あるいはグレーゾーン領域で用いられることが多い。敢えて曖昧にすべきことがらに用いられる傾向ともいえよう。

22）社会的には許されないこととは単に業者間の談合が独占禁止法上，刑法上，法に触れるというだけのものなのだろうか。むしろ被害者であるはずの行政が法令上禁止される談合を自らの「表に出せない」事情（社会的な都合ではなく自己の都合）で利用しているという「不整合に対する疚しさ」に悪性があり，しかしその不整合を前提にしないと何か大きな障害が生じてしまうという正当化根拠が見出されているのではないか。「一定の利潤を前提にしないと事業が十分に実現できない」という事情は入り口としては妥当だとしても，談合の必要性と悪性の交錯を描写するには，より深層へ迫る必要があろう。

23）関連する議論のサーベイとして，渡邉有希乃『競争入札は合理的か』（勁草書房，2022）第2章を参照。

24）競争概念は多義的であり，本文に示した理解はそのうちの一つに過ぎず，また厳密なものでもない。しかし，競争制限行為を禁じる独占禁止法の議論においては競争の意義と意味を問う作業は，その目的との関係から必須の作業ではあろうが，ここでは辞書的な定義（独占禁止法でいえば2条4項の競争の定義）に近い理解を示しておけば足りるだろう。独占禁止法との関係では，拙稿「独禁法における『競争』の理解及び『競争』とルールの関係についての検討（一）（二・完）：ハイエク競争論及びルール論の視点から」法学論叢147巻3号（2000）70-88頁，149巻2号（2001）59-81頁。なお，本文の記述で「競争」と「計画」を対比させる発想は，ハイエク研究に相応の時間を割いてきた著者にとっては馴染みのあるものである。

25）維新後，欧米列強に学んだ明治政府は一連の立法作業の中でフランス，ベルギーの会計法令をモチーフとした旧会計法を制定し，そこで「競争」を基本原理とした公共契約の体系を導入した。その後，指名競争が原則化される勅令が登場し，例外としての随意契約もその適用範囲が拡大されるなど競争性の確保という観点からは「骨抜き」にされるが，戦前においても公共契約のベースとしての競い合いの発想は維持されていた。木下誠也『公共調達研究——健全な競争環境の創造に向けて　なぜ，世界に例をみない制度になったか』（日刊建設工業新聞，2012）30頁以下，84頁以下参照。

川島武宜，渡辺洋三の共著『土建請負契約論』（川島武宜＝渡辺洋三『土建請負契約論』〔日本評論社，1950〕）が，我が国の公共工事契約における受発注者間の関係の封建的特徴を説いたのは1950年のことだった。御恩と奉公のような封建関係として語られる公共工事の請負契約は単に，取引関係上の優越的地位を利用した力の行使の結果としての片務的構造というのみならず，そもそも契約という発想すら前提としておらず，また契約獲得に向けて安さのような競い合いの手続を想定していないものの見方ではなかったのだろうか。御恩を受ける業者が当該工事の獲得をせんがために魅力的な条件を提示する所業はそもそも奉公ではない。長期的関係の中で形成される奉公とは忠誠を尽くすことであって，与えられた仕事を一所懸命こなすことである。契約の条件を問うことは予定されておらず，契約手法の類型でいうならば，それは（交渉のない）特命での随意契約に馴染むものである。

現代では封建関係とたとえるのは適当ではないが，長期的，安定的な関係の下で形成される相互信頼が，契約手法の形式とは別に先行しているという発想は，公共工事の実情を説明するのに重要な前提だ。建設マネジメント分野の専門家である渡邊法美は，「安心システム」と呼ぶ官民間の協力メカニズムを提示し，指名競争入札が果たしてきた役割を説いている（渡邊法美「リスクマネジメントの視点から見た我が国の公共工事入札・契約方式の特性分析と改革に関する一考察」土木学会論文集（F）62巻4号〔2006〕684頁以下）。渡邊に拠れば，「公共発注者と元請業者は指名と談合によって，元請業者と専門工事業者は互いに協力関係を結ぶことによってコミットメント関係を形成し」，「これによって社会的不確実性は事実上ゼロとなり，各主体に安心が提供され」，「これらの特徴によって，発注者と国民は大量かつ迅速な社会基盤施設整備を享受し，企業は売上高を確保し，労働者は安定的雇用を図ることが可能となる」といった「安心システム」が築かれてきた（同前686頁）。この説明は高度経済成長期以降の公共契約に妥当するものとして描かれている（同前690頁）。

この構造を支える発想が「官の無謬性」である。渡邊は「我が国の多くの行政組織には，膨大な量の公共工事の『完璧な』執行，すなわち，過不足のない予算執行，一定水準以上の工事品質の確保，工事の年度内完工，会計検査への『無難な』対応といった『無謬性』の要請を実現することが求められてきた」（同前）と述べている。工事の計画未達は最も避けなければならないもので紛争処理の話はそもそも問題にならない。財政法学者の碓井光明は「工事の完成についての完璧主義と言ってよい」と指摘する（碓井光明「日本の入札制度について」公正取引521号〔1994〕24頁）。そこには競争という手続への信頼は見出せず，競争とは真反対の発想である計画が重視された。

公共工事における発注者の一番の関心事は，当然の話であるが，確実な社会基盤整備の実

著者にとって奇妙に思えるのは，予定価格ぴったりの受注は指名競争の下での競い合いの結果としては不自然なのではあるが，これが競争的な価格だと表面上説明されてきたことであり，それが適正だと考えられたことである。競争とは予め計画できないところにその本質があるのにも拘らず，それが計画通りの帰結となり，その計画こそが適正であるという無理筋の論理が長い間維持されてきており，それを疑問視する問題意識が欠如していたということである。今では上限価格と下限価格のレンジの中での自由競争が適正な結果を招くという至極妥当な発想に基づいて制度とその運用の説明がなされているが，一昔前までは公共契約の競争手続は今から思えば異常ともいえる論理構造に立脚するものであったということになる。

第4節　転げ落ちるような改革

今から30年前，すなわち平成5年，仙台市，宮城県，茨城県といった地方自治体の長が公共工事をめぐる収賄事件で立件され，ゼネコン各社と政界との

現であり，個々の工事でいうならば，確実な工事の完成である。そこで信頼できると事前に分かっている業者に任せたいと発注者は考えるだろう。事前に分かっているならばそれらの業者を指名すればリスクは少なくなる。一方，一般競争入札の場合は入札参加資格等の組み方を失敗すればリスクは高まる。指名競争入札が発注者に好まれた最大の理由はここにある（一般競争入札が採用される場合であっても，入札参加資格等の絞り込みで指名競争入札と同様の状況を作ることができるならば，一般競争入札か指名競争入札かという区分それ自体があまり意味のあるものではなくなる。一般競争入札が採用されなかった理由として「安かろう悪かろうの回避」を挙げる声は少なくなかった。もちろん，一般競争入札でも同様の効果を挙げることは仕組み上可能である）。

もちろん競争者を絞りこみ，言い換えれば「囲い込み」をすれば価格は高止まりになる。入札談合のリスクも当然高まる。しかし，予算制約はあるものの，獲得した予算は計画されたものであるから，工事完成のためにすべて使い切っても計画通りということになる。過不足のない予算執行は，行政機関としてはむしろ好まれていた。これが，過去に指名競争入札が許容されてきたひとつの理由である。

片務的なもの，一方的なものよりも，契約の表面には現れない官民間の「双方向的な」共存（相互依存）関係を指摘するほうがより本質的であるといえる。指名競争入札や地域要件の設定等，何度となく反競争的であると批判されてきた諸制度とその運用の意味を解き明かす鍵は，この双方向的な関係の解明にあるといえる。

癒着が次々と暴かれた。これら事件は，いわゆる「ゼネコン汚職」と呼ばれ大きな社会問題となった[26]。翌年，大手ゼネコンが主体となった大規模な談合事件である埼玉土曜会事件が公正取引委員会によって摘発されたが，その際，刑事事件になることを恐れたゼネコン最高幹部が建設大臣を務めた経験のある国会議員に公正取引委員会への働きかけを依頼した斡旋収賄事件へと発展し，公共事業への不信はますます高まった。公共契約，とりわけ公共工事は不正の温床といわれ，政官財の癒着の象徴として随意契約が批判され，指名競争も談合を助長する原因だと糾弾された。「天の声[27]」などという隠語が用いられたのはこの頃である[28]。随意契約や指名競争は値段の高止まりの原因であるともいわれ，

26）　埼玉土曜会事件等，公共工事とゼネコンをめぐる一連の事件について，例えば，神山敏雄『新版日本の経済犯罪：その実状と法的対応』（日本評論社，2001）第9章第2節等参照。

27）「天の声」に言及する新聞記事として，例えば，日本経済新聞2011年9月27日朝刊面等。

28）　公共調達，とりわけ公共工事の分野は，政治家の利権構造を語るときの定番の一つである。談合その他入札不正絡みの刑事事件で首長，議員がよく登場する。大抵，見返りとして何らかの経済的利益のやり取りがある。口利きが主だが，情報漏洩のケースもある。首長が関わるケースは公的財源の使い道としての発注業務にダイレクトに影響を与える立場にあるので分かりやすい。一方，議員の場合，個別の発注業務には直接関わらず，予算や法律・条例を通じて間接的に関わるのに止まるが，行政は議会を通じた影響を恐れ，これが個別の発注業務への圧力の源泉となる。また国会議員が地元地方議会における「子飼い」の首長，議員を通じて，地方自治体の発注に対して水面下の影響力を行使することもある。そもそも有力議員は，当該地域への公共事業の誘導などを通じて大きな発言権を有していることが多く，個人レベルにおける強固な政治権力のネットワークの背景となっている。このネットワークは，受注企業はもちろん，地域のさまざまな組織，団体へのコネクションをカバーし，トラブル解決にも貢献する。端的に言えば，ある政治家を絡ませておけば「保険がかかる」状況を作ることができるのだ。

裏を返せば，行政が見せたくない部分を抱えているという事実が，政治的利権が生じる余地を部分的に作り出してしまっている，ということだ。悪くいえば「食い物にされている」のだが，好意的に見れば「都合のよい存在」でもある。重要な事実は，行政側の強いニーズが公共調達を計画通り進めることにあり，計上された予算をオーバーすることをできる限り避けたい，という点である。計画通りという体裁が必要で，そのために競争の形式と談合の実質を組み合わせ，業者側に融通の利く金銭を預けることができれば，後は良きに計らってもらえばよい，という事になる。

官側の入札不正への関与は官製談合防止法の制定よりもずっと前から恒常的なものだったろうが，より重要な点は，法令違反となる官製不正とまではいえないレベルの談合構造の黙認こそが談合を安定的なものにしてきたということであり，黙認の背景には個人的利益の動

無駄の象徴のように悪性視された[29]。一般競争至上主義的な，あるいは落札率至上主義的な主張が，正義の旗印のように歓迎され，世論を形成した。いわゆる「改革派」と呼ばれたこの頃の首長やこれをサポートする有識者が英雄視される時代がきたのが，ちょうど世紀が変わる頃であった。その少し前の日米構造協議（Structural Impediments Initiative: SII）も無視できない背景であったし[30]，日米構造協議を受けて強化された独占禁止法とこれを執行する公正取引委員会の同法の運用積極化もこの風潮を強める要素となった。公共契約における競争性確保を要請する国際貿易機関（WTO）の政府調達協定への参加も同様の効果をもたらした。

第5節　ターニング・ポイント

平成17年の独占禁止法改正は公共契約だけをターゲットにしたものではな

機ではなく，業務の円滑な遂行という職務上の都合が大きかったということである。談合は法的に見ればそれ自体が不正として完結するものであるが，不正の構造としては談合という現象だけ見ていては説明不足である。

Brian Woodallは，その著『工事中の日本（Japan under Construction)』（BRIAN WOODALL, JAPAN UNDER CONSTRUCTION: CORRUPTION, POLITICS, AND. PUBLIC WORKS. BERKELEY, CALIF: UNIVERSITY OF CALIFORNIA PRESS (1996)）で公共工事をめぐって政官財のトライアングルで形成される利権構造を描写したが，行政側にとって談合は個人的利益の動機とは別に，業務遂行上都合のよいものだったという視点が本来はより強調されるべきだ。反社会的勢力の公共工事への関わりも同様である。反社会的勢力は暴力を背景に行政に圧力をかけ利権を貪ってきたという説明は話の半分であり（PETER B. E. HILL, THE JAPANESE MAFIA: YAKUZA, LAW, AND THE STATE, OXFORD, U.K.: OXFORD UNIVERSITY PRESS (2006)），行政側がそれを利用し，一定の機能を果たさせてきたという説明が残りの半分である。民事紛争を解決してきたのは法曹ではなく反社であったというストーリーは過去の建設事業によく当てはまる。「土地」が強く関わっているからである。しかし，行政側が直接反社に金銭を流すことは決してない。だから談合という構造が意味を持つのである。談合の被害者である行政は，談合の先に何があるのか「関知しない」ことになっている。

29）当時の新聞社説等，その例は枚挙にいとまがない。

30）建設関係ではさらにその前の日米建設協議において市場開放が米国政府から要請されていた。この辺りについては，例えば，建設政策研究会（編著）／建設大臣官房政策課（監修）『日米構造問題協議と建設行政』（1990）参照。

く，むしろ民間市場におけるカルテル（特に国際カルテル）が念頭に置かれたものであるが[31]，入札談合摘発にも大きな効果を有する武器を公正取引委員会に与えるものであった。課徴金算定率の大幅引き上げと課徴金減免制度の導入がそれである。この時期にゼネコン各社による決別宣言が出されたのは偶然ではない。この独占禁止法改正の3年前に官製談合防止法が制定され，独占禁止法改正の翌年に官製談合防止法に刑事罰規定（8条）が盛り込まれている。三つの県の知事が公共工事絡みの不正で相次いで立件され，全国知事会が契約金額1000万円以上の公共工事発注を，一般競争入札を原則とするとした緊急提言[32]を行ったのもこの頃だった。

非競争から競争への流れは確定路線となり，当然ながら価格の低下が期待された。これは品質の確保という観点から見れば危惧されるものであり，会計法令の原則が最低価格自動落札方式であることが問題視されるようになった。公共工事に係る議員連盟が主体的に動き，この原則を会計法や地方自治法の中で見直すのではなく，公共工事分野に限定して特例的に扱う議員立法を実現した。平成17年制定の公共工事品質確保法がそれである。独占禁止法の改正とほとんど同時に国会を通過させているのは，この立法がこの分野における非競争から競争への変化が決定的になったことを意識してのものであったことをよく示している。この立法は，当初，一般競争を念頭に置きつつ競い合いの内容を価格面から品質面へとシフトさせる競争政策的性格が強かったが，その後何度かの改正を経て，予定価格における適正利潤の反映，地域社会における諸々のニーズの反映，労働環境の整備といった公共契約に係る持続可能性を重視した（産業政策，社会政策的色彩の濃い）政策立法として大きなインパクトを残しながら，年々変化，進化しつつある[33]。

31）　多田敏明「独占禁止法と公的エンフォースメント：課徴金制度の改正案を中心として」法学セミナー49巻10号（2004）24頁以下参照。

32）　全国知事会「都道府県の公共調達改革に関する指針（緊急報告）」（平成18年12月18日）〈https://www.nga.gr.jp/ikkrwebBrowse/material/files/group/2/2006121802_02.pdf〉。

33）　本著第7章参照。

第6節　現 在 地 点

平成17年に独占禁止法の大改正と公共工事品質確保法の制定とがほぼ同時になされてから約20年が経過した。この間，独占禁止法の側では，数次の改正を経て，課徴金減免制度も違反抑止効果を高めるようにより洗練されたものになり[34]，同制度の利用を通じたカルテル，談合の摘発が相次ぎ，一部の事件では刑事告発にまで至っている。興味深いことに公正取引委員会が刑事告発した直近5件は全て入札談合事案であり[35]，そのうち二つは，法的には民間の発注主体が実施した競争入札における談合事件であり[36]，いずれも一部業者から違反の存在が争われており，競争制限それ自体の有無，そして（仮に競争の制限が認められたとしても）その正当性が問われた[37]。共通するのは当初は随意契約を念頭に置きつつ受発注者間のコミュニケーションがなされていたが，その後何らかの事情で競争入札が実施されたという点である[38]。

平成14年の公共工事入札契約適正化法の要請を受けて入札監視委員会を設置する[39]など，不正防止のための体制作りが公的発注者の側において強化されている。しかし入札談合事件がなくなった訳ではなく，公正取引委員会が摘発する違反のメインの地位にあり続けている。ただ，公共工事分野以外の例えば物品調達のような分野等，その対象は多岐に渡っていることには注意を払っておく必要がある。入札情報の公開も分野によって差異があることも背景かもしれ

34）直近の任意のテキスト等参照。

35）公正取引委員会の資料〈https://www.jftc.go.jp/dk/dk_qa_files/hansokuitiran.pdf〉参照。

36）リニア中央新幹線敷設工事発注をめぐる入札談合事件及び東京五輪組織委員会発注のテスト大会計画立案業務等をめぐる入札談合事件（同前参照）。いずれも公共の財源が用いられていたり，発注者が公的色彩を帯びていたりと，その財源支出の公共性が指摘されるものである。

37）各種報道資料参照。

38）公共調達であるならば，随意契約か競争入札かの選択の前に（業者間の競争を制限するような）事前の調整をすることは考えにくい。契約手続をめぐる官民間のガバナンスのあり方についての比較という興味深い論点を提供するものかもしれない。

39）公共工事入札契約適正化法（及びそれに基づいた指針）を根拠にしているので，公共工事のみを審議の対象とする発注機関も多い。

ない。[40]

注目したいのは，近年目立っている入札不正は入札談合ではなく，情報漏洩を典型とした手続違背による特定業者の不当な優遇の事案だということである。[41] 地方自治体の発注に絡む不正においては漏洩される情報が下限価格である最低制限価格であるケースが多い。このことは競争が激化し（つまり入札談合が成り立たず）価格が下がり切っている官製市場の状況をよく示している。官民間の不正であり，官製談合防止法が適用されるので，この種の不正もしばしば「官製談合」と呼ばれるが，業者間の談合が前提になっていないので，不正の性格は入札談合とはずいぶん異なっている。こうした「抜け駆け」的な不正は，官側の不正が前提になっているので事業者性の問題もあり，独占禁止法の出番は少ない。公契約関係競売等妨害罪と官製談合防止法違反罪のセットが定番である。

公共契約，とりわけ公共工事に係る環境の変化は年々早くなっている印象を受ける。令和3年からの岸田文雄政権においては，契約当事者間の協働（パートナーシップ）が強調されるようになり，競争の適正さから取引の公正さの方に焦点がシフトしつつある。今から四半世紀前においては，公共契約の関心がほぼ競争の確保とそれによる価格低下一辺倒だったことを考えれば，隔世の感がある。第3章で扱った建設業法の令和6年改正は，発注者の官民を問わない。費用負担の公正等，そこで扱われている各課題について，公共工事品質確保法を背景とした，公的財源が基盤であるが故に政府のグリップの利く公共工事が実務としては先行していたが，これを民間にも可能な限り及ぼそうというのが現時点におけるトレンドである。[42]

40）　特に中小地方自治体では対応はまちまちであろう。

41）　楠茂樹「最近における入札談合事件をめぐって」公正取引809号（2018）2頁以下。

42）　令和6年の公共工事品質確保法については第7章で触れる。

第６章

公共契約における「一者応札」問題について

第1節　はじめに

売り買いを問わず，公共契約における契約者選定手続の原則は競争入札である[1]。複数の応札が期待される場合には競争入札が選択され，一者しか契約相手がいないことが予め分かっている場合には，随意契約が選択される。指名競争はその中間だ。

「一者応札」とは，競争入札を実施したのにも拘らず応札者が一者である場合をいう。入札参加資格審査のために希望を出した時点で一者であった場合，応札で辞退される可能性もあるので，「一者希望（応募）」「ゼロ者応札」ということになるが，ここではまとめて「一者応札」と呼ぶことにしよう[2]。

この一者応札という現象は，公共契約をめぐる一連の実務上の問題において，現在，最も深刻視されているものである。かつて随意契約が悪性視されていたのと同様に，今，一者応札が悪性視されている。一者応札は高落札率の傾向を強め，論者によっては官民間の不正・癒着の表れと指摘し，談合の結果だという声まである[3]。

そういった背景から一者応札の場合，入札手続を中止し，やり直すという実務をとる発注者も現れた。東京都がその例だ[4]。それも一律に中止する（正確に

---

1)　会計法，地方自治法における該当条文についての参照は，それ自体が検討の対象となるなどの特に必要があると思われる場合以外，行わない。

2)「一者入札」という言い方もあるが，ここでは引用箇所を除き本文の表記で統一する。

3)　しかしこれは暴論であろう。

4)（著者が委員長を務めていた）東京都入札監視委員会作成の「入札契約制度改革に係る検

は希望者一者の段階での中止）という大胆な改革を断行した[5]。確かに，会計法や地方自治法上，一者応札の中止を禁止する規定はない。しかし，一者応札を中止にすれば，当然ながら，再度公告，再度入札となる。その時間的ロス，行政コスト，あるいは業者側の負担は，そうでない場合と比べて大きくなることが予想される。そのデメリットを埋め合わせるだけの利益が得られるか，が課題となるはずである。しかし，東京都の例は，「応札者が二者以上になれば落札率が下がるはずだ」という，データの表面をなぞった上での直感で話が進められた印象が拭えないものだった。入札契約制度の適正化の検討と提言を担う都の入札監視委員会は平成30年3月の「入札契約制度改革に係る検証結果報告書[6]」（以下，「報告書」という場合がある）において，この一者応札の一律中止を抜本的に見直すことを提言し，これを受けた都は都政改革本部を通じ，見直しの検討を進めるに至っている。

本章の課題は，一者応札をめぐる東京都における公共工事に係る改革（平成29年）とそれに対する見直し（平成30年）を，考察のきっかけ，材料として，それらにおける議論の状況の概観を踏まえて，一者応札への入札方式とその運用における対応のあり方について多少の展望を行うことにある[7]。

第2節　一連の改革について

ある経済主体が何かを買ったり，売ったりするとき，相手の候補が一人しか見つからなかった場合，それは「他にもいたのかもしれないが見つからなかった」のか「最初から一人しか存在しなかった」のかは質的に全く異なるものである。その中間のものもあり，それは取引相手の候補は複数存在するが，現実

証結果報告書」（平成30年3月）〈https://www.zaimu.metro.tokyo.lg.jp/documents/d/zaimu/pdf20190724175900_1〉参照。なお，著者が東京都の一連の改革について言及する際，特に断りのない限り，同報告書記載内容を参照するものとする。

5）公共工事案件，財務局案件，初回入札に限定したものであるが，個別案件の事情に拠らないという意味で「一律」の中止である。

6）前掲注4)。

7）本稿における考察，意見に係わる部分については，あくまでも個人のそれであることを予め断っておく。

上の売り手あるいは買い手になる相手は一人しかいないという場合である。他の相手が遠隔地にいる場合がその典型だろう。他の候補との取引にはコストがかかり過ぎて候補にならない。価格だけが判断要素の場合，取引コストも含めた上でのある金額での取引が可能な相手が一人しかいない，ということである。コスト削減努力の結果，他が追随できない価格で提供できる相手が一者だけいた場合も，似たような話に見える。異なるのは，競争の結果そうなったのか，（距離のような）外部環境要因がそもそもそういう状況を作り出したか，である。

平成29年3月の都政改革本部会議において公共工事契約について一者応札を中止にする方針を決めたことの背景には，応札者数が二以上になれば，落札率が下がるはずだ，という単純な直感があった。確かに，データ上，一者応札と二者以上の応札とを比較すれば前者の方が落札率は高くなる[8)]。一者応札には構造的な一者応札が含まれている（この場合，限りなく予定価格付近での落札になる）のだから，当然の帰結であろう。しかし，再度入札を実施しそこで二者以上になれば落札率の低下が期待できるはずだという，「他の事情を一切無視した」発想の下，一者応札の中止は断行されてしまった。

一者応札を中止したところでそれだけでは事態の改善にはならないのは，これも直感的に分かるはずだ。構造的な一者応札の場合，再度入札においても同様の帰結が予想されるし，競争的だがたまたま一者になったようなケースでは，電子入札等の他の応札者の存在（不存在）を知ることができない以上，一者であっても競争的に振る舞うことが予想され，その場合には初回入札を中止し再度入札を行ったところで帰結は変わらないだろう。ただ業者における受注余力の変化の影響もあるので，初回入札と再度入札における競争状況が同じである訳ではないので，それを期待するという取り組みとしてなら多少の説明は可能である[9)]。そうだとするならば，一者応札を中止し再度入札となった場合の不調

8）平成29年度第5回都政改革本部会議資料（平成29年12月22日）参照〈http://www.toseikaikaku.metro.tokyo.jp/kaigi05/naibutousei/1-1_choutatsunyuusatsu.pdf〉。

9）「談合がない場合に生じる1者応札は競争的である。なぜならば入札競争は，事後的に入札をした事業者の間のみで行われているのではなく，事前に入札するだろうと思われる事業者の間で行わると考えるのが現実的だからである。さらに電子入札が広まるなかでは，誰が入札するかを事前に知ることは不可能に近い。結果的に1者しか応札しない入札であっても，談合がないときには，その応札者が応札段階で想定していた競争者が複数いたはずである。

（不成立）のリスクもまた考えなければならない。

再度入札においてより競争的な帰結を導くためには，初回入札においては，より競争的になされ得たにも拘らず，競争的でなかった何らかの事情が存在しており，再度入札においてはその非競争的な要因が除去され得るという事情が必要になる。一体それが何であるのかを解明しないまま，闇雲に中止したところで何の改善にもならないことは容易に理解できよう。先ずは原因分析が必要だった。[10]

しかし，東京都は批判を押し切って平成29年3月31日，公共工事発注における予定価格の事前公表の取り止め，JV結成義務付けの廃止，低入札調査基準価格設定の適用範囲の拡大とともに，一者応札の中止を決定し，財務局案件において同年6月から試行（試行といっても適用範囲は財務局案件の公共工事の全てについてである）することとした。

第3節　検 証 作 業

I　視　点

これらの改革は受注者側（業界側）のヒアリングを経ないでなされたことから，建設業界から強い反発を受け，特に同業界を支持母体とする自由民主党から激しく非難された。そこで都は一連の改革の検証作業を都の入札監視委員会に委ねた。平成28年の小池知事就任直後，その当時の同委員会委員長が元中央卸売市場長だったことや，[11]同委員会が入札監視よりも制度設計と制度運用にその検討対象が偏っていたことから，平成29年に大幅に組織を刷新し，（通常の入札監視を行う）二つの監視部会と（制度設計，制度運用を検討する）制度部会の3部構成として再スタートしたところであった。[12]このうち制度部会が検証

一者応札とは，そうした潜在的な競争者が結果的に応札しなかったときに生じる現象と考えられる。よって結果的に一者となってしまっても応札者に責任はない。」（大橋弘「一者応札は無効か」日刊建設工業新聞平成27年1月7日）。

10）　都政改革本部会議が実施した有識者ヒアリング（平成29年3月30日）における有川博教授のコメント参照〈http://www.toseikaikaku.metro.tokyo.jp/naibutouseiptrokuga.html〉。

11）　中央卸売市場の築地から豊洲への移設をめぐる，入札契約のあり方を含むさまざまな疑惑が取り沙汰されていたことが，問題を大きくしたといえる。

作業を担うことになった。

一者応札を中止するということは，必然的に再度入札までの時間を必要とする。それは契約の遅れ，工事開始の遅れを意味し，通常工事完成の遅れも伴う。そうでなければそれは工期が短縮されているということだ。工期が短縮されるということは，その分，受注者側に無理が生じるということを意味する。しばしば「突貫工事」といわれるものは，安全管理上の問題を生じさせることが多く，労働者不足の状況では工期の短縮はコスト増になる傾向がある。しかし，そういった点が契約金額に反映しないのであれば（言い換えれば，予定価格に反映しないのであれば），しわ寄せは業者の方に行き，契約の自由の下，不落・不調へとつながる。再度発注が年度末になされれば，平準化が十分でない場合には，需要過多になり，発注者にとってますます契約相手を見つけるのが困難になる。

都政改革本部での議論において一者応札を中止することで期待された効果は，応札者数の増加による落札率の低下である。すでに述べたように，そういった単純な議論は大いに問題であると思われるが，議論，試行，考察，実施範囲の拡大という順番ではなく，（財務局発注分については）全面適用（これを試行と称している）を先に持ってきてそれを検証するというスタイルが取られた。

Ⅱ　関連データ，ヒアリング，検証

都の財務局がまとめた平成30年2月末におけるデータを以下，簡単に紹介しておこう（以下の文章は「報告書」の記述に拠っている[13]）。

「一者入札の中止」の対象は，財務局契約のうち，建築業種は予定価格3.5億円以上，土木業種は予定価格2.5億円以上，設備業種は0.4億円以上の契約案件が対象となっている。ただし，過去に入札参加希望者が一者以下で中止，又は，不調となった案件を再発注する場合については，「一者入札の中止」の対象外としている。この基準に従って実施した結果一者入札の中止の対象件数は，公表済のものでは466件中353件（75.8%），締切済のものでは464件中

12）　東京都入札監視委員会をめぐる各種報道を参照。

13）　前掲注4）参照。

353件（76.1%），開札済のものでは371件中274件（73.9%）となっている。

入札参加希望者が一者以下のため，入札手続が中止となった案件は，平成30年2月末までに353件中61件（17.3%）となっている。中止した61件について，希望者数を見てみると，希望者が0者だった案件が18件（29.5%），希望者が一者だった案件は43件（70.5%）であった[14]。この43件について，不成立と同様，何らかの時間的ロスが発生することとなった。

2月末までに中止となった61件のうち，39件が既に再発注されている。この39件について，初回と再発注回において，希望状況，開札日や工期のずれ，予定価格の変動率などについて比較を行った[15]。

まず，初回発注と再発注回の希望状況について見ると，再発注回に初回よりも希望者数が増加しているのが24件，逆に減少しているのが3件で，希望者数が変わらなかったのが12件となっている。この3件はすなわち希望者ゼロということであり，より事態を悪化させたことになる。このような事態は初回発注で契約に至っていれば生じなかったものである。続いて，開札日や工期（終了日）のずれなどについては，全39件で開札日が平均46.9日，工期（終了日）が平均18.4日の遅れが生じている。最後に，予定価格については，初回より上昇したのが15件，逆に減少したのが18件，変わらなかったのが5件となっているが，全件を平均すると0.4%の減となっており，大きな差はない状況にある。

2月末までに中止後の再公表を終えている39件のうち開札まで至っているのは，再発注回に希望者ゼロ者で中止となった3件，開札待ちの2件を除く34件となっている。34件の内訳を見ると，24件が落札済で10件が不調とな

14）業種別に見た場合，平成29年度は，平成28年度（同年度の数字は「一者入札の中止」があった場合の試算値）に比べ，建築業種は，一者以下に該当して，中止となった割合が大きく増加している。該当した案件7件のうち3件が，豊洲市場の追加対策工事の地下ピット床面等工事であり，半数近くを占めている。

一方，土木業種は該当する割合が大きく減少しているが，これは，特に河川工事で従来JV結成義務を課していた案件を混合入札に移行したことにより，入札参加者が大きく増加していることがその要因として考えられる。

15）以下，本章の元となった楠茂樹「公共契約における『一者応札』問題について」上智法学論集62巻1・2号（2018）第3章に掲げた表参照。

っている。

入札監視委員会が行った業界ヒアリングでは，意見を述べた団体は一致して制度の撤回，見直しを求めている。他の改革についての意見は賛否両論あったことを踏まえれば，一者応札の中止の特異さを窺い知ることができる。

工事の遅れや工期の短縮は明らかに数字が出ている。一方，一者応札の中止によるより低廉な価格での契約が効果的に可能になったかについてははっきりしない。所期の効果が達成されるかは明らかではない一方，弊害は明らかに出ている。

こういった事情を受けて，報告書では次のように結論づけている。

（1者入札中止の意義）

○予定価格の事後公表などの他の制度変更の効果もあり，本制度導入の目的の1つである1者入札で落札率99％以上となる案件は大きく減少しており，「1者入札中止」の意義は薄まっている。

○再発注時には希望者が増えて複数者の入札になった場合もあるが，逆に1回目は1者の希望があったにもかかわらず，再発注時には希望者が0者となり再々発注になった場合もあり，入札参加者を増やすといった狙い通りの結果が出ているかは疑わしい。

（1者入札中止の弊害）

○1者入札の中止となった案件は，当初予定から平均で47日開札日が遅れており，また，再発注時には，当初発注時に比べて工期が短縮される案件もあり，受注者へのしわ寄せが懸念される。

○他者の応札の動向によって入札がストップするというリスクにより，事業者が安心して入札に参加できず，かえって参加意欲を損なうことに繋がりかねない。

○電子入札の環境下では，1者入札が即高落札率になるとは限らず，一方，高落札率の可能性が高まる構造的に1者となる案件では，再発注時にも1者となるケースが見られ，まとめて議論することに無理があった。

○発注者ヒアリングでの意見でも，1者入札の中止となると，起工部門や契約部門で相当の作業の手戻りが発生するとのことであり，行政コストの面からも疑問である。

（今後の方向性（まとめ））

○1者入札の中止は都の事業執行の遅れを招き，ひいては都民サービスの低下に繋がるおそれが高い。

○案件ごとの応札者数は，発注のタイミング，地域性，施工の困難度，発注者の設定する条件等により影響を受けるもので，1者以下の場合に一律に入札を中止することには疑問を感じざるを得ない。

○この改革の発端となった大型工事のみに本制度を適用するなど，入札を中止するのが合理的な場合を吟味すべきである。

○１者以下となる原因分析に力を入れて，最初から１者入札にならないよう工夫することが重要である。

○都の事業進捗への遅れや事業者の都の入札への参加意欲の減退という大きな弊害が生じていることを考えると，１者の場合に例外的に入札を中止する規定の設置の検討や，さらには，本制度をこのまま継続すること自体が望ましいかも含めて抜本的に本制度のあり方について再考すべきである。

Ⅲ　都の対応

報告書は平成30年３月末に財務局長に提出された。小池知事はこの検証結果を踏まえて，再び各種業界団体のヒアリングに臨んだ。その詳細は省略するが，業界側のほとんどの主張が従来と変わるものではなかった。都議会においてもキャスティング・ボートを握る公明党が一連の改革に反発する[16]など，改革の大幅な見直しが不可避な状況となっていた。５月に入り，都は（平成29年６月から１年間の施行を踏まえた上での「本格実施」という体裁で）６月以降の新入札制度の概要を公表した[17]。前年の改革の目玉であった一者応札（一者希望）案件の中止は撤回されることとなった[18]。

第4節　考　察

以下Ⅰ乃至Ⅳでは，公共工事に限定せず公共調達一般の問題として議論を進め，Ⅴで公共工事特有の問題に触れる。

16）日本経済新聞平成28年５月７日朝刊（地方経済版・東京）15面。

17）東京都Webページ〈http://www.metro.tokyo.jp/tosei/hodohappyo/press/2018/05/11/01.html〉参照。

18）その他の改革については前注参照（全面撤回は一者応札についてだけであることに注意せよ）。

I　一者応札が非競争的とは限らない

東京都の場合，再度発注において二者以上になったからといってより低価格での契約が可能になったかどうかは分からない。何故ならば，それは希望段階での中止であり開札まで至っていないからである。仮に初回発注時に一者で再度発注時に二者だったとしても，結果について両者の比較はできない。再度発注時に落札率90％だったとして，初回発注時において開札まで至っていたとするならば，同様に90％だったかもしれない[19]。電子入札等の環境下で，すなわち応札他者の状況が分からない状況下で一者であっても当該業者が競争的に振る舞っていれば，当該業者については似たような結果になるからだ。再度発注時に複数者の応札となった場合，初回発注における一者応札は「たまたま」だったのかもしれない。そしてその当該業者は自らが一者であることはその時点では知らされていないのであるから，初回発注が高くて再度発注が安いという理屈がストレートに成り立つ訳ではない。同様に，再度発注時に複数者応札があったが落札率が100％近くとなった案件は，一者応札となった初回発注と結果は変わらないものかもしれない。100％付近での落札が競争的である可能性も十分ある。

こうした対応の一番の問題点は，電子入札等の環境下で競争的に振る舞っていた応札者が，一者応札の中止によって自らのみが応札者であったことを知ってしまうことにある。もちろん再度入札において自身のみが応札すると限らないが，少なくともその情報が当該業者のみに結果的に提供される状況は好ましいものではないことだけはいえよう。

II　一者応札中止の合理性

一者応札は中止し，再度発注をかけることによって発注者はより有利な条件での契約が可能になるかもしれない。それはもしかしたら再度発注時においてより競争的な業者が応札するかもしれないし，入札の条件を変えることによってより競争的な環境を作り出すことができるかもしれないからだ。しかし前者ならば，再度発注において初回発注時の受注希望者を失うかもしれないし，応

19）　その他の条件が同じだとして，という前提で考える。

札者ゼロという事態を招くことになるかもしれない。後者ならば，そもそも初回入札においてそのような環境を作り出せばよかったという批判はあり得，また競争的な環境を作り出すことに目を奪われ，元々の調達の目標の効果的実現という視点を見失う危険もあり得る（入札参加資格の不適切な緩和を想起すればよい）。発注の仕組みは様々な要素が相互にリンクしているのであって，一部の現象のみを切り取り議論できる類のものでは決してない。

一者応札が非合理である場合とそうでない場合は，様々な事情に依存する。ある一定の条件を満たす場合には一者応札を自動的に中止することを事前に告知する方法をルール化する手もあるが，発注者の裁量の下，一者応札を中止することができる，ということをルール化することも一案ではあろう。

米国の連邦調達規則（Federal Acquisition Regulation）では，一者応札への配慮とその中止について規定がある。そこでは以下の通り定められている。

> 14.408-2 Responsible bidder—reasonableness of price.
> (a) The contracting officer shall determine that a prospective contractor is responsible (see Subpart 9.1) and that the prices offered are reasonable before awarding the contract. The price analysis techniques in 15.404-1(b) may be used as guidelines. In each case the determination shall be made in the light of all prevailing circumstances. Particular care must be taken in cases where only a single bid is received.
> 14.404 Rejection of bids.
> 14.404-1 Cancellation of invitations after opening.
> (c) Invitations may be cancelled and all bids rejected before award but after opening when…the agency head determines in writing that—
> (6) All otherwise acceptable bids received are at unreasonable prices, or only one bid is received and the contracting officer cannot determine the reasonableness of the bid price.

簡単にいえば，発注者は一者応札の結果が不合理だと考えれば，その裁量で当該発注手続をキャンセルできるということだ。その前提として，調達担当者の高度な専門性，重い説明責任があることを忘れてはならない。

日本でもこのような裁量によるキャンセルを制度化したり，実務上取り入れたりしてもよいという意見はあるかもしれない。しかし日米間では背景となる制度に相違があるということを忘れてはならない。それは予定価格という制度の存否である。日本の場合，落札の絶対的条件は予定価格を下回ることである。一者応札であっても同様である。その予定価格は，「契約の目的となる物件又は役務について，取引の実例価格，需給の状況，履行の難易，数量の多寡，履行期間の長短等を考慮して適正に定めなければならない[20]」こととなっている。予定価格の上限価格としての合理性を前提とすれば，制度設計上，一者応札を中止にすることを否定する意見は十分に成り立つ。米国の場合，一定の合理的な価格というものを調達担当者は算出して用意するが，それは厳密な意味での上限拘束性はない。合理的理由があれば，その額を超えても契約は妨げられないし，合理的理由が見出されなければ中止にもできる。それだけに，発注者の裁量は重い役割を担うのである。予定価格というある種の「エクスキューズ」が存在する日本とは状況が異なっている。

Ⅲ　一者応札の原因

一者応札の原因については有川博が以下の9類型にまとめている[21]。各発注者は一者応札となった個々のケースがどの類型に該当するか（複数に該当する場合もあろう）を先ずは見極めることから始めなければならない。

［1］実質的な公告期間の確保
［2］適切な履行期間・準備期間・引継期間の確保
［3］PR等の周知不足，新規業者の調査不足
［4］偏った周知
［5］業務内容の開示
［6］発注時期・発注単位に問題
［7］限定的な参加要件・仕様
［8］不明確な参加要件・仕様

20）予算決算及び会計令80条2項。

21）以下の記述につき，有川博『官公庁契約法精義（2020）』（全国官報販売協同組合，2020）94頁以下。

［9］不必要な継続案件の存在

［10］本来，一般競争でやるのが不適当

上記区分中，［1］［3］［4］及び［5］については，情報の伝達が不十分であったが故に潜在的競争者が参加できなかった事情を示している。競争入札参加資格証明のための書面を準備するための期間が確保されていないケース，HP等で容易にアクセス可能な状態で広く応札者を募る努力がなされていないケース，入札説明会の期日が入札日直前であるケースなどがこれに該当する。

［2］［6］［7］及び［9］は，情報自体の非対称はないが，一部業者以外に応札を躊躇させる事情が存在する場合である。典型的には［7］のいう参加要件，仕様の不当な限定である。有川が過去の会計検査院報告から取り上げたケースには以下のものがある[22)]。

・当該施設が所在する市又は町に本店又は支店を有することを入札参加要件としているが，本件業務は，施設内の除草，薬剤散布，清掃等を数回実施するものであり，当該業務を実施する上で，このように事務所等の所在地を限定する必要はない。
・職員寮における給食，清掃及び管理業務の契約に係る入札にあたって，官公庁等公的機関との契約実績を有することを入札参加要件としているが，このように発注元を限定する必要はない。
・入札に当たって示した仕様書等をみると，什器のサイズ，色等の具体的な企画は示さずに，特定メーカーの製品名，品番及び配置図のみを記載している。

［8］は［7］と似ているが，一部業者（典型的には従来からの契約相手）のみが（不明確にしか記述されていない）参加要件や仕様について知り得るという意味での情報の非対称を生み出す場面を問題にしている。

［9］と［10］は，既存の業者が圧倒的に有利，あるいは現実上既存の業者しか対応できないような発注において，これに対応する入札方式や契約方式が取られていない場面を問題にしている。［9］は，システム調達とその後のメンテナンスのような関係で問題になりやすく，メンテナンスまで含めた包括的な契

22）同前98頁。

約を債務負担行為の活用により行えば，後のメンテナンスの部分まで含めて競争的に契約締結を行い得た，といったケースが想起されよう。[10] は，一者応札が想定され，随意契約の理由が成り立つのに（一般）競争入札を強行するようなケースと言い換えてもよい。ゼネコン汚職以降随意契約に対する批判が非常に高まったことを受けて，多くの発注者は随意契約の利用を躊躇してしまい，一者応札が予想される場面にも「競争が全く期待できない訳ではない」との理由から一般競争を多用し，結果，多くの一者応札を生じさせているのが現状である。そういった隘路からの脱出方法として，競争の手続を随意契約の過程に取り込んだ「確認公募型随意契約[23)]」が最近注目され，利用されるようになってきた。

Ⅳ　法令違反のリスク

本来競争的であり得た契約を，上記のような事情から非競争的なものにしてしまった場合，発注者にとってのリスクは合理的な契約を失うことだけではない。場合によっては入札不正の嫌疑がかけられる恐れがあることには注意を要する。官製談合防止法違反はその筆頭格である。業者側が関われば，刑法上の公契約関係競売等妨害罪（刑法96条の6第1項）の問題になる（官製談合防止法違反の共犯にもなり得る）。特定の業者に受注させるために恣意的に参加要件を絞り込み一者応札の状況を作り出したり，あるいは特定の業者が有利になるような仕様を組んだりすれば，これら法令への違反が疑われる。状況次第では独占禁止法の問題にもなり得る[24)]。

悩ましい一者応札のケースとして，公共サービスのさらなる向上のために，より豊富な経験を求めたり，よりよい技術を獲得しようとして，ハードルの高い参加資格を設定したり，仕様を高度化したりする場合である。その前提として，特定の業者とのやりとり（ヒアリング等）がなされている場合，捜査当局が先ず疑うのが賄賂の授受である。仮に贈収賄事件にならずとも，この一者応

23）　特定の者と随意契約を行う前提として，契約締結を予定している者以外に当該調達対象を提供できる者の有無を公募の形を通じて確認する制度のこと。

24）　楠茂樹『公共調達と競争政策の法的構造〔第2版〕』（上智大学出版，2017）第3部第3章等参照。

札（あるいはそれに類似した状況）の事実から「公の入札の妨害」としての「競争の制限」が疑われることになる。

平成30年及び令和元年に下された，国立循環器病研究センターの情報システム保守・運用業務の入札をめぐる官製談合防止法違反事件の大阪地裁判決及び大阪高裁判決[25)]は，この問題を考えさせる重要なきかっけを提供するものである。この判決では，本来発注者の裁量内で行われるはずの，極めて技術的な分野における参加資格や仕様の設定について踏み込んでその「不可欠性」「必要性」を，専門外である裁判官が検討し，その欠如を指摘した。「明らかな逸脱」ではなく，高度な技術の実現のための「不可欠性」「必要性」を説いたところにポイントがあり，参加要件，仕様の設定の恣意性という事実認定に積極的に関与しようという裁判所の態度の表れであるともいえる[26)]。一者応札という事実に何らかの付加的な事情が加われば，発注担当者は立件の危機に今後は晒されるという，司法のメッセージと理解できなくもない。

V　公共工事特有の問題

一者応札の中止は必然的に再度入札を求めるものである。再び一者応札とならないために設計や仕様，あるいは予定価格の見直しといった作業が必要になれば，その分の発注者側の時間的，労力的なコストとなる。総合評価落札方式の場合は，作業量はその分増える。インフラ整備として行われる公共工事においては，そういったコストは事業の遅れ，他のインフラ整備の事業に費やせただろう発注者側の作業量の減少を意味する。一方，業者側においてもやり直しに係る作業量の負担は無視できない。受注者側が発注機関との契約を「リスク」と考え始めれば，それは一者応札どころか不調，不成立という最悪の事態ともなりかねない。

一連の改革を決断する前にこういう議論に至らなかったのは何故か。それは応札者数と落札率の関係という「切り取られたシナリオ」を，「事実のすべて

25)　大阪地方裁判所平成30年3月16日判決（平成26年(わ)第5241号），大阪高等裁判所令和元年7月30日判決（平成30年(う)第421号）。

26)　江川紹子「大阪地検『不可解な談合捜査』を検証する」文藝春秋96巻5号（2018）322頁以下参照（著者に対する江川氏のインタビューが掲載されている）。

である」かのように並べ，「他の一切の事情を勘案せず」に，特殊事情が存在する個別案件にそのまま当てはめたからだろう。一言でいえば「近視眼」に陥ったということである。公共工事は勘案すべき事情が複雑で多岐に渡る。改革としては最も避けなければならないタイプのやり方だが，分かり易さと善悪二元論（ここでは「癒着」「無駄遣い」「談合」といった言葉がその雰囲気を作り上げる）を強調するポピュリズム的改革としてはありがちなものでもある。

平成初期におけるゼネコン汚職，公共工事の分野では何度もこの種の改革が繰り返されてきた。平成17年の公共工事品質確保法制定は，こういった流れに終止符を打つものと期待されたが，最大の発注者である東京都における一連の動きは行政のトップが選挙で直接選ばれるという住民自治としての民主制の難しさをよく物語っているといえよう。

第5節　結　語

おそらく一者応札が頻発化した元々の背景は，発注者が随意契約に躊躇して，一者応札が想定されるケースでも強引に競争入札を実施したことにある。しかし，随意契約という選択は問題の解決にはならない。確認公募型随意契約は最後の手段である，というコンセンサスは多くの発注者間で得られつつあるようだ。

一者応札が発注者側の不正を疑わせる要因になり，司法が参加要件や仕様の設定の合理性にまで踏み込んでくるとなると，発注者のコンプライアンス対応も急務となる。特定の業者との事前のやり取りは，必ずチーム単位で行ったり，リーガル部門のチェックを入れたりといった対応が必要になろう。第三者のチェックを入れたり，情報公開を徹底したりするなどの透明化の手続が求められよう。

一者応札は「やむをえない」ものという発想はもう通用しない。むしろ，発注者においては「不正の温床と思われている」ぐらいの危機意識を持った方がよいだろう。一者応札の一律中止という強引な対応が不合理ということが明らかになったといっても，これは解答でもなんでもない。むしろ問題が振り出しに戻っただけの話である。

補足　都政改革本部主催の公開ヒアリングにおける意見陳述

A　公開ヒアリングにおいて

著者は平成29年3月30日に東京都都政改革本部主催の公開ヒアリングにおいて，日本大学の有川博教授と共に都の公共契約改革のあり方についての意見陳述を行った。

意見陳述の場が設けられたのは，平成28年11月，都議会においてある都議が「財務局が主催し，有識者によって現在の入札契約制度の実施方針を取りまとめた入札契約制度改革研究会……の学識経験者……と都政特別顧問とで，今後の都の入札契約制度のあり方について，公開による議論の場を設け」ることを小池百合子知事に提案したのに対し，知事が「公開議論をすべしという……提言については，これは大歓迎」と応じたことに端を発する[27]。その後，同研究会[28]のメンバーの中から都の入札監視委員会の委員でもある著者が選ばれた。都議の言い振りからすれば，当初主催者側においては，研究会の委員と特別顧問との間の討論会のようなものがイメージされていたと推察されるが，結果的に「参考人招致」のような形となった。

都政改革本部会議事務局から提示された課題は以下の5点であった。いずれも公共工事を念頭に置いたものである。

1）　予定価格の公表時期
2）　一者応札問題[29]
3）　最低制限価格の設定のあり方
4）　総合評価落札方式のあり方
5）　入札契約のチェック体制

意見陳述においてはこれらのテーマを中心にしつつも，それに加えて著者自

27）　都議会各会計決算特別委員会平成28年11月16日議事録より。

28）　同研究会の報告書は平成21年10月に公表された。東京都Webページ（http://www.zaimu.metro.tokyo.jp/other/fuzokukikan/nyuusatsuseido.html）参照。

29）　以下の記述においても，「一者応札」という言葉遣いをすることについては，これまでの記述と同様である。

身が関心を抱く事項について追加的に意見を述べた。[30]

B　意見陳述[31]

a　予定価格公表時期：事前公表から事後公表へ

事前公表されていた予定価格を事後公表にすれば[32]，落札率の「大幅な」低下が期待できるという理解はおそらく誤りである。事前公表が採用された入札において落札率が予定価格ぴったりになるという現象は，事前公表が原因であるという条件で描写するならば，主として「構造的な一者応札」あるいは「特定の業者が自らのみが唯一の応札者であることが事前に分かっている応札」の場合である。では，そのような場合に事前公表を事後公表に切り替えたならばどうなるか。当該唯一の応札者は「予想された予定価格」を目指すであろう。予想されるのは不落覚悟で「保険をかけて」予定価格の上を狙い，再度入札で価格を下げ予定価格付近を狙うことになるだろう[33]。そうなった場合，再度入札を繰り返すか不落随意契約がその帰着点となる[34]。つまり予定価格ぴったりか，限りなくその少し下あたりに落ち着くことが予想される。なぜこのようなことが可能かといえば，今触れた状況，すなわち「構造的な一者応札」あるいは「特定の業者が自らのみが唯一の応札者であることが事前に分かっている応札」だからである。競争が機能していればそのような状況には至らない。

応札者は増えるだろうか。直感的には増えるだろう。予定価格よりも高い価格が損益分岐であると考える応札者は，その予想する予定価格がその応札しよ

30）その模様は東京都の Web ページ〈http://www.toseikaikaku.metro.tokyo.jp/index.html〉で閲覧することができる。

31）以下の記述は当日の報告資料に基づいて執筆されたものである。注における補足説明は本稿作成のために追加されたものである。なお，陳述内容全般を通じて，「事実認識については，現場の実務に携わる関係者へのヒアリング，あるいは経済学者や工学系研究者による理論的，実証的考察を待って論じるべきだ」というコメントを付け加えておく。

32）地方自治法上，予定価格の公表時期を限定する規定は存在しない。

33）応札業者が予定価格を全く推測できない（すなわち積算能力が著しく低い）という場合にのみ予定価格と落札価格との乖離が期待できるが，公共工事についてはそのような状況を想定することは難しい。

34）地方自治法施行令167条の2第8号等参照。

うとする価格よりも高ければ参入する余地があるからである。しかし，その理屈が成り立つならば，その予想する予定価格がその応札しようとする価格よりも安ければ参入を躊躇する結果を生み出すことになる。あくまでも予定価格の予想に過ぎないので，応札にかかるコストを無視できるのであればそういった躊躇はないかもしれないが，実際はそうではなかろう。

事後公表は不落のリスクを高める。事前公表ならば予定価格を上回る価格を入れる応札者は（読み間違えのような特殊な場合を除き）あり得ないし，下限価格も予想されるならば（低入札価格調査をパスする自信がある場合は別として）これを下回る価格を入れないだろう。そもそも公表時期の問題が論点としてきたのは一者応札の際の高止まりの場面であって，結果としては不調が不落になるだけの話である。不調よりも一者応札で不落の方が望ましいという価値判断はあるかもしれない。ただ一方で今触れた「躊躇」を考慮するのであれば事後公表が不調を助長するというシナリオもあり得よう。

予定価格の事後公表については国土交通省や総務省は否定的な見解を示してきた[35]。近年において強調されたのは，予定価格が公表されれば一定の計算式で導かれる低入札調査基準価格や最低制限価格もかなりの確度で予測され，競争の結果，そこに張り付き，抽選による落札者決定が頻発化するということに対する懸念である。しかし今，東京都で問題視されているのは一者応札を念頭においた予定価格への張り付きであり，落札価格が予定価格と完全に合致するという特異な現象である。需給バランスの想定が異なれば，導かれる示唆も異なる。東京都における予定価格の事前公表から事後公表への変更は，国の方針に合わせることとは実質的には異なる[36]。

予定価格の事前公表の，実質的な唯一の懸念は，独占禁止法違反（3条後段）であり，刑法犯（96条の6第2項）である入札談合を助長する恐れがあるとい

35）　総務省自治行政局長・国土交通省土地・建設産業局長の連名で出された「低入札価格調査における基準価格の見直し等について（平成28年3月18）」（総行行第216号・国土入企第19号）。その後の改定については国土交通省のWebサイト等を参照のこと。

36）　予定価格が事前に公表されると談合が容易になること，その結果落札金額が高止まりすること，といった旧来からの批判は，ダンピング問題が深刻化した平成17年前後にはあまり強調されなくなっていた。

うことである[37]。予定価格が事前に公表されれば談合当事者は不落のリスク（再度調整の面倒さ）やその恐れを背景とした落札価格低下のリスクなくして予定価格ぴったりの落札を実現することができる。一方事後公表，あるいは非公表の場合には，不落の危険があるので談合が形成しにくい。しかし，指名競争が一般的であった時代（指名された以上，次回以降の指名を獲得するために例外なく被指名業者が応札した）と異なり談合の実現方法が一者応札の形をとることが容易である現在においては事情が異なる。そもそも平成に入ってから一連の公共調達制度改革，数度にわたる独占禁止法強化によって入札談合に対する抑止効果は高められてきており，そういった事情の変化も考慮してこの問題を再検討する必要がある。

法令違反についていうならば，事後公表の場合には官製談合防止法違反を助長する恐れがあることを指摘しなければならない。つまり，予定価格が事後公表された際には，低入札調査基準価格や最低制限価格を聞き出そうという動機が応札業者側に発生し，何らかの事情で発注者がこれに協力すれば（漏洩すれば）官製談合防止法違反（あるいは独占禁止法における不当な取引制限罪の共犯）に問われることになる。先ほど述べたように，法令の強化等によって事前公表における独占禁止法違反の懸念がそれほどないのであれば，事後公表においても同様のことがいえるのかもしれないが，そうであるならば両者は無差別ということになるのではないか。

必然的に，事後公表の場合には，情報漏洩への対策がこれまで以上に必要になる。東京都は発注件数もその規模も桁違いであり，そのリスクは他の発注者の比ではない。官製談合防止法の運用は近年積極化，厳格化されてきており，コンプライアンス対応が不十分なまま事後公表に踏み切り，不祥事が頻発化するならば都民にとって決定的な背信行為に映るであろう。都政への信頼を裏切るこのような事態は，事前公表，事後公表の選択がそれほど大きな差を生じさせないことを考えるならば，あまりにも大きなリスクである。

具体的には，コンプライアンス研修の徹底，情報管理マニュアル，内部通報といった対応策が考えられるが，どれも特効薬ではない。だからこそ都はこれ

37）　国土交通省や総務省における見解でもこの点は考慮されてきた。

まで事前公表にこだわってきたという理解がもっと強調されるべきである。一つの手は，知事にのみ責任を持つ独立し監査部門に十分な調査権限を与え，そこに公共契約のコンプライアンス対応をさせることである。組織編成上，あるいはそういったガバナンス対応が現実的なものかどうかは，詰めて考えられるべき課題だろう。

一度コミットしたからには，「不祥事→（事前公表への）後戻り」は，都民の不信をますます高めることになる，ということは肝に銘じておかなければならない。

b　一者応札問題

一者応札の問題へのアプローチは，「何故一者になったのか」の原因分析から始めなければならない。システム構築とメンテナンスの関係のような「構造的な」それなのか，発注者が恣意的に入札参加資格等を操作した結果なのか，需給バランスの問題なのか，競争は機能していたが（予定価格を見て多くの業者が断念した場合のように）結果的に一者になったケースなのか，を見極めなければならない。それぞれに対応した解法（あるいは解決の断念）を選択することになる。 構造的な一者応札の場合には，⑴そういった構造自体を作らない，⑵不可避の場合，競争入札に固執しない，のいずれかの対応になるだろう。

「一者」を「二者以上」にする方策は重要な視点だ。しかし，次の視点は常に抱かなければならない。

・入札参加資格の緩和による望ましくない業者の参入を回避できるか？
・スペックの緩和，発注内容の見直しによって調達目的を実現できるか？
・公告期間，工期の延長になるのであれば「時間」的な観点からアンワイズとなる可能性もあるのではないか？

つまり，「二者以上」を目指す結果得られるかもしれない落札率の低下とそのために生じるだろう他の帰結との比較をしなければならないということだ。小池知事がよく用いる「ワイズ・スペンディング」の本質とは「予想される効果の総合的な比較」であり，それは言い換えれば「不確実性への効果的な対応」ということになるのではないか。

「一者応札になった入札を無効化する」提案については，それが都民の声を反映した知事の決断だというのであれば尊重するが，以下のリスクは指摘しておかなければならない。それを都民に開示することが「開かれた都政」というものではないだろうか。

・再度入札までの時間的ロス。
・再度入札における不調（「契約（応札）の自由」）。
・二者以上応札にするための競争条件変更によるリスク。
・予定価格の実質的引上げ。
・無効を回避したい発注者側主導のダミー応札（法令違反）の危険。

c　最低制限価格

最低制限価格と低入札価格調査制度については，どちらが妥当かという議論をする前に，本来は競争価格＝適正価格なのであって「下限は決めない」というのが原則である，ということを忘れてはならない[38)]。その上で，なぜこういった下限の制度が存在するのかを考える必要がある。

最低制限価格の効用は「不確実性への対応」「行政コストの削減」にある。仮に下限を設けるのであっても，まずは低入札価格調査の工夫（どれだけの行政コストがかかるかのシミュレート）をした上で，それが困難と判断されれば最低制限価格の選択を検討することになる。この過程をスキップして最初から最低制限価格に向かうのは法令の要請ではない。

供給過多＝ダンピングが多発する時期には最低制限価格は有効である。なぜならば，そのような場合，もし低入札価格調査を実施していれば，多くの案件が下限を下回り発注機関はあまりにも大きな事務負担を強いられるからである。その結果，公共調達実務に支障が出るのであれば本末転倒である。裏を返せば，そうでないならば，最低制限価格は一定の範囲に限定されるべきということになる。不確実性がゼロで，行政コストがゼロなら下限は撤廃されるべきだが，

38）　予算決算及び会計令85条，86条，地方自治法施行令167条の10第2項等参照（低入札調査基準価格の設定，最低制限価格の設定が認められる条件を確認のこと）。

そうでない場合には何をどう選択するべきか。「都民ファースト」というのであれば，入札の結果という「部分」のみを見るのではなく，公共調達（公共工事）という都民の利害に強く関連する行政実務全体を見るべきではないだろうか。

d　総合評価落札方式について

総合評価落札方式については，会計法や地方自治法上は例外的なものとして扱っている[39]が，平成17年に制定された公共工事品質確保法によって原則，例外関係が逆になったという事実をまずは踏まえなければならない。つまり「原則，価格のみ」という発想は，公共工事発注においては，現在では取り得ないということだ。その際，指名競争から一般競争に変遷するその過程に並行して総合評価落札方式が導入されるようになった経緯を再確認する必要があろう。これまで総合評価落札方式が担ってきた機能は指名競争が担ってきたという歴史的事実は忘れられやすいものである。

総合評価落札方式の主要問題は，質として何を評価するのかということと，価格と質のバランスである。これが適正であるというのであれば，いわゆる高い入札価格の業者が落札する「逆転現象」を問題視するべきではないのは当然である。

平成26年の公共工事品質確保法を含む建設三法[40]の改正によって「適正な利潤の確保」「担い手確保」が新たに公共工事発注の理念として宣言されることになった。こうした法令の要請にどう答えていくか。現在地点における公共工事の課題はそこにある。価格か質かという出発点の議論は重要であるが，もっと中身の議論をすべきだろう。

公共契約による社会政策実現もまた重要課題だ。例えば公共調達における女性活用は現在盛んに議論されている。公契約条例制定の問題は総合評価落札方式の問題ではないが，「質」をめぐる問題の一環として各地方自治体はその対応に追われているし，労働環境改善を総合評価落札方式の射程に入れる発注機関は少なくない。

総合評価に対する顕著な批判として，総合評価落札方式における非価格点の

39）　地方自治法施行令167条の10の2等。

40）　他の二つは，建設業法及び公共工事入札契約適正化法である。

採点と順位付けであろう。第三者を交えた評価委員会の設置や採点基準の共有等，様々な課題があろう。技術提案を求めるタイプの発注は，価格のような単純明快な基準は作りにくいので，どうしてもその「恣意性」が疑われやすい。総合評価の過程の「見える」化が課題となる。事後チェックとして監査委員や入札監視委員会がどれだけ機能するかが課題となるが，それはあくまでも年度を跨いだ事後のチェックである。現在進行形における一つの解法は，不服申立手続の整備を進めることである。非落札業者による不服申立ては，発注機関に対する公正な調達実務への有効な圧力になる。もちろん談合体質が業界にあればそれは機能しない。

e　チェック体制について

現在進行形の調達実務に対するチェック機能強化を目指すならば，第三者を絡ませるタイプのそれは機能しにくい。なぜならば，時間的拘束，負担する労力について不確実性が高すぎるからである。よりコミットメントの強い内部統制組織の構築が現実的であろう。とはいえ，内部組織に現在進行形の実務をストップさせるような権限を与えても，実務上の支障を恐れて積極的，批判的にはなれないだろうと予想される。やはり公開性の要請への対応によって適正化を図る方が現実的だろうか。あらゆる人間が批判できるようにすれば，発注機関は不適正な調達実務を控えることになるだろう。

チェック体制に関連して，二点指摘しておきたい。

第一点は，アカウンタビリティー（説明責任）についてである。産経新聞に最近，「都港湾工事入札漏洩か？」「奇跡通り越して不可解」と題された記事が掲載された[41)]。それによれば都側から予定価格に関連した情報が業者側にもたらされ，本来であればあり得ない落札価格になったというのである。そこでの都のコメントは「偶然の産物」というものであった。つまりたまたまそうなっただけで不正はない，ということである。しかしこれを読んだ読者には「疑わしさ」しか抱かないであろう。疑われている発注機関側の弁明はたとえその内容が正しかったとしても説得力を持たない。

「その場しのぎ」的な説明では都民の信頼にはつながらず，それは「安心」

41）　産経新聞平成29年3月1日1面，21面。

の確保に逆行する。不信感の蓄積は行政への支障という結果を招く。これは豊洲市場やオリ・パラにも共通するものである。

一つの提案は，入札契約に詳しい専門家，法的問題の調査を得意とする弁護士等による「第三者会議体（公正入札調査会議）」を通じた説明責任を果たす機関の設置し，そこに説明責任を果たさせるというものである。WEB等での速やかな情報開示，調査結果の公表，記者会見（記者レク）を，こうした第三者機関を通じて行うのであれば，それは都民の信頼確保にもつながるだろうし，安心感の醸成にも資するであろう。そこでは迅速性（速報性）と調査の慎重さが求められ，両者をケースごとにどうバランスをとるかが課題となるだろう。チェック体制における事前と事後のちょうど中間的な対応として検討に値する。

もう一つ，「経済的，統計的考察の必要性」を挙げておきたい。日本経済新聞は最近，公共調達への天下りの影響を分析した研究成果を報じている[42]。このグループは，「再度入札における同調的行動（逆転がないこと）」の統計分析を行い，談合が存在したことの科学的考察を行っている（間接的には予定価格の事後公表が談合の歯止めになっていないことの説明にもなるだろう）。東京都でも入札監視委員会あるいはその他の研究会等で，入札契約の不正等を統計的に考察，検討するべきではないだろうか。それに基づくルール作りを行うことが，科学的な知見を活かしたシステマティックなワイズ・スペンディングに資するのではないだろうか。

f　その他（JV結成義務付け）

競争性の観点からいえば，「選択制（混合入札）」が妥当である。JVの独占禁止法法上の懸念もある。極端なJV義務付けは「市場分割」を誘発する危険があるからである（「40者，10者JV義務付け，四工区」を想起せよ）。

なぜ，「ゼネコン＋地元業者（あるいは中小）」の組み合わせでのJVを見かけるのか。そこには社会政策的な要請が働いているのか。表面的には大手の技術を中堅・中小に伝える（移転する）といった説明がなされることが多いが，その目的は本当に実効性あるものとして実現されているのか。官公需法の存在も踏まえて再検討をするべきである。

42）　日本経済新聞平成29年2月21日夕刊15面。

第7章

公共工事品質確保法の考察

第1節　はじめに

公共調達における契約者の選定は，会計法や地方自治法等で定められる契約に係る手続に従って進められる。周知のように，競争入札が原則で随意契約が例外，競争入札の中でも一般競争が原則で指名競争が例外となっている[1]。競争する要素については，最低価格自動落札方式が原則，総合評価落札方式が例外となっている[2]。これら会計法令においては，物品の調達，業務の委託と同じように公共工事においても，その原則，例外関係は変わらない。

当然ながら，建設の分野においては他の調達と同等にあるいはそれ以上に，価格のみならず品質の要素が重要である。ある決まり決まった物品を調達するのであれば価格だけで競い合わせればよいのだろうが，少なくとも建設の分野ではそうはいかない。従来は指名競争を前提とした契約者選定を実務上原則化してきたので，受注業者の品質維持が実質上指名を通じてなされてきた[3]。確かに指名競争は応札業者数を絞り込むので，その分，一般競争よりも価格面での競い合いの程度は少なくなるかもしれないが，それ以上に確実な工事の履行に重きが置かれてきたので，指名競争が実際上正当化されてきた経緯がある[4]。し

1）　会計法第4章，地方自治法第9章第6節の各規定，及びこれら法律に係る政令等。

2）　前注参照。

3）　契約者選定手続の歴史的展開については，例えば，木下誠也『公共調達研究：健全な競争環境の創造に向けて』（日刊建設工業新聞社，2012）19頁以下参照。

4）　この辺りの描写については，より詳しくは，楠茂樹『公共調達と競争政策の法的構造〔第2版〕』（上智大学出版，2017）第1章参照。

かし，一方で競争制限の温床になるという批判があり，平成初期の日米構造協議（その前の建設をめぐる市場開放圧力[5]），その後のゼネコン汚職，あるいは平成8年のWTO政府調達協定の発効等がきっかけとなって法令上例外であった指名競争を見直す動きが活発化した。新しい世紀に入る頃，一般競争は入札契約制度改革の既定路線となった。いわゆる「改革派」首長が一般競争の徹底によって落札率を下げることを政治的なアピール材料にし始めたことはその大きな推進力になったし，国においては小泉純一郎政権が競争政策の強化を打ち出し，独占禁止法の改正（平成17年）を実現したことも大きな背景要因となった。平成16年には大規模な独占禁止法刑事事件となった橋梁談合事件が発生，平成18年には三つの県の知事が公共事業絡みの不正で相次いで立件されるなど，公共工事への不信，批判を強める事実が重なった。同年末には，事態を重くみた全国知事会は緊急提言を出し，原則1000万円以上の公共工事には一般競争を適用することを原則とする方針を示している[6]。指名競争と同様に，実務上多く用いられてきた随意契約にも同様の批判が浴びせられたのはいうまでもない。

すでに述べたように，公共調達の手続において求められる競争の要素は原則，価格のみのそれである。指名競争や随意契約が優良な業者を事前に絞り込み，あるいはピンポイントで選択することで一定の品質管理をしてきた実務は，一般競争の徹底化によって混乱に陥ることは容易に想像できることであった。入札参加資格や仕様に係る条件設定等で一定のコントロールができるが，それにも限界はある。総合評価落札方式は例外的扱いであり，国においては財務大臣との協議が必要（会計法29条の6第2項予算決算及び会計令91条2項）であり，地方自治体においては有識者へのヒアリングが必要（地方自治法施行令167条の10の2第4項）であるなど，ハードルが低くはなかった[7]。

平成17年4月に独占禁止法の改正がなされた。課徴金の算定率の大幅引上

5）　岩松準「建築コスト遊学09：日米構造問題協議と建設内外価格差問題」建築コスト研究69号（2010）51頁以下参照。

6）　楠・前掲注4）44-45頁参照。

7）　会計法上必要となる財務大臣との協議を一々個別案件ごとに行うのは煩雑なので実務上，「包括協議」の形でなされている。最初の包括協議は平成12年になされている。公共工事品質確保法を受けて初めて実施されたものではない。

げに加え，いわゆるリーニエンシー（課徴金減免）制度の導入など，昭和52年の課徴金制度創設以来，一番の大改正といわれるものであった。一般競争の徹底が実務的にほぼ固まりつつある中でのこの独占禁止法改正によって，（他の条件が変わらない以上）激しい価格下落の傾向を決定的なものとした。

今，「他の条件が変わらない以上」と括弧書きで述べたが，平成17年の独占禁止法改正法の国会通過の2日前に，この「他の条件」を変化させる法律，すなわち公共工事品質確保法が国会を通過したことは，この分野，すなわち公共工事，公共調達の歴史において大きなインパクトを残し，そしてその後も生じ続けている。先に述べた会計法上例外的扱いである総合評価落札方式を公共工事の分野においては（実際上）原則化する基礎を提供した立法であり，指名競争，随意契約から一般競争への不可避と思われていた潮流を，その前提において軌道修正，交通整理する立法であった。公共調達の実務上の指針として，現在でもなお大きな影響力を有する平成18年の財務省通達，「公共調達の適正化について[8]」は競争性の確保と透明性の確保の徹底を謳うものとして理解されているが，そこで「総合評価落札方式」が強調されている事実にも注目しなければならない。そこに前年の公共工事品質確保法制定の影響がないとは到底いえないだろう。

この立法は，いわゆる議員立法である。その後の3回にわたる改正も同様だ。そこで注目すべきはこの法律がその時々の社会的要請に応じて調達の実務を変化させるような「仕掛け」が施されているということだ。ここ最近のテーマに引き付けていうならば，政府のみならず民間にまで大きな影響を及ぼしている，今から10年ほど前に国連で採択されたアジェンダである持続可能な開発目標（Sustainable Development Goals: SDGs[9]）の要請を柔軟に受け止めて調達実務に迅速に反映させる，そういったスキームになっている立法なのである[10]。本章は，

8）財計第2017号（平成18年8月25日）。

9）Resolution adopted by the General Assembly on 25 September 2015 (“70/1. Transforming our world: the 2030 Agenda for Sustainable Development”), available at https://www.un.org/en/development/desa/population/migration/generalassembly/docs/globalcompact/A_RES_70_1_E.pdf.

10）SDGsは17の目標で構成されているが，公共調達についてはGoal 12がこれを扱っている。そのIndicator 12.7.1は「Sustainable Public Procurement: SPP」という言葉を用いてい

この立法に係る特徴と構造，その社会的意義，そして今後の展望を行うことを課題とするものである[11)]。なお，直近の改正である令和6年改正については，建設業法等の改正に呼応する形でなされたその意義を考えて，令和6年改正の解説のための別途の項目（第6節）を設けることとする。

第2節　目的規定の構造：社会的要請への適応

公共工事品質確保法は簡単にいえば，公共工事の分野においては価格のみならず品質も重要であることを謳うものである。当たり前の話であるように思われるかもしれないが，問題なのは，当たり前の話がそれまでの会計法令においてはそうではなかった，ということである。現行公共工事品質確保法はその目的規定である1条で次のように規定している。

> この法律は，公共工事の品質確保が，良質な社会資本の整備を通じて，豊かな国民生活の実現及びその安全の確保，環境の保全（良好な環境の創出を含む。），自立的で個性豊かな地域社会の形成等に寄与するものであるとともに，現在及び将来の世代にわたる国民の利益であることに鑑み，公共工事の品質確保に関する基本理念，国等の責務，基本方針の策定等その担い手の中長期的な育成及び確保の促進その他の公共工事の品質確保の促進に関する基本的事項を定めることにより，現在及び将来の公共工事の品質確保の促進を図り，もって国民の福祉の向上及び国民経済の健全な発展に寄与することを目的とする。

「公共工事の品質確保」の重要性を説くことから始まるこの法律は，大きく

る。

11)　制定，改正の具体的経緯，各時期の立法の内容については，関連する論文，書籍を参照のこと。ここでは以下の文献を掲げておく。楠茂樹「政府調達法制の新展開：公共工事品質確保法のポイント」コーポレート・コンプライアンス4号（2005）115頁以下，公共工事の品質を考える会（自民党の公共工事品質確保に関する議員連盟（監））『公共工事品確法と総合評価方式 ── 条文解説とQ&A　50問』（日刊建設工業新聞社，2005），日刊建設通信新聞社（編）『公共工事の発・受注はこう変わる　担い手3法まるわかり』（日刊建設通信新聞社，2014），佐藤信秋＝盛山正仁＝足立敏之『改正公共工事品確法と運用指針 ── 新・担い手3法で変わる建設産業』（日刊建設工業新聞社，2020）。

次のパーツに分けることができる。

1)　公共工事の品質確保が国，地域，人々にもたらす効用（「公共工事の品質確保が，良質な社会資本の整備を通じて，豊かな国民生活の実現及びその安全の確保，環境の保全（良好な環境の創出を含む。），自立的で個性豊かな地域社会の形成等に寄与するものであるとともに，現在及び将来の世代にわたる国民の利益である（こと）」）

2)　公共工事の品質確保のための手続（「公共工事の品質確保に関する基本理念，国等の責務，基本方針の策定等その担い手の中長期的な育成及び確保の促進その他の公共工事の品質確保の促進に関する基本的事項を定めること」）

3)　本法の目的（「現在及び将来の公共工事の品質確保の促進を図り，もって国民の福祉の向上及び国民経済の健全な発展に寄与すること」）

一般的に法律の冒頭（すなわち1条）に掲げられる目的は，「飾り」のようなものであることが多い。立法の狙いが書かれているのだが，各規定がそれを受けてのものである以上，解釈が割れるようなことがない限り出番はない。そのような場合，通常，法改正による補完がなされるので，目的規定が登場する機会はますますなくなる[12)]。公共工事品質確保法において掲げられる理念は社会資本整備に係る至極尤もなそれであるが，ただの飾りではなく，この理念こそが本法のアウトカム（成果）にあたり，そのアウトカムに向かう諸々のアウトプット（出力）を導き出す諸々のアクティビティーの仕掛けの基点となっている[13)]。具体的な政策目標を常に模索し，指向する立法なのである[14)]。

---

12)　独占禁止法は他の法令に比べ比較的目的規定が参照される法律ではあるが，よく見かけるのは「公共の利益」の解釈において最高裁が目的規定に言及したことぐらいであって，それも「一般消費者の利益」「国民経済」「民主的で健全な発達」といったそれ自体，具体性の乏しい概念を扱うので，競争制限とその正当化に係る解釈の拠り所としては曖昧に過ぎ，（当人がそう考えているだけの）独りよがりなものになりがちである。それは「競争」概念（あるいは「自由」「公正」概念）にも当てはまる。

13)　本文におけるこのような言い回しは各省庁で実施されている「行政事業レビュー」を意識してのものである。

14)　言い換えれば，その時その時の政策立案の責任主体（すなわち政府）の，この分野に係る政策上の照準によってその姿，形を変容させる性格のものともいえる。共通する目標は「長期的な観点からの社会資本整備の充実」であって，それに関連するさまざまな政策目標を取り込むことができる。

まず1）について。「良質な社会資本の整備」は何のためにあるのか。それは国民の豊かさの実現，安全の確保，環境の保全である。そしてそれは長期的な観点に立ったそれである。ここでの一つのポイントは「自立的で個性豊かな地域社会の形成」である。地域創生に欠かせない要素が社会基盤整備だというのだ。そして「良質な社会資本の整備」の狙いは「等」で結ばれている。つまり，公共工事の品質確保に支えられた良質な社会資本の整備がもたらす効用は，その時々の社会的要請によって変化し，あるいは社会的要請に適応するように理解する必要があるということだ。公共工事は作られた「もの」それ自体に価値があるのではなく，それが「ひと」にどのような価値をもたらすかが重要である，ということがここで宣言されているのである。公共工事を公共調達ではなく社会資本整備として捉え，人間社会との関わりを論じ，これを会計法令につなげたところが第一のインパクトである。

そうすると2）の「公共工事の品質確保に関する基本理念，国等の責務，基本方針の策定等その担い手の中長期的な育成及び確保の促進その他の公共工事の品質確保の促進に関する基本的事項を定めること」の中身が重要になってくる。

中長期的な観点から，そして「ひと」重視の観点から，公共工事の品質を促進するための方法にはどのようなものがあるか。ここで示されている重要なヒントが「その担い手の中長期的な育成及び確保の促進」である。「ひと」に向けられている社会資本整備の担い手もまた「ひと」である。つまり担い手を育てることは担い手が魅力と誇りを感じ，自らに将来に向けた投資を行う動機を与えるような環境整備がこの公共工事の分野において必要であり，それが契約制度において反映されなければならない，というのがここで公共工事品質確保法がいわんとしていることなのである。公共工事品質確保法には直接の言及がないが，労働環境の整備がそのための最重要課題であることは指摘するまでもないであろう[15)]。令和6年には労務費の観点からの大きな改正がなされている（第6節参照）。

15）　平成26年改正で「担い手」を正面から公共工事品質確保法の照準に定めたことが，その後の働き方改革の潮流にうまくマッチした形になった。

労働環境の整備も含めた品質確保のための課題群に対応するのは，結局は発注者であるところの行政である。公共工事品質確保法はそのためのガイドラインを提示するものである。それが「公共工事の品質確保に関する基本理念，国等の責務，基本方針の策定等その担い手の中長期的な育成及び確保の促進その他の公共工事の品質確保の促進に関する基本的事項」と表現されているのである。1）で述べたように，その時々の社会的要請に応じて「基本理念」「基本的事項」も変化し，進化する。後で述べるが，「基本理念」「基本的事項」を受けてさらに具体化するのは，9条に基づいて閣議決定される「公共工事の品質確保の促進に関する施策を総合的に推進するための基本的な方針」，そして同法24条に基づいて公共工事の品質確保の促進に関する関係省庁連絡会議が策定する「発注関係事務の運用に関する指針（運用指針）」である。そしてそれを受けて各発注機関は各々の置かれた状況に即して，場合によっては自らの指針を立て，これら方針，指針を応用することになる。こうした上流から下流への理念のリレーと具体化の構造がこの法律の特徴の一つである（これは環境政策立法等，政策追求型の立法に共通する特徴といえる）。

確かに，3）の「現在及び将来の公共工事の品質確保の促進を図り，もって国民の福祉の向上及び国民経済の健全な発展に寄与することを目的とする」との規定は，多くの法令に共通する平凡な規定であるように映るが，1）と2）によって導かれた3）であること，社会資本整備に係る明確な哲学を前提にした目的手段型の立法[16)]の帰結であるということを意識して読む必要がある。

第3節　仕組みと仕掛け1：方法の柔軟な選択

平成17年制定時の公共工事品質確保法のインパクトは，確かに最低価格自動落札方式から総合評価落札方式へと，会計法令上の原則と例外とを入れ替えた点に見出された。現在においては，国においては，公共工事はほぼ全面的に総合評価落札方式で行われるのでその第一の目標は達成されたことになるので，

16）　このような立法はしばしば大学で講義される「法政策学」の格好の素材となるだろう。平井宜雄『法政策学 —— 法制度設計の理論と技法〔第2版〕』（有斐閣，1995）参照。

20年近く経った現在においてはこの転換はもはや「歴史的」な事実として理解されるべきものだろう。もちろん地方自治体においては総合評価落札方式が浸透していないところもあり，そのミッションは現在でも完遂されたとは言い難い[17)]。

ただ，改めてこの法律を眺めてみると，この3条2項は「公共工事の品質は，建設工事が，目的物が使用されて初めてその品質を確認できること，その品質が工事等（工事及び調査等をいう。以下同じ。）の受注者の技術的能力に負うところが大きいこと，個別の工事により条件が異なること等の特性を有することに鑑み，経済性に配慮しつつ価格以外の多様な要素をも考慮し，価格及び品質が総合的に優れた内容の契約がなされることにより，確保されなければならない。」と定めているのであって，「一般競争＋総合評価落札方式」のセットに限定している訳ではない。企画競争型の随意契約であっても価格と品質の総合的考慮は可能であるし，指名競争を選択することによって品質管理をすること（それに加えて総合評価落札方式を採用すること）もその射程となり得る。入札参加資格の設定，技術仕様の工夫等でも品質面のケアを行うこともあり得る。つまり，品質を維持し，高めるための工夫を契約過程における様々なシーンで実現することを本法は求めているのであって，その一つの経路が，「価格及び品質が総合的に優れた内容の契約」という表現にストレートに対応する総合評価落札方式だということである。やや極端かもしれないが，いわゆる特命随意契約であってもこの要請に応えるものであり得る。すなわちこのタイプの随意契約であっても価格交渉は可能であり（むしろそれが求められており），価格と品質のバランスの中で一つの選択肢となり得るものであることは指摘できよう。

公共工事品質確保法3条4項は「公共工事の品質は，公共工事等の発注者（以下単に「発注者」という。）の能力及び体制を考慮しつつ，工事等の性格，地域の実情等に応じて多様な入札及び契約の方法の中から適切な方法が選択さ

17）　国土交通省，総務省，財務省が共同で作成，公表している「公共工事の入札及び契約の適正化の促進に関する法律に基づく入札・契約手続に関する実態調査の結果について（令和4年3月31日）」によれば市区町村（都道府県と人口100万人以上の政令指定都市を除く地方自治体）では総合評価落札方式を実施している割合が63％となっており，このことは1件も実施していない市区町村が全体の37％存在するということである。

れることにより，確保されなければならない。」と定めている。この「多様な入札及び契約の方法」は，新しく考案された，あるいは用いられるようになった手法のみを意味するのではなく[18]，従来から存在し，あるいは選択されてきたオーソドックスな手法も含むものである。重要なのは適切な選択であって，政府があるいは個々の発注機関がどのように説明責任を果たすかということだ。改めて指名競争も随意契約も品質管理のための有効な手法であるという基本的認識を再確認する必要があるだろう。

簡単にいえば，公共工事品質確保法は品質確保のために適切な方法を選択せよと要請しているのである。それは会計法でいえば，指名競争や随意契約を正当化する「競争に付することが不利」（会計法29条の3第3項・第4項）の理解の基点となり[19]，入札参加資格の設定でいえば「契約の性質又は目的により，当該競争を適正かつ合理的に行なうため特に必要があると認めるとき」（予算決算及び会計令83条）の理解の基点になり，総合評価落札方式の採用でいえば「その性質又は目的から前項の規定により難い契約[20]」の理解の基点になるということだ。発注機関は新しい法律に依拠して従来からある法律の運用を行う。それが公共工事品質確保法と会計法令の関係である。公共工事品質確保法3条4項は「方法」と表現しているのでその射程は広く，予定価格の設定も下限価格の設定も同様の要請が働いているといってよい。実際，公共工事品質確保法7条1項1号は，予定価格の設定に関し，「公共工事等を実施する者が，公共工事の品質確保の担い手が中長期的に育成され及び確保されるための適正な利潤を確保することができるよう，適切に作成された仕様書及び設計書に基づき，経済社会情勢の変化を勘案し，市場における労務及び資材等の取引価格，健康保険法等の定めるところにより事業主が納付義務を負う保険料，公共工事等に従事する者の業務上の負傷等に対する補償に必要な金額を担保するための保険契約の保険料，第5項の協定に基づき発注者がその実施を要請する災害応急対

18）平成17年の公共工事品質確保法制定時には，総合評価落札方式が「多様な」方式の象徴のようにいわれた。今ではその方式の中での（実に）多様な展開が論じられている。

19）令和6年改正で新設される21条は，（実質的には）同法バージョンの随意契約理由を新たに導入するものである（第6節参照）。

20）「前項」とは最低価格自動落札方式を指す。

策工事等に係る次条第5項の保険契約の保険料，工期等，公共工事等の実施の実態等を的確に反映した積算を行うことにより，予定価格を適正に定めること。」と規定している。予定価格の設定は会計法令マター（予算決算及び会計令80条2項等）であるが，そこに公共工事品質確保法の趣旨に基づいた注文を出しているのである。

第4節　仕組みと仕掛け2：社会資本整備に係る社会的要請に柔軟に対応

公共工事品質確保法の目的規定である1条は，公共工事は作られた「もの」それ自体にその目的があるのではなく，社会資本整備を通じた人間社会における価値の創出を追求するものであることが謳われている。そこで表現されるところは，「ひと」と「社会」に向けられた社会資本の役割と課題を掲げるもので，それ自体至極尤もなことばかりである。公共工事品質確保法のポイントは，その宣言された理念を指導理念として，公共契約のあり方を日々進化させる仕掛けが施されているということである。

ここで注目したいのは1条における表現の変化である。平成17年の制定当時は以下の規定だった。

> この法律は，公共工事の品質確保が，良質な社会資本の整備を通じて，豊かな国民生活の実現及びその安全の確保，環境の保全（良好な環境の創出を含む。），自立的で個性豊かな地域社会の形成等に寄与するものであるとともに，現在及び将来の世代にわたる国民の利益であることにかんがみ，公共工事の品質確保に関し，基本理念を定め，国等の責務を明らかにするとともに，公共工事の品質確保の促進に関する基本的事項を定めることにより，公共工事の品質確保の促進を図り，もって国民の福祉の向上及び国民経済の健全な発展に寄与することを目的とする。

平成26年においては以下の通り改正された（下線部は著者）。

> この法律は，公共工事の品質確保が，良質な社会資本の整備を通じて，豊かな国民生活の実現及びその安全の確保，環境の保全（良好な環境の創出を含む。），自立的で個性

> 豊かな地域社会の形成等に寄与するものであるとともに，現在及び将来の世代にわたる国民の利益であることに鑑み，公共工事の品質確保に関する基本理念，国等の責務，基本方針の策定等その担い手の中長期的な育成及び確保の促進その他の公共工事の品質確保の促進に関する基本的事項を定めることにより，現在及び将来の公共工事の品質確保の促進を図り，もって国民の福祉の向上及び国民経済の健全な発展に寄与することを目的とする。

下線部が変更点であるが，「担い手」に注目したこと，そして公共工事を直近だけで見るのではなく，将来を見据えてそのあり方を考えるべきことが謳われた。自然な帰結として，それは公共工事に係る担い手の労働環境の整備の必要性を説くこととなる。公共工事入札契約適正化法，そして建設業法を併せたいわゆる「担い手三法」が，魅力ある建設業の創出に動き出す大きなきっかけとなったのが，平成26年の改正だったのである。第2節で触れたように，この理念における変化が公共工事品質確保法の各規定に反映され，運用指針へと引き継がれることで具体化していく。つまり基本理念が水脈となって川が流れるように河口へと向かっていくかのように，基本理念とそれを反映した基本的事項が立法でなされ，運用指針という内閣の方針が示され，各種ガイドラインが所管庁によって策定され，各発注機関がその置かれた状況に鑑みて適切な方法を選択していく（3条4項），そういった抽象から具体へのリレーがなされるように仕掛けがなされているのが公共工事品質確保法なのである。既に触れた公共工事品質確保法7条1項1号は平成26年改正で新設されているが，そこで予定価格の設定に関し，「公共工事の品質確保の担い手が中長期的に育成され及び確保されるための適正な利潤を確保することができるよう……予定価格を適正に定めること。」と定めたのは，まさに適正価格こそが担い手の観点から見た魅力ある産業のために必要であるという発想の基礎が同じ改正において目的規定の中に盛り込まれたからに他ならない。[21)]

この規定は令和元年改正の対象でもあった。そこでは「健康保険法等の定め

21）　ただ，低入札調査基準価格や最低制限価格においてそれがいえないのは，そうすると予定価格のいう適正価格とは何かという問題を提起することになるし，元々会計法令が定める競争を基本とした契約者選定手法との係わりで難しい問題（競争の結果が正しいと考える会計法令上の基本思想との整合性）が生じるからである。

るところにより事業主が納付義務を負う保険料，公共工事等に従事する者の業務上の負傷等に対する補償に必要な金額を担保するための保険契約の保険料，工期等」という予定価格設定に際しての考慮事項が追加されている（さらに令和6年改正でも変更され，「第5項の協定に基づき発注者がその実施を要請する災害応急対策工事等に係る次条第5項の保険契約の保険料」との文言が追加された）。

これはいわゆる当時の「働き方改革」の理念を反映させたものである。働き方改革に関係する同法上の諸変更については，公共工事品質確保法1条の理念で既に読み込めるものとの判断があって，1条はそのままにしつつ，基本的事項たる旧3条8項（現3条9項）に以下の規定を設けたことを反映させたその各論を定めた，ということである（以下は現行法の条文）。

> 公共工事の品質は，これを確保する上で公共工事等の受注者のみならず下請負人及びこれらの者に使用される技術者，技能労働者等がそれぞれ重要な役割を果たすことに鑑み，公共工事等における請負契約（下請契約を含む。）の当事者が，各々の対等な立場における合意に基づいて，市場における労務の取引価格，健康保険法（大正11年法律第70号）等の定めるところにより事業主が納付義務を負う保険料（第8条第2項及び第27条第1項において単に「保険料」という。）等を的確に反映した適正な額の請負代金及び適正な工期又は調査等の履行期（以下「工期等」という。）を定める公正な契約を締結し，その請負代金をできる限り速やかに支払う等信義に従って誠実にこれを履行するとともに，公共工事等に従事する者の賃金，労働時間，休日その他の労働条件，安全衛生その他の労働環境の適正な整備について配慮がなされることにより，確保されなければならない。

各論として，具体的に以下の変更が行われた（以下，条文番号は省略）[22]。

まず，全国的に災害が頻発する中，災害からの迅速かつ円滑な復旧・復興のため，災害時の緊急対応の充実強化が急務との観点から，災害対応の担い手の育成・確保，災害復旧工事等の迅速かつ円滑な実施のための体制整備を基本理念として掲げ，(1)緊急性に応じて随意契約・指名競争入札等適切な入札・契約方法を選択，(2)建設業者団体等との災害協定の締結，災害時における発注者の

22）改正に係る国土交通省の資料〈https://www.mlit.go.jp/common/001293022.pdf〉参照。本文では，そこで用いられた表現をほぼそのまま使用することとする。

連携，(3)労災補償に必要な保険契約の保険料等の予定価格への反映，災害時の見積り徴収の活用，が発注者の責務として定められた。

そして，いわゆる「働き方改革関連法[23]」の成立を踏まえて，公共工事においても長時間労働の是正や処遇改善といった働き方改革の促進が急務であることを受けて，基本理念として適正な請負代金・工期による請負契約の締結，公共工事に従事する者の賃金，労働時間その他の労働条件，安全衛生その他の労働環境の適正な整備への配慮を掲げ，発注者の責務として，(1)休日，準備期間，天候等を考慮した適正な工期の設定，(2)公共工事の施工時期の平準化に向けた，債務負担行為・繰越明許費の活用による翌年度にわたる工期設定，中長期的な発注見通しの作成・公表等，(3)設計図書の変更に伴い工期が翌年度にわたる場合の繰越明許費の活用等を定めた。また受注者側には，適正な額の請負代金・工期での下請契約の締結を求めた[24]。

その他，生産性向上のための情報通信技術の活用等が謳われ，あるいは公共工事品質確保法の射程に調査・測量等，公共工事の隣接分野も含めるなど対応が行われたのが令和元年改正であった。これほどの大きな改正がなされ得たのは，1条が社会資本整備の実質部分にまで踏み込んだ記載を行っており，それを受けた基本理念の設定が柔軟になされ得たことが大きな背景となっている。

端的にいえば，公共工事品質確保法の仕組みは，公共工事を取り巻く環境の変化に柔軟に適応し，その社会的要請を効果的に反映することを可能にする仕掛けになっている。仮に1条で読み込めない大きな変化が生じた場合には，1条の見直しを行えばよい。環境の変化が激しい社会資本整備を取り巻く時代の潮流は，今風な言い方をすれば「アジャイル（agile）」型対応が求められ（もちろん試行錯誤にも限度があるが），それに議員立法が効果的に適応している，と評価することができよう[25]。

---

23)　詳細は省略する〈https://www.mhlw.go.jp/stf/seisakunitsuite/bunya/0000148322_00001.html〉。

24)　担い手3法の残りの2法も併せて改正された。改正の狙いは「働き方改革」「生産性向上」等という方向性において公共工事品質確保法と同じである。例えば，建設業法では著しく短い工期による請負契約の締結を禁止する規定が設けられた（19条の5第1項・第2項）。

25)　行政改革の最近の潮流として注目しておきたいのは，政府に設置されたワーキング・グループ（アジャイル型政策形成・評価の在り方に関するワーキンググループ）が令和4年，

第5節　仕組みと仕掛け3：行政の機動性を重視

総合評価落札方式の運用に際しては確かに，細部に至るまでよく練られた設計が各種ガイドラインの形でなされ，効果的に運用がなされているが，しかしながら発注機関を拘束するものでは決してない。他のガイドライン，例えば入札契約方式の選択に係る「公共工事の入札契約方式の適用に関するガイドライン」[26]でも同様である。あくまでもそれは推奨モデルであって，公共工事品質確保法14条において，「発注者は，入札及び契約の方法の決定に当たっては，その発注に係る公共工事の性格，地域の実情等に応じ，この節に定める方式その他の多様な方法の中から適切な方法を選択し，又はこれらの組合せによることができる」ことが規定されていることからも分かるとおり，発注機関の裁量に委ねられているところが大きい。

繰り返しになるが，「目的（1条）→基本理念（3条）→基本的事項（4条以降）」が公共工事品質確保法で定められ，公共工事品質確保法9条に基づく「公共工事の品質確保の促進に関する施策を総合的に推進するための基本的な方針」が閣議決定され，24条に基づく「発注関係事務の運用に関する指針」たる運用指針が公共工事の品質確保の促進に関する関係省庁連絡会議によって策定され，これを踏まえた各種ガイドラインへとリレーされ，実務へと展開してくのが公共工事品質確保法の世界である。その際，各発注機関はこうした流

「アジャイル型」の改革，改善の出発点として「行政が無謬である」という想定を置くべきでないことを正面から提言（認識）した，ということである（報告書は行政改革推進会議Webページ〈https://www.gyoukaku.go.jp/singi/gskaigi/agilewg/img/220531_honbun.pdf〉参照)。この発想は，公共工事（そして公共調達一般にも）における契約過程においても「決まった計画を滞りなく実行」「計上された予算を過不足なく執行」という「無謬性」の想定をもはや置くべきではないという示唆を導く。いわゆる「談合決別宣言」の際に指摘された「旧来のしきたり」のような「不透明なコストの負担問題」をどのように透明な契約の中で実現していくのか，という点の検討を迫ることになる。しかし，この問題を正面から議論しようという動きは目立ったものにはなっていない。

26)　本著執筆段階において最新のものは令和4年のものである。国土交通省のWebページ〈https://www.mlit.go.jp/tec/content/001475361.pdf〉参照。

れの中にありながらも，一定の裁量を有している。例えば，地方自治体においては品質を確保するために低入札調査基準価格を採用するのか，最低制限価格を採用するのかはその裁量だし，入札参加資格をどう組むのか，技術仕様をどう設定するかもその裁量である。もちろん，不当に競争を制限するような，あるいは特定の業者を殊更に有利にしたり，あるいはその逆に殊更に不利にしたりするような参入制限を設けることは公共契約に係るそもそもの根拠法令である会計法令の趣旨に反するものであるし，場合によっては官製談合防止法違反等の不正行為が疑われかねない[27]。しかし合理的な理由をもって競争に一定の枠を嵌めることは，何ら入札の公正を害するものではないはずだ[28]。その理念を示し，発注機関の判断に正当性を与えるのが公共工事品質確保法とそれを踏まえた各種方針，指針，ガイドラインなのである[29]。

根拠法令がある場合，行政の動きは早くなる。ガイドラインの有無も同様だ。裁量があっても一定の方向性が指示されていないと変化に躊躇するのが行政の性向だとするならば，一定の方向性，道筋を法律とその要請の下でなされる国のガイドラインが立てつつ，一定の範囲で各発注機関の裁量に委ね，柔軟な対応を促すのが最も効果的であるといえる。内閣立法よりも議員立法の方が（その制定と改正に際しての）機動力が高いのは事実であって，そこに行政のレスポンスが上手く組み合わさるとき，大きなパフォーマンスが達成される。公共工事品質確保法とはまさにそういう法律なのである[30]。

27）　楠茂樹「公共入札関連犯罪における公正阻害要件について」齊藤真紀ほか編著『川濵昇先生・前田雅弘先生・洲崎博史先生・北村雅史先生還暦記念 企業と法をめぐる現代的課題』（商事法務，2021）参照。

28）　犯罪の構成要件に「公正」という言葉が用いられていることに，小さくない危惧を抱くのは著者だけではないだろう。競争に一定の枠をはめる行政の対応に立法上の手当てを行う必要は，あるだろう。

29）　こうした政府の考えに沿っているという事実は，入札等の公正を害するものではないことを説明するための説得力ある根拠を提供する。裏を返すと，そうでない場合，発注機関の恣意性が疑われる結果にもなりかねない。

30）　立法論を意識してより踏み込んだ指摘をするならば，公共工事をプロジェクトとしての社会資本整備の中核と捉えつつ，その社会資本整備に関連するさまざまな公共契約の品質の向上をいかに実現するかが今後の課題として意識されるべきだろう。例えば，基本理念規定のどこかに「充実した社会資本整備を目指した関連する公共契約の適正化」という文言を入

第6節　令和6年改正について

令和6年6月，公共工事品質確保法改正法案が国会を通過した。改正法は即日施行されている。[31]

令和6年改正の内容は多岐に渡るが，その背景となったのは，労務費の行き渡りの確実性を高める建設業法等の改正に公共工事品質確保法を対応させる必要性があったことである。

これを反映したのは，発注者の責務を規定する7条1項への以下の第13号の新設である。

> 公共工事の契約において市場における労務及び資材等の取引価格の変動に基づく請負代金の額の変更及びその適切な算定方法に関する定めを設け，当該定めの適用に関する基準を策定するとともに，当該契約の締結後に当該変動が生じたときは，当該契約及び当該基準に基づき適切に請負代金の額の変更を行うこと。

ここでいう「労務……の取引価格」は直接的には設計労務単価を意味すると考えるのが自然であるが，建設業法上新たに導入される標準労務費と同リンクさせるのかは，新たなる論点といえるだろうが，いずれにしてもこのような責務規定を置くことで，公共工事においても建設業法の理念を受けて，適切な労務費の確実な労働者への行き渡りが意識されていることには違いはない。[32]

賃金行き渡りは元請業者が相応額を受領するだけでは足りず，それが末端の

れることで，公共事業全般に広がりを得ることができ，例えば，これに関連する各種士業の公共契約にもその品質面を重視した契約が実現されることになるだろう。これによって社会資本整備はより充実したものになるに違いない。公共工事品質確保法はそうした社会的要請への適応が求められる法律であると著者は考えている。

31)　新設された21条については契約変更に関連するものであるので，本章ではなく第9章にその考察を委ねた。

32)　令和6年改正で，7条1項2号からの移動になった3号では，不成立，不落時における見積活用方式による予定価格設定が可能となる場面において，その考慮要素に「その他特別な事情」を盛り込んだのは，急激な資材価格の高騰のケースを想定してのことであろう。間接的には労務費を原資とした廉売の防止に資することになる。

労働者に支払われて初めて意味をなす。受注者にはすでに8条2項で労働環境の適正な整備の観点からの下請に対する適切な金額の支払いを要請しているところであるが，新たに国に対して下請段階における実態の調査を義務付けた。27条1項がそれである。

> 国は，下請負人その他の公共工事を実施する者（以下この項及び次項において「下請負人等」という。）に対して市場における労務の取引価格，保険料等を的確に反映した適正な額の請負代金が支払われるとともに，下請負人等により公共工事に従事する者に対して適正な額の賃金が支払われるよう，公共工事の請負契約の締結の状況及び下請負人等が講じた公共工事に従事する者の能力等に即した評価に基づく賃金の支払その他の公共工事に従事する者の適切な処遇を確保するための措置に関する実態の調査を行うよう努めなければならない。

この規定を受けて，同条2項は「国は，下請負人等に使用される公共工事に従事する者に対して適切に休日が与えられるよう，その休日の付与の実態の調査を行うよう努めなければならない。」と定め，3項は「国は，前二項の規定による調査の結果を公表するとともに，その結果を踏まえ，公共工事に従事する者の適正な労働条件の確保のために必要な施策の策定及び実施に努めなければならない。」と定める。

建設業法改正に際しては中央建設業審議会の場などで，「建設キャリアアップシステム（CCUS）[33]」が盛んに議論された。CCUSとは「技能者の資格や現場での就業履歴等を登録・蓄積し，技能・経験が客観的に評価されることで，技能者の適切な処遇につなげるための仕組み」のことを指し，「就業履歴の蓄積」と「経験や資格に応じたレベル判定」とをリンクさせたシステム構築とその実施が模索されている。その概要は個別の解説に委ねるが，要するに，持続可能な建設業の形成のためにレベル別の報酬体系を確立し，それを民間工事にまで及ぼすことがその狙いにある。

公共工事品質確保法は，すでに旧24条において，「国は，公共工事に関する

33）詳細は国土交通省Webサイト〈https://www.mlit.go.jp/totikensangyo/const/totikensangyo_const_fr2_000033.html〉参照。

調査等に関し，その業務の内容に応じて必要な知識又は技術を有する者の能力がその者の有する資格等により適切に評価され，及びそれらの者が十分に活用されるようにするため，これらに係る資格等の評価の在り方等について検討を加え，その結果に基づいて必要な措置を講ずるものとする。」と定め，能力に応じた適切な評価を要請していたが，令和6年改正によってこの旧24条の「ため」の下に「，公共工事に関する調査等の担い手の中長期的な育成及び確保に留意して」を，「の評価」の下に「及び資格等に係る制度の運用」を加え，新32条として位置付け直した。この規定CCUSと結び付けて理解すると，令和版の建設業法の大きなビジョンとの接合が可能になる。

第7節　結語：持続可能な社会形成の基盤としての公共工事品質確保法

やや哲学的な話になるが，なるほど改めて公共工事品質確保法を読むと，会計法や地方自治法が公共調達を「もの」と「かね」の関係だけで論じているのに対して，公共工事品質確保法は「ひと」と「社会」を論じている立法という対比で論じることができる。会計法令は経済性の追求を要請するが，公共工事品質確保法は経済性の追求の前提となる公共工事の社会的要請を明らかにする。それは一言でいえば社会資本を通じた持続可能な社会形成を目指すものであり，公共工事品質確保法は社会資本の最重要分野である公共工事の持続可能な発展を論じている。やや抽象度の高い立法であるが，その趣旨を行政がどう汲んでどう活かすかの裁量を与えるものになっており，発注機関の専門性がまさに問われる立法である。総合評価落札方式は国においては財務大臣との協議が必要になっており，包括協議を踏まえてガイドライン（「工事に関する入札に係る総合評価落札方式の標準ガイドライン」他，各種ガイドライン[34]）が作成されているがそもそも公共工事品質確保法自体が各発注機関を指導する，ある種のガイドラインの集合体となっている。

国連がそのアジェンダとしてSDGsを打ち出したのは今から約10年前年で

34)　国土交通省のWebページ等，各種アーカイブ参照のこと。

あった。公共工事品質確保法はその10年前に制定され，その後3度の改正を経て今に至っている。公共工事品質確保法は持続可能な社会形成の基盤を提供するものであり，日本版SDGs[35)]の先駆け的な存在であるといえるし，現政権の指導理念である「新しい資本主義」の大きな原動力でもある。そしてそれは契約に係る官民パートナーシップの姿を描く道筋を提供するものにもなる。会計法令はその時々の経済性を追求する静的な性格が強く，公共工事品質確保法は将来を見据えた社会資本整備という動的性格の強いものだ。そういった戦略性を公共工事品質確保法に読み解くことが，この法律を理解する第一歩といえよう[36)]。

35）　本著では国際比較は射程外としたが，比較考察のための一つの難しさは，日本においては「公共工事」だけが他の公共調達の分野と切り離されて独自の立法上の展開を見せているということだ。

36）　自由市場に向き合う企業のマーケティング活動においては，この環境の変化への適切な対応が持続可能な発展において生命線となる。セオドア・レビット（Theodore Levitt）がこの点を指摘した論文「マーケティング・マイオピア（Marketing Myopia）」を『ハーヴァード・ビジネス・レビュー』に掲載したのは今から60年以上前のことであった。Theodore Levitt, *Marketing Myopia*, 38 (4) HARV. BUS. REV. 45 (1960). 立法の分野はこの正反対の性格を持つものかもしれないが，SDGsのような素早い変化が求められる国際的要請には立法の保守的性格（過去の踏襲）は足枷になりかねない。公共工事品質確保法は立法におけるMyopiaを克服する決定打になるというのが著者の見立てである。無謬性の否定を敢えて意識した行政改革の潮流は，この分野の法政策に大きな影響を与えるだろう。

第8章

予定価格制度についての一考察

第1節　はじめに

著者は，平成24年に『公共調達と競争政策の法的構造』を上梓した（その第2版は平成29年に出版されている[1]）。競争政策という観点から公共調達を論じたまとまった法学研究[2]がこれまで存在しなかったことを考えれば，出版されたこと自体に意義があると考えてはいるが，もちろん，内容面で様々な批判があるだろうことは承知している。学術的には半ば未開の地でありながら，豊富な実務の積み重ねがあるこの分野の読者の多くは，おそらくは行政側の人間であろう。拙著に対して批判的な見解を持ちながらも，雑誌等で表現する機会がない行政職員も多かろう。間接的には拙著に対する批判的見解を聞くことはあっても，雑誌等で展開されることはこれまでなかったし，今後もあまり期待できない[3]と思われる。

そこで，イレギュラーではあるが，本章では，拙著に対するあり得る批判を念頭に置きつつ，これらに先手を打つ形で，拙著に対する追加的な考察を行うこととする。取り上げるテーマは「予定価格」である[4]。

---

1)　楠茂樹『公共調達と競争政策の法的構造』（上智大学出版，2012），楠茂樹『公共調達と競争政策の法的構造〔第2版〕』（上智大学出版，2017）。

2)　財政法学者の手によるものとして，碓井光明『公共契約法精義』（信山社，2005），会計検査院出身者の手によるものとして，有川博『官公庁契約精義（2020）』（全国官報販売協同組合，2020）がある。

3)　本著執筆段階においても，状況は変わっていない。

4)　とりわけ公共工事分野では予定価格制度が批判にさらされており，政治的には見直しの機運が高まってはいるけれども，財務省が難色を示しているなど，立法をめぐる駆け引きが現

第2節　予定価格の法的位置付け

I　法形式と法趣旨

予定価格は周知のように会計法令で競争入札において設定が義務付けられた価格である。[5] 支出原因契約を前提にするならば，法律上，予定価格は上限価格の機能を有している。すなわち，予定価格を超えた額での落札を認めないこととなっている。また予定価格は，競争入札のみならず随意契約の場合においてもその設定が発注者に義務付けられている。

在進行形で展開されているという事情が予定価格をテーマとした理由の一つである。もう一つは，少なくない地方自治体が予定価格の事前公表に踏み切っており，これに対して国が否定的な見解を示しているなど，実務上の際立った対立が存在するということである。いずれにしても，こうした論点について，拙著への何らかの批判があろうことが予想され，故に，補足的に先手を打って回答する必要性を感じたのである。

5)　高度技術型のように民間の技術を引き出すタイプの発注方式においては，そもそもの適正な上限価格を予め決めること自体困難なのであるから，予定価格という制度はなじまないという見方も可能ではある。実務においては，予定価格を入札の直前に決めるといった方式をとることで柔軟性を確保しているが，そうであるならばもともとの予算制約という要請との関係はどう説明するのか，という疑問が生じることになる。ベスト・バリューの獲得という総合評価落札方式の趣旨から考えると，発注者にとって望ましい非価格要素があるならば妥当となる契約金額も変わってくるはずである。予定価格制度が総合評価落札方式に馴染むのかは，詰めて検討されるべき課題といえる。

地方自治体においては，地方自治法施行令が平成11年に改正されたことで，総合評価落札方式が初めて制度的に認められることになった。同施行令167条の10の2第1項は「普通地方公共団体の長は，一般競争入札により当該普通地方公共団体の支出の原因となる契約を締結しようとする場合において，当該契約がその性質又は目的から地方自治法第234条第3項本文又は前条の規定により難いものであるときは，これらの規定にかかわらず，予定価格の制限の範囲内の価格をもつて申込みをした者のうち，価格その他の条件が当該普通地方公共団体にとつて最も有利なものをもつて申込みをした者を落札者とすることができる。」と定めている。一方，予算決算及び会計令91条2項は「契約担当官等は，会計法第29条の6第2項の規定により，その性質又は目的から同条第1項の規定により難い契約で前項に規定するもの以外のものについては，各省各庁の長が財務大臣に協議して定めるところにより，価格その他の条件が国にとつて最も有利なものをもつて申込みをした者を落札者とすることができる。」と定められている。法的義務ではなく協議次第という規定ぶりになっているのである。

競争入札（一部の随意契約もそうであるが）は，競い合いという手続が最もよい契約条件を導くという前提を置いているので，最高価格を設定することは競争入札の趣旨とは不整合という見方も可能ではあるが，当然ながら予算制約が存在する以上，契約金額を青天井に認めることはできないのが実態である。どうしても折り合いがつかないのであれば，一度，契約過程をリセットして再度練り直すという仕組みが必要になる。予定価格は「（その時点で）支払いを許すことができる価格」なのである。そういう意味では，予定価格制度は財務の観点からは一定の合理性を有するものである。[6)]

会計検査院局長だった有川博著の『官公庁契約精義』は，予定価格の意義を次のように述べている。[7)]

……支出の原因となる契約は，歳出予算，国庫債務負担行為等の負担権限に基づいて締結しなければならないから，その限度内において契約をするための，いわば最高の予定契約金額としての意味を持つほか，与えられた予算をもって，最も経済的な調達をするために，適正かつ合理的な価格を積算し，これにより入札価格を批判する基準としての意味もある。

Ⅱ　根強い理解と非競争的構造という背景

この予定価格についての根強い理解がある。予定価格が契約における適正価格だという理解がそれである。『官公庁契約精義』の表現を用いるならば，予定価格から下に乖離する価格に対しても「入札価格を評価する基準」としての性格を有してきたのである。

官積算であるところの予定価格は，「予定価格は，契約の目的となる物件又は役務について，取引の実例価格，需給の状況，履行の難易，数量の多寡，履行期間の長短等を考慮して適正に定めなければならない。」（予算決算及び会計令80条２項）のであるから「適正である」ということなのだろうが，それが法

6)　とはいいながらも，日本の予定価格制度は比較法的に見て特殊なものといわれている。欧米では皆無であり，その他では台湾やフィリピンに類似の制度が存在する程度であると指摘されている。木下誠也＝佐藤直良＝松本直也＝芦田義則「会計法における公共工事入札制度の歴史的考察」土木学会論文集 F4・66巻１号（2010）178頁参照。

7)　有川・前掲注 2）604頁。

的には上限価格を画するものである以上，上限価格として適正である以上のことはいえないはずであるし，予定価格が落札価格として適正ならばそもそも競争入札それ自体が必要なくなってしまう。では明治会計法[8]制定以降100年以上に渡って，非合理な手続を用いてきたということなのか。

驚くべきことに，その通りだったといわざるを得ない事情が我が国には存在した。とりわけ公共工事分野ではそうだった。競争入札制度の存在にも拘らず，予定価格の適正価格との理解を浸透させる歴史的背景があったのである。公共工事をめぐるほとんどの入札結果が予定価格と近似していたという事実がそれである。もちろん，半ば公然になされてきた談合がそういった現象を生じさせてきたことは想像に難くない[9]。

Ⅲ　継受の仕方から

「予定価格」という言葉遣いと法令における規定ぶりが議論の混乱を生むひとつの要因だったのではないかと著者は考えている。

予定価格制度は，明治22年に制定された旧会計法に遡るものであるが，その旧会計法は制定当時の西洋諸国の会計法令を参照しつつ作成されたものであるといわれる。そのひとつであるフランス会計法においては，次のような規定

8）明治会計法は，明治22年に制定されている。明治22年は大日本帝国憲法が発布された年である。周知のように，当時は，欧米列強との間で交わした各種不平等条約解消のために近代国家の体裁を整える必要性があり，急ピッチで西欧を参考とした法制度整備が行われた。明治会計法は，当時既に体系的な会計法令が存在していたフランス，イタリア，ベルギー各国の法制度がモチーフとされたといわれている。この辺の事情については，木下＝佐藤＝松本＝芦田・前掲注6）170頁以下，更には，木下誠也『公共調達研究：健全な競争環境の創造に向けて』（日刊建設工業新聞社，2012）30頁以下参照。

9）論者によって批判的に見る者もいれば，中立的に見る者もいる。関連する文献は多岐にわたるが，武田晴人『談合の経済学』（講談社，1994）（談合が安定的に存在してきた原因について経済史として考察した），稗貫俊文「日本の行政機関における競争文化の欠如：公共入札談合を例として」新世代法政策学研究17号（2012）311頁以下（公共調達において行政が競争手続を受容してこなかった事情を考察した）。See, also, John McMillan, *Dango: Japan's Price-Fixing Conspiracies*, 3-3 ECON. & POL. 201 (1991); BRIAN WOODALL, JAPAN UNDER CONSTRUCTION: CORRUPTION, POLITICS, AND. PUBLIC WORKS, UNIVERSITY OF CALIFORNIA PRESS (1996).

があった。[10]

若し最高価又は最低価を長官又は代理官にて予定する時は之を封して集会を開く時机上へ置くへし

また，イタリア法には次のような規定があった。

公売買に附するも望人なきとき又は望人あるも其価格政府に於て定めたる制限に達せさるとき但し此場合に於ては私の契約を以て売買するを得ると雖も公売買に附する為め予め定めたる箇条及ひ価格の制限を政府の不利益になる如く変更するを得す

こういった規定を参照しつつ明治会計法は予定価格の制度を導入した訳だが，予定するとは「予め定める」ことをいい，「期待される」ことではない。最高価格を予定するのであるから，それは本来，「買い手側の予算制約という都合」に過ぎない。もちろん，日本法でも同様の発想だったに違いないし，法令を読む限りでは「上限価格を予め定める」以上の規定にはなっていないのだが，それはいつの間にかに「期待される価格」になってしまった。その原因の一つは，明治会計法の施行細則としての明治22年会計規則の規定ぶりにあったのかもしれない。同規則75条，77条はそれぞれ次のように定めていた。これらの規定は上記フランス法，イタリア法を参考にしたものといわれている。[11]

各省大臣若くは其委任を受けたる官吏は其競争入札に付したる工事又は物件の価格を予定し其予定価格を封書とし開札のとき之を開札場所に置くへし

開札の上にて各人の入札中一も第75條に拠り予定したる価格の制限に達せさるときは直に入札人をして再度の入札を為さしむることを得

10)　外国法の条文については，木下＝佐藤＝松本＝芦田・前掲注6）170頁以下で紹介されている，明治20年5月大蔵省報告課作成の「佛國會計法」翻訳，及び同年3月同作成の「伊太利國會計法」翻訳に拠った。

11)　木下＝佐藤＝松本＝芦田・前掲注6）171頁。

これらの規定を併せて読むと，予定価格は（支出原因契約の場合は）当然に「上限拘束価格」を意味するものであるが，75条だけを見ると単に「価格を予定する」としてしか規定されていない。フランス法が「最高価……を予定する」，イタリア法が「予め定めたる……価格の制限」（いずれも強調は著者）とされていたことと比較して，違う意味で予定価格を読む余地を当時の日本法は作り出してしまっていたのではないだろうか。すなわち，予定価格が適正な価格であると考える余地を，である。それは考え過ぎかもしれないが，とはいえ考察の一つのきっかけにはなるだろう。

Ⅳ　法令と実態の乖離

予定価格それ自体が適正という発想は，計画されたものこそが無謬であって，競争という不確実な手続に対する信頼を寄せていないことの証左に他ならない。法的には予定価格は単なる上限であって，適正なのは競争の結果だというものであるにも拘らず，実務においては競争の結果ではなく官積算が適正であって，予定価格は上限ではなく「あるべき価格」として存在していた，という「法令と実態の乖離」の状態が長らく安定してきたのである。談合というもう一つの「法令と実態の乖離」がこれを支えてきた[12)]。実態に合わせた法令作りをしたり，法令の求めるように実態を矯正したりするのではなく，法令自体を骨抜きにして（行政からすれば「解釈して」ということになるのだろうが）実態に対処するというありがちな「日本的対応」をしてきたといえる。ウオルフェレン（Karel van Wolferen）の批判[13)]がそのまま当てはまりそうなこうした事実は，し

12)　厳密にいうと，法令違反として構成しないならば「法令と実態の乖離」にはならない。単なる談合は刑法の談合罪には当たらないとした地裁判決である大津判決（大津地判昭和43年8月27日下刑集10巻8号866頁）や，公正取引委員会がかつて談合摘発に消極的であったという事実（法的には実質的競争制限がないとされたのか公共の利益に資すると考えたのかは不明であるが）は，それを支えるものかもしれないが，大津判決は「公正な価格」についての確立した判決上の解釈とはそぐわないものであったし，現在談合を不当な取引制限規制違反とすることに一切の例外を許さない公正取引委員会の実務を見る限りでは，かつては「法定と実態の乖離」を「黙認」する対応だったといわざるを得ない。

13)　カレル・ヴァン ウォルフレン（篠原勝訳）『日本：権力構造の謎〈上〉』（ハヤカワ文庫，1994）（原著：KAREL VAN WOLFEREN, THE ENIGMA OF JAPANESE POWER: PEOPLE

かしながら実際は，意図的に骨抜きにしたというよりは実態に対応しようと努力した結果そうなったという方が正確かもしれないという点が，さらに悩ましいところである。

もちろん公共工事における価格競争がどのような結果をもたらすかという問題は別に論じなければならない。公共工事においては価格面においては実は競い合いの余地は少なく，官積算を以て妥当とする見方があって悪くはない（これは実務のみが知り得ることだろう）。では何故，法形式上は競争入札，それもつい最近まで最低価格自動落札方式が採用されてきたのか[14]。

ここで述べておきたいのは，長い間この「法令と実態の乖離」に安住してきた実務のつけが今，回ってきたということである。法令が存在し，形式的には法令を遵守してきたという体裁をとり続けてきた以上，これまでに「法令に問題があった」あるいは「法令への対応に問題があった」とは，行政側からはいいにくい事情がある。その点はよく理解できるが，小人革面の姿勢では問題の解決にはならないことに早く気づかなければならない。公共調達，とりわけ公共工事がどれほどの危機に直面しているのかを先ずは理解する必要がある。指名競争と入札談合と予定価格の三点セットに支えられてきた均衡は，一連の改革によって崩壊し，深刻なダンピング問題に陥った。競争に無垢な信頼を寄せられない以上，それは社会基盤整備自体の危機を意味する。そのことを最もよく気づいているのも行政であるに違いない。

第3節　予定価格廃止論

会計法令を改正して予定価格制度を廃止せよという意見は，ここ数年政財界から強く主張されている。一方，行政側では財務省を中心に根強い慎重論が展開されている[15]。

AND POLITICS IN A STATELESS NATION, MACMILLAN (1989))。

14）法がそう要請してきたからでは説明がつかない。会計法上認められた例外規定を用いればよいのであるし，またそれでも足りないならば，法改正をすればよいからである。

15）この議論は実務レベルでの議論が先行しており，研究書や学術誌で展開されることはほとんどない。ただ，自由民主党の関連する部会等でのやり取りから関係者の意見を知ること

予定価格制度は予算制約からの要請に対応するものとして機能している。競争の結果とはいえ，予算制約を無視した青天井の契約金額は発注者には飲める訳がない。また，談合のおそれがない訳ではない。予定価格は発注者にとって予算執行上の安心材料の一つであり，また予算執行の適正さの形式を維持する手段でもある。

財政法学者の碓井光明は，予定価格の予算制約からの説明について，「……厳密にいえば，実際には，小規模市町村の大規模工事などを除き，個々の契約に分解して歳出予算，債務負担行為等の金額が定められていることは少なく，複数の契約等を包括する経費，債務負担の総額によって歳出予算額，債務負担行為金額になっているのであって，『行政組織内における何段階かの配分を経た金額』による制約を受けている結果であることが多い」とし，予定価格はそういった制約から「上限拘束性のある予定価格の存在が便宜である」と述べている[16]。決まった予算の制約からストレートに個々の予定価格が決まるのではないことに注意が必要である。つまり，全体としての予算をオーバーしない安全弁として機能している，ということである[17]。

諸外国に予定価格制度が存在しないからといって，それらの国において発注者が競争の結果をすべて甘受している訳ではない。所与の情報を前提に合理的な価格水準は算出されており，それとの比較で「受け入れることができるかどうか」のテストを競争の結果に対して課しているのである。つまり合理的だと判断された価格を上回ったとしても，追加的に合理的な説明がつけば，それは受け入れられるものとなるのである[18]。諸外国の対応が相応の適正化を実現できているという前提を置くならば，厳格な上限拘束性を持つ予定価格制度が不可欠とはいえないのではないか，という見方もできそうではある[19]。

ができる。

16）　碓井・前掲注2）136頁。

17）　予定価格制度が，公共調達の適正執行に対する監視役の役割を果たしている，という見方は重要である。

18）　やや古いが「公共調達における競争性の徹底を目指して：公共調達と競争政策に関する研究会報告」（公正取引委員会，平成15年11月）〈http://www.jftc.go.jp/houdou/pressrelease/kako/03111801.files/03111801-02-hontai.pdf〉を参照。

19）　逆の意見もあるだろうが，ここでは措いておく。

しかし予定価格制度を廃止したところで問題の根本的な解決にはならない，という点を指摘しておかなければならない。財務省担当官がいうように，「予定価格は仕様や設計に応じて作成する。標準価格という考え方もあるが，では5％まで超えて良いのか，10％なのかという点を結局，決めなければ予算執行ができず，結局，その超えられる割合が上限になる[20]」のであって，予定価格制度を維持しながら柔軟な対応を先ずは模索するべきという意見には説得力がある。

予定価格制度を支える理屈としてしばしば耳にする，「予算の適正な執行の要請」という考え方は，要は「予算通りに」ということなのだろうが，競争入札という法的制度が競争の結果を適正なものと考えるならば，合理的な範囲における競争の結果で決算することこそが，予算の適正な執行の要請に合致するものであるとはいえないか。競争に委ねるという法的体裁を取りながらも，事前の計画にウェイトを置いてきたという捻じれが問題を悩ましいものにする。談合という止瀉薬はもう使えない中，既存の財政制度（その運用）と競争入札制度は消化不良を起こさずに共存できるのか。

予算が国会で決まるものである以上，予算制約は民主主義のストレートな要請であるということになる。予定価格が予算制約から来るものであるというならば，最終的には，予定価格制度の改廃を目指すには，憲法上の財政規律と正面から向き合わなければならないこととなるだろう。公契約をめぐる予算計上という「計画」と計画通り行かないことが当然の前提である「競争」との調整のあり方が，今後の重要な課題となるに違いない。

第4節　公表時期をめぐる問題

何度も議論されたところであるが，かつて予定価格を事前に公表すれば談合を助長するとしてとりわけ公正取引委員会から批判され，業者側からは（予想される）最低制限価格に張り付く結果を招くと批判されてきた。

確かに，契約締結までに自分たちの財布の中身を契約相手（の候補）に教え

20）　日刊建設通信新聞平成25年4月5日記事。

るのはナンセンスともいえる。「そこまでは払ってもよい」という価格を教えるのは，ビジネス上では確かに得策ではない。以下，このような見方に対する批判的な見方を簡単に示しておく。

第一に，競争入札において競争が解答を導くのであるから，複数の業者が参入し，かつ談合のおそれがない以上，手の内を教えたところで発注者にマイナスの影響がある訳ではない。オークションで開始価格を決めれば，相手に手の内を知られ，結果的に最低価格で落札されるという事になるかといえばそういう訳ではないのと同じである。応札可能業者が一者なり，実際の応札者が一者の場合には，事前公表はリスクのある対応であるというのであれば理解ができるし，その通りであろう。しかし，複数の業者が談合なしに参入することが期待される競争入札について一般的に成り立つ批判にはならない。[21)]

第二に，公共調達，とりわけ公共工事の関係者（受発注者及び政治家）には「予定価格＝適正価格」という発想が根強くあり，一部識者は「テストの前に受験生に解答を教えるのはおかしい」といった表現をするが，繰り返すが，解答を出すのは競争手続であって官積算ではない。

もし公共工事がその他の調達と比較して特殊な位置付けにあり，だからこそ，予定価格の性格も他の分野とは別に考えるべきというのならば，話は別であり，オークションや競り下げなどと同じにすべきではない，というのも理解できる。ではどう違うのか。もし公共工事分野は特殊だというのであれば，明治会計法で公共工事を必ずしも念頭に置かずに導入され，参照した諸外国においてはすでに存在しない予定価格の位置付けを改めてどう説明するのか，という問題にもリンクする。公共工事自体が過去の直営から現在の請負へと変容したという事実も併せて検討されることとなろう。

第5節　おわりに

以上，予定価格と関連する論点の簡単なスケッチとコメントを行ったが，予

21）　最低制限価格が事前に公表される場合には，やや別の考慮が必要になる。競争が激しいとこの価格を割れることがあり，その場合は失格になってしまう。

定価格のあり方が問題とされること自体，公共調達をめぐる環境が過去から大きく変化したことをよく物語っている。「予め最高価格を定めておく」という予算制約の制度が，官の無謬性の要請から「期待される価格」へと変質し，これを談合的構造が支えるようになったというシナリオには一定の説得力があろう。しかし，談合的構造が解消され競争が激しくなったことで期待通りにいかなくなった。同時にダンピングによる社会基盤への危機を併発することになった。下げる一方にしか機能しない予定価格制度に疑問の目が行くようになったのは自然な流れであった。今までは，談合を背景とした貸し借りの構造が問題を顕在化させてこなかったのである。

予定価格をめぐってはさまざまな意見の対立がある。簡単には結論は出ないであろう。しかし，談合構造が一部では根強く残存するものの崩壊しつつある今，予定価格が抱える問題に正面から向き合わなければならなくなったことだけは確かである。

第9章

公共調達と契約変更

第1節　問題意識

単純な物品の売買であれば契約後にその契約内容の変更を行うことは想定されないが，契約から履行までに一定期間を要するような請負契約の場合，特に建設工事の請負契約の場合には，その途中の段階において契約内容が変更されることが多々あり，契約当初からその蓋然性が高いものとして理解されている。その点については契約における官民の違いはないが，公共工事の場合，その他の各種契約を含め国であれば会計法，予算決算及び会計令，地方自治体であれば地方自治法，地方自治法施行令の規律を受ける[1)]のであるが，これらの法令には契約変更に関する規定が置かれていない。民間であれば民法上の規律で足りるが，公共の場合，公金支出の適正化を図る観点から契約締結については競争入札のあり方等，厳格な規律がなされていながら，契約締結後の規律については対照的に沈黙状態となっている。

会計法令上定めがないからといって，公共契約において無制約に契約変更が可能である訳ではない。例えば，ある地域で工事を請け負う業者に，他の地域の別工種の工事を契約変更で請け負わせることができるかと問われたらどうだろうか[2)]。後者の発注は競争入札や，場合によっては別途の随意契約の形で行うべきであると考えるのが自然であろう。そのようなものまで契約変更で対応が

---

1)　解説書として，例えば，有川博『官公庁契約法精義（2020)』（全国官報販売協同組合，2020)，川原定清『官公庁調達実務必携〔第3版〕』（内外出版，2021)，木下誠也『公共調達解体新書：建設再生に向けた調達制度再構築の道筋』（経済調査会，2017）等参照。

2)　ここでは次節のケースを想定している。

可能であるというのであれば，契約が終了していない契約相手であれば，「何でも」契約変更で新規の契約を追加できてしまうからである。そのような発想が民間では許されるとしても，そのまま公共に当てはめることは困難である。繰り返すが，公金支出の適正化を図る観点から会計法令が存在するのであるから，それが契約締結に関する規律を厳格に定めている以上，その規律を免れるような契約変更は法令の趣旨とぶつかることになる。

契約変更が必要な場合は当然存在する。では，どこで線引きをするのか。本章の課題は，ある公共工事の既存の契約業者に対する新規工事の追加がどのような条件下において契約変更による対応が可能と考えるべきかについて，契約締結に関連する現行会計法令の規定，特に随意契約のそれを省察することを通じて，検討することである[3)]。

第2節　会計検査院報告

この問題を考えるきっかけとして『平成27年会計検査院報告[4)]』で取り上げられたケース（「官庁営繕事業について，既契約工事の施工に関連性のない工事を既契約工事の設計変更及び契約変更により事後的に追加してはならないことを明確かつ具体的に示すとともに，入札不成立となった営繕工事を会計法令に従い適切に発注するための方策を地方整備局等に具体的に示すことにより，営繕工事の発注を適切に行うよう改善させたもの」）を紹介しよう[5)]。以下，同報告の記述を（一部修正を施しつつ）転載する。

3）　契約変更をテーマとした実務面から見た概説書として，木下誠也『改訂 公共工事における契約変更の実際』（経済調査会，2022）参照。その中で公共工事を念頭に置いた国内外における契約変更の実務が関連する法令と共に解説されている。

4）　会計検査院 Webページ〈https://report.jbaudit.go.jp/org/pdf/H27kensahoukoku.pdf〉参照。

5）　同報告510頁以下。

Ⅰ　制度の概要

1　官庁営繕事業の概要

国土交通省は，官公庁施設の建設等に関する法律等に基づき，国の機関がその事務を処理するために使用する庁舎等の建築，修繕，模様替等を行う官庁営繕事業を本省において実施するとともに，地方整備局及び北海道開発局（以下，両者を合わせて「地方整備局等」という）にその一部を分掌させて実施している。

そして，本省及び地方整備局等は，官庁営繕事業の一環として，合同庁舎や国土交通大臣の所管に属する庁舎等の営繕工事を行うほか，各省各庁の長からの委任を受けて，各省各庁の長の所管に属する庁舎等の営繕工事を行うために，毎年度多数の営繕工事請負契約を締結している。

2　営繕工事における追加工事の発注

営繕工事においては，その性質上不確定な条件を前提に設計図書を作成せざるを得ないという制約がある。そのため，既に契約を締結した工事（以下「既契約工事」という）について，その施工上予見し難い事由が生じたことにより，既契約工事を完成させるために施工しなければならなくなった追加の工事（以下「追加工事」という）の発注が必要となる場合が多く見受けられる。

このような場合，契約担当官等は，一般に，営繕工事請負契約に係る契約条項に基づき既契約工事の請負人と協議（以下「変更協議」という）を行い，既契約工事に追加工事を追加する設計変更を行うとともに，必要に応じて工事費を増額する契約変更を行うなどして，当該請負人に追加工事を発注することになる。

3　国の契約方式等

国の機関が工事を発注するに当たっては，会計法，予算決算及び会計令等の会計法令に基づき行うこととなっている。会計法令によれば，国の契約方式としては，一般競争契約，指名競争契約及び随意契約の三方式があり，このうち，機会の均等，公正性の保持及び予算の効率的使用の面から一般競争契約が原則とされている。ただし，契約の性質又は目的が競争を許さない場合，緊急の必要により競争に付することができない場合等においては随意契約によるものとされており，また，競争に付しても入札者がないとき，又は再度の入札をしても落札者がないとき（以下，両者の場合を合わせて「入札不成立」という）は随意契約によることができるとされている。

そして，一般に，国の契約における契約内容の変更は，契約の同一性を失わない範囲で行うものとされており，また，契約の同一性を失わない範囲であるかどうかについては，個別の契約の内容に照らして判断することとされている。

Ⅱ　検査の結果

1　検査の観点，着眼点，対象及び方法

本省及び地方整備局等は，毎年度多数の営繕工事を実施しており，前記のとおり，追加工事の発注が必要となる場合が多く見受けられ，その結果，設計変更及び契約変更を行う機会も多くなっている。そこで，本院は，合規性等の観点から，営繕工事における設計変更及び契約変更は個別の契約の内容に照らして適切な判断の下に行われているかなどに着眼して検査した。検査に当たっては，平成25，26両年度又はいずれかの年度に契約期間がかかる営繕工事請負契約のうち，当初契約額が2000万円以上であり，かつ，当該年度中に契約額の増額を伴う契約変更を1回以上行っている536件の契約に係る変更額計258億0889万余円を対象として，本省及び9地方整備局等（東北，関東，北陸，中部，近畿，中国，四国，九州各地方整備局，北海道開発局）において，契約書，設計図書等の関係書類により会計実地検査を行った。

2　検査の結果

検査したところ，次のような事態が見受けられた。

前記536件の契約に係る設計変更及び契約変更の内容をみたところ，6地方整備局等（東北，関東，北陸，中部，九州各地方整備局，北海道開発局）における計10件の契約（以下「10契約」という）に係る設計変更及び契約変更（変更額計2億4958万余円）については，既契約工事の施工現場とは異なる敷地にある別の庁舎等に関する工事（以下「別工事」という）を既契約工事に事後的に追加したものとなっていた。そして，6地方整備局等がこのような設計変更及び契約変更を行った経緯について確認したところ，10契約とも次のとおりとなっていた。

① 10契約における別工事は，当初，単独又は他の工事と組み合わせるなどして複数

回にわたり競争入札に付していたが，いずれも入札不成立となっていた。

② ①の入札不成立となった別工事を発注するために，その施工現場周辺で6地方整備局等の営繕部発注の既契約工事を受注していた請負人1者から3者に対して，既契約工事に別工事を追加して受注できるかどうか問い合わせていた。

③ ②で受注可能と回答した請負人との間で変更協議を行い，既契約工事に別工事を追加する設計変更及び別工事に要する工事費を増額する契約変更を行っていた。

しかし，10契約における既契約工事と別工事は，いずれも施工現場が1km程度から73km程度離れており，さらに，当該別工事は，追加工事のように既契約工事を完成させるために必要となる工事ではなく，既契約工事の施工に関連性のない工事となっていた。このため，10契約における設計変更及び契約変更は，個別の契約の内容に照らして，契約の同一性を失わない範囲での変更とは認められないものであった。

3　事　例

東北地方整備局は，農林水産省からの委任を受けて，平成25，26両年度にわたり，山形県村山市に所在する庁舎の取壊工事について競争入札を計3回実施したが，いずれも入札不成立となっていた。このため，同局は，営繕部発注の既契約工事のうち，法務省からの委任を受けて，上記取壊工事の施工現場から26km程度離れた敷地で施工中であった同県山形市の新築庁舎に係る建築工事，電気設備工事及び機械設備工事それぞれの請負人に対し，上記の取壊工事を追加して受注できるかどうか問い合わせていた。そして，機械設備工事の請負人から受注可能との回答があったため，同局は，当該請負人と変更協議を行い，26年度中に当該機械設備工事に前記の取壊工事を追加する設計変更及び工事費を2710万余円増額する契約変更を行っていた。また，本省は，官庁営繕事業における入札不成立対策として，競争入札への参加要件等を緩和することとしたり，工事書類を簡素化することとしたりするなど様々な対策を地方整備局等に示しているが，前記のように既契約工事の施工に関連性のない工事を既契約工事の設計変更及び契約変更により事後的に追加することについての考え方は特に示していなかった。

このように，6地方整備局等において，既契約工事の施工に関連性のない工事を既契約工事の設計変更及び契約変更により事後的に追加していた事態は適切ではなく，改善の必要があると認められた。

4　発生原因

このような事態が生じていたのは，本省において，既契約工事の施工に関連性のない工事を既契約工事の設計変更及び契約変更により事後的に追加してはならないことを明確かつ具体的に示していなかったことなどによると認められた。

Ⅲ　当局が講じた改善の処置

上記についての本院の指摘に基づき，本省は，28年9月に地方整備局等に対して通達を発して，既契約工事の施工に関連性のない工事を既契約工事の設計変更及び契約変更により事後的に追加してはならないことを明確かつ具体的に示すとともに，入札不成立となった営繕工事を会計法令に従い適切に発注するための方策を具体的に示すことにより，営繕工事の発注を適切に行うための処置を講じた。

第3節　考える起点

Ⅰ　契約後の規律の欠如

会計法令には，契約過程の順でいえば，契約の締結に向けた手続，契約の締結，契約の履行の各々のフェーズに対応した各種規定が設けられているが，契約の変更に係る規定は置かれていない。会計法の施行令に当たる予算決算及び会計令でいえば，契約締結に係る規定である，契約保証金に代わる担保について定める100条の4に続く101条は，契約の履行に係る規定である売払代金の完納時期についての定めとなっている。その他の箇所においても，契約締結後の契約内容の変更に係る規定は存在しない。地方自治法及び地方自治法施行令においても同様に，契約変更に係る規定は存在しない。

公共契約であっても民法上規律される契約であり，民法上の規定，そして当初の契約内容に従って当該契約は変更され得る。実際に，請負契約である土木工事，建築工事では（設計変更等に基づく）契約変更は頻繁に見られる[6]。それは準委任契約，あるいは請負契約たる各種業務委託であっても同様であろう。物品の購入では件数は少なかろうが，購入ロットの事後的な変更はものによっては十分あり得る。

公共契約をめぐる契約の変更についての規定は会計法上存在しない。ということは，法的には単に民法上の規律の中で契約変更がなされているように見えなくもない。しかし，会計法令上の原則である「経済性の実現，確保」「手続の公正，公平[7]」は契約過程全般に求められているはずである。会計法令上，契約変更に関連する規定が置かれていないからといってこれを会計法令の一般原則の射程外とする理由はない。契約締結に至る手続については詳細に規定があるのにも拘らず，その変更に係る規定が存在しないのはどうしてか，そしてそうであったとしても（直接の規定がなかったとしても）会計法令上から読み取れる契約変更に係る法的規律のあり方をどう考えたらよいのであろうか[8]。

II　計画の無謬を想定？

公的機関の発注業務について明確な法的規律がなされているのであれば，何が可能で何が不可能かの理由を説明するのは容易だが，そうでない場合の理由を説明するのには苦労する場合がある。契約変更に係る規定の不存在はその一例だろう。会計法令上，契約に係る規定が契約方式の選択の問題に集中し，それが競争のあり方に係るものであることから，契約変更はその関心外ということで触れていないのかもしれない。しかし，契約変更の仕方次第では当初契約

6）本稿では「設計変更」「契約変更」という類似の言葉が頻繁に出てくるので，予めそのこれら用語の意味を示しておく。公共工事分野では，契約条件の変更は大きく，設計変更と契約変更とに区分され，以下の通りとなっている（「国土交通省・設計変更ガイドライン」による）。「設計変更」とは，工事の施工に当たり，設計図書の変更にかかるものをいう。設計図書とは，特記仕様書，図面，工事数量総括表，共通仕様書，現場説明書及び現場説明に対する質問回答書をいう。「契約変更」とは，設計変更により，工事請負契約書に規定する各条項に従って，工期や請負代金額の変更に係るものをいう。

7）公共契約において会計法令が要請する「経済性」等に係る説明として，碓井光明『公共契約法精義』（信山社，2005）10頁以下参照。

8）実務的な解説書として，木下誠也編著『改訂公共工事における契約変更の実際――受発注者のための設計変更と工期設定』（経済調査会，2022）参照。

において確保された競争性を実質的に意味のないものにすることは可能であって，その観点から契約変更の法的規律を会計法令から敢えて切り落とす理由は存在しない。

あり得る理由を推測するに，一度結ばれた公共契約はそれ自体変更を予定しないものであるという官特有の「無謬性」のような哲学がそこに通底しているのかもしれない[9]。確かに一旦計上された予算は官によって計画され，民主主義の手続によって正当性を獲得したものである以上，何らかの事情で修正することに抗おうとするマインドが官側には見受けられる。すなわち元々予定された契約について競争入札という会計法令上の手続を経て到達した条件（最低価格自動落札方式ならば最低価格）に辿り着いたのにそれを修正することに抗うマインドがそこにある（元々の契約が随意契約の場合には少々異なった観点からの考察が必要なのかもしれない）。だから契約変更自体を会計法令が予定していない，という前提を置いているという説明は一定程度の説得力を持つだろう[10]。

しかし，あらゆる契約について事前に将来的なことも含めてあらゆる事情を踏まえることは不可能なのであって，契約変更（契約の追加も含む）の必要性が生じることはごく自然なことである。それを財政支出の規律に係る立法が予定していないと考えるのは，（行政の習性如何を問わず）妥当な態度とはいえない。

Ⅲ　契約変更を論じる視点

会計法令上，契約変更についての法的規律がないからといって，どのような契約変更も許されるかというとそうではない。競争入札に付すべき案件を随意契約にしてはならないのであるから，これを契約変更と称してある契約の終了前に当該契約相手に追加発注することもまた許されないはずである。それが許されるのであれば，会計法令の規律は骨抜きにされてしまう。変更に係る規定

9)　例えば，日本経済新聞平成30年5月22日記事（「無謬性の原則と全体主義（大機小機）」）など参照。

10)　かつて指名競争が一般的だった時代，予定価格と一致する落札金額が競争の結果であるとしてそれが適正価格であるという「強弁」（もちろん談合がその背景にある）が罷り通っていたが，それもこの無謬の体裁を支えていた要因だったといえる。

が存在しないから民法上許されることは何でも可能とはいかない。

契約変更が，公的財政支出の適正化の要請の問題として扱われる場合，(1)当初契約の競争性確保，会計法令上の正当性の問題として論じるのか，(2)契約変更それ自体の競争性確保，会計法令上の正当性の問題として論じるのか，を分けて論じなければならない。各々に付随する論点として，(3)透明性，情報公開の問題がある。会計法や地方自治法が契約締結に際して競争的手法を要求し，上限価格や下限価格の設定を義務付け，あるいは許容しているのは，公共調達についていえば公金の支出に係る経済性の原則等に導かれた，その予算執行に係る適正な手法の利用が要請されているからであり，同様のことは契約変更についても当てはまるはずである。契約変更のルールが欠如していると，変更契約それ自体の適正手続に支障をきたすのみならず，当初契約の正当性にも疑義を生じさせる。

変更契約であっても契約なので，公共調達であれば会計法令上，競争入札，随意契約のいずれかの方法によらなければならず[11]，必然的に，変更契約は随意契約に位置付けられることになる（実はその辺が実務上曖昧にされており，随意契約として扱うところ，随意契約に準じるものとして扱うところ，特にその扱いについて会計法令と関連を意識していないところ等さまざまである[12]）。変更契約が随意契約として扱われるならば，会計法令上の随意契約の規定に服することになる。とすると問題は，会計法令が随意契約に関連する諸規定において特別の規定を置いていないのは何故か，その必要性がないのは何故か，ということになる。契約変更に係るルールの欠如という制度上の欠陥が，随意契約理由が見当

11)　調達活動なので「せり売り」は対象外である。

12)　公共契約における契約変更は，会計法や地方自治法の射程外で行われているのが一般である。なぜならばこれらの法令には契約変更に係る規定が存在しないからである。実務上例外的に随意契約として扱う発注機関もあり，国土交通省のように，追加工事等を随意契約ではなく設計変更に基づく契約変更の形で行う場合であったとしても，随意契約に準じた取扱いをする指針を自ら立てそれを遵守しているところもあるが，だからといって競争政策上の要請に応えている訳ではない。法的にはあくまでも民法上の規律に服しているのみである。民法上の要請である以上，それは財政規律における競争政策上の要請ではなく，契約当事者間の関係の調整のためにあるに過ぎない（建設業法や公共工事入札契約適正化法の要請の問題である）。

たらないことを実際上の理由とした契約変更の選択をさせてしまう背景になり得るということも意識しなければならない。この点は次節で扱う。

考える射程が随意契約の内外にあるかはともかく，契約変更の元となる当初契約が競争性のない随意契約であれば，その契約変更は競争性のない随意契約の追加としてその追加部分の随意契約が成り立つか否か，そして契約の合理性，経済性その他の要請への充足が評価されることになる[13]が，当初契約が競争入札の場合，契約変更は競争入札の契約に随意契約を追加する訳だから，その随意契約の評価は当初の競争手続に遡って行われる必要が生じることとなり，当初契約における競争性の評価を左右する可能性があることには変わりはない。しかし，そういった問題に配慮した随意契約に係る規定は会計法令上存在しない。当初契約が競争的随意契約の場合であっても同様である。

第4節　契約変更と随意契約

契約者選定手続の選択に関しては会計法は「売買，貸借，請負その他の契約を締結する場合」（会計法29条の3第1項）を対象としているので，契約変更もそれ自体契約によってなされていると考えれば形式的には契約締結の一種であり，法令の規定に沿って随意契約として処理すればよく，そう考えれば会計法令に不備はないということになるかもしれない[14]。

会計法29条の3第1項は，「契約担当官及び支出負担行為担当官（以下「契約担当官等」という。）は，売買，貸借，請負その他の契約を締結する場合においては，第3項及び第4項に規定する場合を除き，公告して申込みをさせることにより競争に付さなければならない。」と定め，その例外として，同4項は「契約の性質又は目的が競争を許さない場合，緊急の必要により競争に付す

13）原契約が競争性のない随意契約によってなされたならば，そこで要請される諸原則（透明性等）を骨抜きにしないような工夫がどのようになされるべきか，という視点が重要となる。

14）契約者の同一性を前提として契約の変更をするならば，そもそも競争という方法自体が意味をなさないので，必然的に（特命による）随意契約ということになるだろう。契約内容の同一性を維持しながら改組等による契約者の変更という契約変更もあり得るが，ここでは一般的に見られる契約者の同一性を前提としての契約変更を考えることにしよう。

ることができない場合及び競争に付することが不利と認められる場合においては，政令の定めるところにより，随意契約によるものとする。」と，同5項は「契約に係る予定価格が少額である場合その他政令で定める場合においては，第1項及び第3項の規定にかかわらず，政令の定めるところにより，指名競争に付し又は随意契約によることができる。」と定めている。第5項に対応する予算決算及び会計令の99条乃至99条の3には契約変更に対応する規定は存在しない。

契約変更が会計法29条の3第4項に該当する場合に該当するものと考えた場合，予算決算及び会計令99条の5の規定によって予定価格を定めなければならないが，それは大したハードルにはなるまい。また，99条の6は「なるべく二人以上の者から見積書を徴さなければならない。」と規定するが，その性質上契約変更はこの要請の対象外であろう。「あらかじめ，財務大臣に協議しなければならない」随意契約の場面を定める102条の4は，その3号である「契約の性質若しくは目的が競争を許さない場合」，その4号である「競争に付することを不利と認めて随意契約によろうとする場合」として「現に契約履行中の工事，製造又は物品の買入れに直接関連する契約を現に履行中の契約者以外の者に履行させることが不利であること」（同号イ）を，その対象外としており，そのハードルもない。

しかし，実務において契約変更は随意契約の形で行われていない。もちろん，必要な材料の追加やごく短期の工期延長に伴う金額変更も些少なものに止まる変更にまで一々随意契約として行う合理的な理由も確かにない。一方で，簡易な手続でなし得る随意契約手続を用意すればそれでよいともいえる。例えばいわゆる少額随意契約などは簡易な手続でなされているはずだ。

国土交通省は従来から，同一工事であっても一定割合以上の増額となる契約変更については別途の契約として扱い，例外的な場合には契約変更として対処することを許容するという態度を示してきた[15)]。これは，契約変更はあくまでも

15）「設計変更に伴う契約変更の取扱いについて（昭和44年5月7日）」（建設省東地厚発第31号の2），及び「『設計変更に伴う契約変更の取扱いについて』の運用について（平成10年6月30日）」（建設省厚契発第30号・建設省技調発第145号），さらには国土交通省大臣官房通知（平成23年4月19日）参照。この辺りに関しては，木下編著・前掲注8）23頁参

変更であってそれ自体随意契約ではないという見解に基づいているかのように見える。一方，随意契約に係る情報公開の資料から，最高裁判所のような発注機関では変更契約を随意契約として扱っているのが分かる[16)]。確かに変更契約をどう扱うかのルールを発注者としてきちんと定め，それに則り，併せて透明性を確保しておけば，変更契約の適正化は図られ得るともいえる。

第5節　契約変更による原契約の正当性への影響

当初契約が競争的な手続を通じてなされた場合，契約変更の是非は慎重に判断されなければならない。この場合，契約変更は競争的な手続の上に非競争的な手続が乗る形でなされることになるが，後の非競争的な手続が当初から予想されたというならば，そして前の競争的な手続の結果に影響を与えるというのであれば，変更内容次第では当初の契約の競争性確保の趣旨に反する結果を招くかもしれない。同様の問題は，公共工事などでよく見られる前工事，後工事の関係にも見出すことができる。ある工事サイトでの建設工事が進行中で関連する追加の別工事が必要になった場合，施工業者が変えられなければ設計変更（による契約変更）ということになるが，先行する工事が完成し請負契約が終了している場合には，追加工事が随意契約で発注されることになる。この場合も，先行する工事は競争的な手続で，後続の工事は非競争的に契約がなされている。

仮に最低価格自動落札方式の一般競争入札である業者が落札し受注に至ったとしても，その後の契約変更で当初契約よりも高い水準の金額で契約変更したとするならば，当初の最低価格自動落札方式の採用が無駄になるかもしれない。当初契約が当該変更分も含んでいたならば，落札者は変わったかもしれない。あるいは総合評価落札方式の一般競争入札である業者が落札し受注に至った場合，その後の契約変更で当初契約から採用される技術が変更になった場合，当

照。なお，本章V参照。

16)　最高裁判所Webページ〈http://www.courts.go.jp/vcms_lf/H24-2nd-qua-zuikei.pdf〉参照。そこでは，設計変更に基づく契約変更を「現に契約履行中の工事，製造又は物品の買入れに直接関連する契約を現に履行中の契約者以外の者に履行させることが不利であること。」（予算決算及び会計令102条の4第4号イ）に該当するものとして随意契約であるとしている。

初契約に遡ってそれが反映されていればより適切な業者が存在したかもしれない。競争的な随意契約については，例えば企画競争なら総合評価落札方式と，見積り合わせならば最低価格自動落札方式との対応を考えれば理解できよう。競争性のない随意契約だからといって，契約変更に制約がないということにはならない。会計法令上，随意契約であっても予定価格の制約があるのであって，予定価格が適正に，厳格に定められているとするならば，その限りで当初契約の適正さは担保されていたはずである。

当初契約が競争的手法に拠ってなされた場合，契約変更に際して当初契約における競争の要請は及ぶべきか，及ぶとしてそれはどのように及ぼすことができるのか。現行会計法令の中にそういった規律をどう読み込むことができるのか，あるいはできないのか。

第6節　発注者を悩ませる予決令

前記の会計検査院報告書で取り上げられたケースはどうして生じたか。報告書では「このような事態が生じていたのは，本省において，既契約工事の施工に関連性のない工事を既契約工事の設計変更及び契約変更により事後的に追加してはならないことを明確かつ具体的に示していなかったことなど」をその原因として説明している。しかし，問題はそもそも本来競争入札を行うか，随意契約理由を示した上で随意契約を選択するかの判断をするところ，なぜ同省が明確な指針がないことを背景に当初工事とは別工事と思われるものを契約変更で追加したのか，である。ここで，報告書の当該ケースの事例の解説において指摘された「東北地方整備局は，農林水産省からの委任を受けて，平成25，26両年度にわたり，山形県村山市に所在する庁舎の取壊工事について競争入札を計3回実施したが，いずれも入札不成立となっていた」という点に注目する必要がある。

公共工事の発注者を悩ませるのが不調・不落である。会計法99条の2は「契約担当官等は，競争に付しても入札者がないとき，又は再度の入札をしても落札者がないときは，随意契約によることができる。この場合においては，契約保証金及び履行期限を除くほか，最初競争に付するときに定めた予定価格その他の条件を変更することができない。」と定めるので，この規定に則って随意契約をしようとしても契約に応じてくれる業者の発見に苦労するであろう。そもそもの契約条件に問題があった場合に，それを変えられなければ交渉が困難になるのは目に見えている。かつてのような貸し借りの構造があれば別であるが，コンプライアンスに煩い現代ではそれは通用しない。

そこで，このようなケースの場合，条件を変えた再度の競争入札は可能であるが，時間が経過すれば当初応札が期待できた業者も事情が変わってしまうかもしれず，結果として不成立になるかもしれない。緊急随意契約まで待つのはあまりにもリスキーなので，発注者としては「競争に付することが不利と認められる場合においては，政令の定めるところにより，随意契約によるものとする。」という29条の3第4項を柔軟に利用したいところであるが，もう一つのハードルが存在する。

それは予算決算及び会計令102条の2柱書，第4項及び第7項である。以下引用する。

各省各庁の長は，契約担当官等が指名競争に付し又は随意契約によろうとする場合においては，あらかじめ，財務大臣に協議しなければならない。ただし，次に掲げる場合は，この限りでない。

（中略）

四　競争に付することを不利と認めて随意契約によろうとする場合において，その不利と認める理由が次のイからニまでの一に該当するとき。

イ　現に契約履行中の工事，製造又は物品の買入れに直接関連する契約を現に履行中の契約者以外の者に履行させることが不利であること。

ロ　随意契約によるときは，時価に比べて著しく有利な価格をもつて契約をすることができる見込みがあること。

ハ　買入れを必要とする物品が多量であつて，分割して買い入れなければ売惜しみその他の理由により価格を騰貴させるおそれがあること。

ニ　急速に契約をしなければ，契約をする機会を失い，又は著しく不利な価格をもつて契約をしなければならないこととなるおそれがあること。

（中略）

七　第99条第1号から第18号まで，第99条の2又は第99条の3の規定により随意契約によろうとするとき。

この規定から分かる通り，「競争に付することが不利と認められる場合においては，政令の定めるところにより，随意契約によるものとする。」という29条の3第4項を利用しようと思えば，「現に契約履行中の工事，製造又は物品の買入れに直接関連する契約を現に履行中の契約者以外の者に履行させることが不利であること。」のような直接に関連する工事でない場合には，財務大臣との協議が必要になってしまう。ことの性質上，包括協議で対応している総合評価落札方式の採用の場合と違って個別協議が求められることになろうが，これは発注者にとって高いハードルである。そもそも緊急随意契約に至らないまでも時間的制約が厳しい中での対応なので，この規定に乗る以上，現実的ではない。そこで，随意契約が困難であるケースの避難口が契約変更になってしまうのである。包括協議という手段は理屈上あり得ても，緊急随意契約という最終手段が残されているということに加えて，そして不落随意契約における諸制約を回避するための指針作成にはおそらく躊躇があるのだろう，そのような正面突破には困難が伴う。そこで，法文には明文の制約がない設計変更という手段が実務上採用されてしまった，ということなのだと考えられる。

類似の制約は「国の物品等又は特定役務の調達手続の特例を定める政令」にも見出される。この政令はいわゆる世界貿易機関（World Trade Organization: WTO）の政府調達協定（Agreement on Government Procurement: GPA）対応で設けられたものであるが[17]，問題はその12条である[18]。

17）その第1条は次のとおり定めている。

> この政令は，2012年3月30日ジュネーブで作成された政府調達に関する協定を改正する議定書によつて改正された1994年4月15日マラケシュで作成された政府調達に関する協定（以下「改正協定」という。）その他の国際約束を実施するため，国の締結する契約のうち国際約束の適用を受けるものに関する事務の取扱いに関し，予算決算及び会計令（昭和22年勅令第165号。以下「予決令」という。）及び予算決算及び会計令臨時特例（昭和21年勅令第558号。以下「予決令臨時特例」という。）の特例を設けるとともに必要な事項を定めるものとする。

18）同政令11条1項の規定は以下の通り。

第12条　各省各庁の長は，契約担当官等が特定調達契約につき随意契約によろうとする場合においては，あらかじめ，財務大臣に協議しなければならない。ただし，次に掲げる場合において随意契約によろうとするときは，この限りでない。

（中略）

四　既に契約を締結した建設工事（以下この号において「既契約工事」という。）についてその施工上予見し難い事由が生じたことにより既契約工事を完成するために施工しなければならなくなつた追加の建設工事（以下この号において「追加工事」という。）で当該追加工事の契約に係る予定価格に相当する金額（この号に掲げる場合に該当し，かつ，随意契約の方法により契約を締結した既契約工事に係る追加工事がある場合には，当該追加工事の契約金額（当該追加工事が二以上ある場合には，それぞれの契約金額を合算した金額）を加えた額とする。）が既契約工事の契約金額の100分の50以下であるものの調達をする場合であつて，既契約工事の調達の相手方以外の者から調達をしたならば既契約工事の完成を確保する上で著しい支障が生ずるおそれがあるとき。

五　緊急の必要により競争に付することができない場合

六　前条第1項の規定により随意契約によることができる場合

2　契約担当官等が特定調達契約につき随意契約によろうとする場合においては，予決令第102条の4の規定は，適用しない。

第7節　一体性とその射程

I　関連性と一体性

前記会計検査院報告で問題とされたのは，「既契約工事の施工に関連性のない工事を既契約工事の設計変更及び契約変更により事後的に追加して」いたからである。会計検査院は「関連性」を問題にしているが，では何故，関連性のない工事を既存の業者に契約変更で追加することが問題視されるのか。

第一に，当該工事は既存工事と別物の独立した工事である以上，当該工事の

特定調達契約につき会計法第29条の3第5項の規定により随意契約によることができる場合は，予決令第99条第16号の2に掲げる場合（同号に規定する物件の買入れ又は借入れの場合にあつては，当該物件を同号に規定する救済施設が生産する場合に限る。）及び同条第18号に掲げる場合並びに予決令第99条の2及び第99条の3並びに予決令臨時特例第4条の8（前条第2項において準用する場合を含む。）の規定により随意契約によることができるものとされる場合に限るものとする。

契約締結に関わる会計法令上の正当化根拠を会計法令上に見出すことが求められるということである。会計法令に定めのない契約変更で他の契約とは関連性のない契約を追加することを許せば，会計法令が契約締結手法について厳格なルールを定めたことの意味がなくなってしまう。

第二に，これに関連することであるが，契約変更も随意契約の一種であるというのであれば，そこで随意契約が選択される理由は，随意契約の正当化根拠として会計法令上定められたことに分類され，通常であれば競争入札をその性質上許さないというカテゴリーで処理するか，あるいは工事計画の遂行上，緊急性が高い，という理由になるだろうが，関連性のない工事を既存の何らかの工事に追加することはそういった理由が成り立たない。

第三に，不調・不落を前提に随意契約を目指すのであれば会計法令上定められた手続によるべきであり，その一定の制約条件に服するべきであって，その条件を免れるために法令に記載のない手法をとるのは実質的に法の潜脱といわれかねない。

第四に，再度の入札をしても応札者が現れないリスクがある，あるいは緊急随意契約とまではいかないが再度の入札をすることのロスを避けたい，という場合には「競争が不利になる場合」の射程の中で十分な説明を尽くすことが可能であればそうすべきである。

第五に，政令上求められる財務大臣との協議が面倒だから法令上記載のない手法をとるというのであれば，何のためにその政令がこのような規定を設けたか，というその趣旨と抵触し，第三と同様，法の潜脱といわれかねない。

第六に，当初の工事に関連性のない別の工事を契約変更で追加することを許せば，当初の工事それ自体の契約締結時の会計法令上の正当化根拠が揺るがされかねない。そもそも当初工事の会計法令上の正当性は，その発注の対象に対してなされたものであって，変更後の対象になされたものではない。当初の手続が競争的になされていた場合は当然，その遡っての正当性が問題になるのは容易に理解されようし，随意契約であっても当初契約の限りにおいて何らかの随意契約理由が説明されていたのであって，変更を前提にした事後においてもそうであるとは限らない。

最後の当初契約の会計法令上の正当化は，言い換えれば，当初契約と変更後契約との一体性の維持を要請するものである。当然，工事請負のような一定期間の継続を前提にする契約の場合は，その一連の過程において一定の修正を行い，それを契約の変更として扱うことには合理性がある。正当化と合理性との調整原理が一体性なのである。会計検査院が「関連性の有無」を基準として持ち出したことは，この第六の視点が色濃く反映しているといえよう。

Ⅱ　欧州の場合

欧州公共調達指令（Directive）[19]においては，我が国の会計法令と異なり制定法上の手当がなされている[20]。同指令の72条がそれであるが，2014年（平成26年）に公共調達に係る新指令を制定した段階で新規に導入されたものであり，その同指令の前文（Recital）でも述べられているように[21]，この規定は欧州裁判所の判例法[22]がベースになっている。判決では，一定の場面においては，「手続の透明性と応札者の平等な取り扱いを確実にするべく……契約期間中の公共契

19）Directive 2014/24/EU on public procurement and repealing Directive 2004/18/EC, 26 February 2014.

20）以下の文献を参照。Jan Brodec and Václav Janeček, *How does the Substantial Modification of a Public Contract Affect its Legal Regime?*, 24 (3) PUB. PROCUREMENT L. REV. 90 (2015); Yseult Marique, *Changes During Performance – A Case for Revising the Extension of Competition*, in K. WAUTERS AND Y. MARIQUE (EDS), EU DIRECTIVE 2014/24 on PUBLIC PROCUREMENT – A NEW TURN FOR COMPETITION IN PUBLIC MARKETS?, LARCIER, 197-224 (2016); Rafael Domínguez Olivera, *Modification of Public Contracts: Transposition and Interpretation of the new EU Directives*, 10-1 EUR. PUB. PRIVATE PARTNERSHIP L. REV. 35 (2015).

21）Recital 107 of Directive 2014/24/EU.

22）重要な先例は，2008年（平成20年）の'Pressetext Case'（Judgment of the Court (Third Chamber) of 19 June 2008, Pressetext Nachrichtenagentur GmbH v Republik Österreich (Bund), Case C-454/06）と呼ばれるもので，政府がニュース配信社（APA）との間で交わされた情報提供契約について，事後的に契約者の変更（既存の業者によってowned and controlledされている業者），契約金額に係る条項の変更，そして契約終了に係る条項（a termination waiver provision）の更新がなされた。競合する業者（Pressetext）はこの契約変更を新規契約として扱うべき，すなわち希望する業者に平等に開かれた契約手続を用いるべきだとして訴えたのがこのケースである。ECJの出した結論は，これらの契約変更（更新）が，新しい契約の発注にはならない，ということであるが，重要なのは新しい発注として扱うべきかそうでないかの線引きである。

約の条項の修正は契約の新規の発注とする」と述べ，その該当する場面として「条項の修正が当初の契約と実質的に異なる性格となる場合，故に当該契約の本質部分に係る条件についての再交渉することを当事者に意図させるような場合（they are materially different in character from the original contract and, therefore, are such as to demonstrate the intention of the parties to renegotiate the essential terms of that contract）」を挙げた。[23)]

2014年EU指令の前文107は，この考え方は「修正された条件が最初の手続の一部であった場合，手続の結果に影響を及ぼしていたであろう場合に特に当てはまる」と述べている。[24)] 一方，「増額が一定の範囲に止まる軽微な契約変更は，新たな調達手続を実行することなく常に可能であるべきである」[25)]ともしている。

指令72条以下（'modification of contracts'）は，新規案件とすべきものと契約変更案件とすべきものとを区別するラインを定め，その規定に従う限り契約変更が認められる，とする。72条1項(a)乃至(e)は契約変更が可能な五つの場面を定めている。[26)]

(a)：初期契約において変更条項（review clauses）が予め定められている場面を規定する。この場合，初期契約段階における競争は将来の変更を織り込んだものとして展開されるので，競争手続の侵害とは評価されない。

(b)：追加的発注が必要であり，既存の契約者の代替が存在しない場合。[27)] 当初の契約締結後に追加の発注の必要性が生じることはしばしばある。契約者となるべき相手は当初契約と同一の者であることは明らかに合理的であるとする。その際，追加発注分を新規契約として取り扱うか，契約変更の手続をとるかという選択になる。[28)]

---

23) *Id.*

24) Recital 107 of Directive 2014/24/EU.

25) *Id.*

26) Article 72, Section 1 of Directive 2014/24/EU.

27) *See* Recital 108 of Directive 2014/24/EU.

28) 指令は二つの場面で契約変更を認めている（"(i) cannot be made for economic or technical reasons such as requirements of interchangeability or interoperability with existing equipment, services or installations procured under the initial procurement" 及び "(ii)

(c)：Diligentな発注機関をもってして予想しなかった状況の変化[29]。偶発的事情を事前の競争手続に反映させないことは不公正ではなく，それに対応する手続がないので，例外的に認められることになる[30]。

(d)：契約相手の変更について，その旨の条項の存在があるか，前後の契約相手の実質的な同一性がある場合は契約変更が可能となる。前者においては(a)項と同じ趣旨で説明できるし，後者の場合は「実質的変更」とは評価されない[31]。

(e)：一般条項として「その変更がその価額にかかわらず，第4項の意味の範囲内で実質的でない場合」と定める。これが実質的な変更の有無という上記判例が扱った論点である。72条4項が実質的な変更が存在する場面について以下のガイドを提供している[32]。(a)当該変更がある条件を導入し，その条件が最初の調達手続の一部を形成していたならば，当初に指名されたか候補者以外の他の候補者のadmissionを可能にしたか，当初応札可能であった者以外の応札者を受け入れていたか，あるいは調達手続において追加的な参加者を促していただろう場合，(b)当該変更が，当初の契約または枠組み合意では規定されていなかった方法で，契約または枠組み合意における経済バランスを契約相手に有利な形で変更する場合，(c)この修正により，契約または枠組み合意の射程が大幅に拡大する場合，そして(d)新しい契約者が，第1項の(d)号に規定されている場面以外の理由で契約当局が当初契約を締結した契約者に代わる場合，がそれである。

---

would cause significant inconvenience or substantial duplication of costs for the contracting authority"である)。但し，当初の契約価格よりも5割以上のvalueとなる場合には契約変更は認めない，との留保もつけられている。

29)　*See* Recital 109 of Directive 2014/24/EU.

30)　その条件は，二つ事情（"(i) the need for modification has been brought about by circumstances which a diligent contracting authority could not foresee"及び"(ii) the modification does not alter the overall nature of the contract"）の両方が満たされる場合である。なお，この場合も前々注同様の「5割ルール」が置かれている。

31)　*See* Recital 110 of Directive 2014/24/EU.

32)　Article 72, Section 4 of Directive 2014/24/EU.

第8節　若干の検討

I　法的位置付け

会計法を見ても地方自治法を見ても契約変更に係る規定は存在しない。存在する条文に対する説明は立法という事実がある以上，それほど難しくはないが，存在しない条文に対する説明は難しい。

一つのあり得る説明は，契約変更であっても契約なのであるから，会計法令上の「売買，貸借，請負その他の契約」(29条の3第1項）に含まれる，すなわち競争入札を原則とする一連の契約者選定手法を定める規定によるという理解である。この場合，特命随意契約にならざるを得ない（技術的には公募型随意契約もあり得ようが，契約者の変更を念頭に置かないのが通常であろう）から，カテゴリカルに例外的手法を用いるという説明ということになろう。会計法でいえば「契約の性質又は目的が競争を許さない場合」(29条の3第4項）として扱うことになる。

しかし実務においてはそのような取扱はなされておらず，あくまでも契約締結後私法上なされる契約変更であるに過ぎない。国土交通省では契約変更の際に随意契約に準じた取り扱いをしているようだが，契約変更を法令上別途の契約として扱っている訳ではないようだ。

会計法令は，公会計の規律，契約についていえば支出あるいは収入の原因となる行政主体の活動の規律のためにあり，とするならば契約変更を規定から除外する理由はなく，新規契約において競争による規律を求めているのと同様に，契約変更がこの競争性の要請に反しないように一定の規律を行うべき理由はあるはずである。

とするならば会計法令自体が，一旦締結された契約が変更されることを予期していない，という説明が一つの尤もらしい説明となり得る。実際上は契約変更の必要性が生じることは否定できず，このような説明は全く現実的ではないのであるが，会計法制定段階で契約変更が想定されていなかった，あるいは契約変更はあり得てもそれが会計法令上規律されるべきとは考えられてこなかった，という出発点を置き，そこから歴史的に契約変更の会計法令上の規律の要請が生じなかったということは，説明の仕方としてあり得る。

公共契約において計画されたものの無謬性を前提にすれば，一旦契約をしたものを何らかの事情で変更するということは，この前提に反することになる。契約という形態をとっているが，その実際は計画と命令のように理解する旧来的発想においては変更という発想は入ってこない。一度決めた予算は過不足なく使用するという旧来的な考え方からしても契約変更によって過不足が生じるという事態は想定外のはずだ。強固な談合構造の下では，実際上の変更も官民間の相互依存の中で非公式に処理する，公共工事であれば「請け負け」のような形で，実質受注者負担で処理することが可能であった。談合がデフォルトならば，ここで問題にするような（遡求的な観点からの）競争性確保の要請自体無意味である。

時代は変化し，契約締結時における競争性の確保が厳しく問われる時代になった今，会計法令に定められた競争的手続が厳格に適用されることになった以上，そこから派生する遡求的な競争性確保の要請が契約変更について同時並行的に問われるようになった，という認識は持って然るべきである。

Ⅱ　変更の可否：改めての論点確認

考察の最初に確認すべきは，契約変更の必要性が生じる場面は確かにある，ということである。行政主体側の当初のニーズ自体が変わった，あるいは（予測しなかった出来事が事後的に生じた，あるいは予測自体を間違えた等）何らかの事情変更に基づいて契約変更の必要性が生じる。公共契約においてはまずは行政主体側のニーズが先にあり，それを確定させてから契約発注の手続を行うのであり，その過程に無謬性を前提としない限り，契約変更の必要性の余地が必ず生じることになる。契約締結後に契約相手からの有益な提案があるかもしれない。いわゆるValue Engineeringである。この場合も，行政主体が持ち合わせていなかった情報を前提とした，有益な変更となり得る。

次に，契約変更に際して，契約当事者間の意思の合致があれば，与えられた情報の歪みや判断のミスがない限り，両当事者にとって双方改善的（win-win）なものになる，ということである。

契約変更をしないで既存の契約をキャンセルする，契約変更をしないで一部の債務を不履行にさせる（求償関係は別途考える），契約変更をし，その通りの債務を履行させる，といったオプションがあるのならば，三番目のオプションが経済的に見て最も望ましい結果に至るだろうという直感は誰もが抱くであろう（厳密にいえば条件次第ということになるだろうが）。

契約変更に係る懸念は以下の通りである。

それは，契約変更をすることが契約者選定過程で求められる手続の競争性の観点から望ましくない効果を生じさせるというものである。それはさらにいくつかの観点から論じることができる。

まず，応札者の機会の平等の観点からの指摘である。事後的になされる契約変更を当初の契約の前提にできるのであれば，当初の競争において応札者（あるいはその候補者）に与えられた条件が変わってくるだろうからだ（それは入札参加資格の段階かもしれないし，競争評価の段階かもしれない）。

次に実際の経済効果の観点から，契約変更をするのではなしに一旦，既存の契約をキャンセルにして，新規に競争的手続を実施することで別途契約した方が効率的な場合もあるかもしれない。もちろん，契約キャンセルや後継の契約者への引継ぎで発生するコスト，結果的に既存の業者しか応募しなかった場合に生じる無駄（あるいはそれでも合理的な契約が実現できることの蓋然性）等を総合考慮しなければならない。

契約変更が十分に情報開示されなければ，当初の競争手続の参加者，その他ステークホルダー延いては納税者全体に誤ったメッセージを発してしまうことになる。不正の発生も問題になる。競争入札でも不正の余地はあるが，契約変更の場合には「相対での交渉」となるので，特命随意契約と同様の問題として理解できる。そのリスクは相対的に高いといえよう。これらの問題も競争性の確保の要請に関連するものである。

Ⅲ　競争性確保手段

会計検査院が，調達手続が分離可能である業務委託契約について契約変更ではなく競争入札に付すべき旨指摘したケースがある[33]。注意しなければならない

33）平成24年度決算検査報告（1）-（4）（「特定調達に係る契約を締結するに当たり，一般競

のは，公共工事請負契約には，この発想はストレートには当てはまらない，ということだ。ある公共工事で契約内容の変更が生じ追加費用を支払う必要性が生じたとき，追加部分について競争入札を実施すると混乱を招くだけだ。

公共工事標準請負契約約款24条は当初契約の変更として変更契約を予定するものであり，追加部分について新たな契約者選定手続を予定するものではない。当初契約が終了し，新たな追加工事を発注するときに随意契約か競争入札かという選択問題は生じるが，当初契約が終了していない状況での新たな競争入札の実施は合理性が乏しい。

会計検査院は，追加工事の発注を随意契約を行う場合に，前工事の発注に際して実施された競争入札の結果（落札率）を反映させるべきとの意見を表示している。[34] 同様の対応を契約変更時においてもとるよう求めている。[35] しかし，このような対応については事前に当事者間のコンセンサスを得ておかないと，大きなトラブルに発展する。10年ほど前の沖縄県識名トンネル工事のケースは，契約変更の難しさを鮮明に示すものとなった。[36]

争に付すなどのWTO手続に従った契約事務を行うことなどにより，透明性及び公正性を確保し，競争の利益を享受できるよう是正改善の処置を求めたもの」）〈http://report.jbaudit.go.jp/org/h24/2012-h24-0667-0.htm〉。日本郵便支社が現金警備輸送業務の発注において既存の業者と契約変更によって期間の延長を行おうとしたところ，会計検査院は競争に付すことができない特段の事情がない場合であるのにも拘らず新たな契約として入札公告を行った上で一般競争に付すなどの対応をしなかった（WTO政府調達協定の要請にも応じていなかった）と指摘した。

34）平成20年度決算検査報告（「競争入札により契約した前工事に引き続き随意契約により行う後工事の予定価格の算定に当たり，前工事における競争の利益を後工事に反映させるよう意見を表示したもの」）〈https://report.jbaudit.go.jp/org/h20/2008-h20-0508-0.htm〉。

35）https://report.jbaudit.go.jp/org/h23/2011-h23-0795-0.htm

36）会計検査院はかつて，初期契約の落札率が高ければ，契約変更においても官積算にその割合を乗じて契約変更を行うべきとの見解を示していた。沖縄県発注の識名トンネルをめぐる補助金不正受給問題は，この初期契約のダンピングを契約変更に反映させようとしたことが背景としたものであった。初期契約における競争性を契約過程全体に及ぼそうというその趣旨は確かに会計法令に沿うところであるが，原則としての「契約の自由」は「契約変更の自由」にも及ぼされるものであるので，初期契約における競争の結果の契約変更へのコミットメントを，契約管理上（契約約款上）どのように実現していくのか，という技術的な問題を抱えることになる（それが識名トンネルの事案における契約管理上の失敗であった）。

当初契約によって競争性が確保された入札の「結果」を変更契約において反映させるというのは確かに一つの解決策であるように見える。ただ，予測可能な変更内容であれば事前にそれを考慮して業者は応札価格を決めることができるだろうが，そうではない場合，当初契約に係る競争入札の落札率を変更契約にも適用することを求めると，当初契約それ自体にリスクを見出してしまい，応札を躊躇することになるかもしれない。また，発注者都合の契約変更の場合にまで当初契約の競争性の結果を求めることの妥当性の問題もまた生じよう。公共契約でも「契約の自由」が原則であり，少なくとも受注者側には「契約する自由」が保障されていることを忘れてはならない。

Ⅳ 「○% ルール」

契約変更に係る財政上の規律を競争政策の観点から行うことを要請する法的ルールは，国際協定としての WTO-GAP に見出される。その 15 条 7 項において「調達機関は，この協定に基づく義務を回避する目的で，選択権の利用，調達の取消し又は締結された契約の変更を行ってはならない。」と定めている。少なくともその対象機関はその「閾値（threshold）」と表現される一定金額以上の契約において，内外非差別の要請に反する契約変更は禁止されている。契約変更については，閾値外で契約を締結し，その後変更契約によって閾値内とするようなケースが想定されているのであろう。

閾値外について，国内の公共契約における契約変更を規律する立法は見当たらない。競争政策上の関心からの契約変更に係る法的フレームワークは，現在のところ存在しない。

実務レベルでは，約款による規律，そして公共工事に関連する立法の要請を受けて，各発注機関が「設計変更ガイドライン」を設けている[37]。かつては契約金額の 30% を超える増額変更に消極的だったが，最近では柔軟な姿勢を見せている。

37） 新日本法規出版株式会社（編）『令和 6 年度版工事契約実務要覧（国土交通（建設）編）』（新日本法規出版，2024）参照。

変更見込金額が請負代金額の30%を超える場合においても，一体施工の必要性から分離発注できないものについては，適切に設計図書の変更及びこれに伴い必要となる請負代金又は工期の変更を行うこととする。(但し，変更見込金額が請負代金額の30%を超える場合は追加する前に本局報告を行うこと。) この場合において，特に，指示等で実施が決定し，施工が進められているにも関わらず，変更見込金額が請負代金額の30%を超えたことのみをもって設計変更に応じない，もしくは，設計変更に伴って必要と認められる請負代金の額や工期の変更を行わないことはあってはならない。

この「30%ルール」の発端は，昭和44年3月，当時の建設省東北地方建設局長が官房長に対して照会を求めた文面に「変更見込額が請負代金の30%を超える工事は，現に施工中の工事と分離して施工することが著しく困難なものを除き，原則として，別途の契約とする」と書かれ，官房長が「やむを得ないものと了承する」と応じた記録が残されている，ことにある。このやり取りが実務として継承され，設計変更の運用で上限30%がルールとして定着し，現在に至っている[38]。この実務的な対応が他省庁，地方自治体に拡大し，実質的に例外を認めないほどの強いコミットメント（地方自治体であれば議会の決議を求める等）をするところも現れた（地方自治体では「50%ルール」のところもある）。ただ，令和4年4月，円滑な取引を妨げるという観点から，国土交通省が各地方自治体にこのような一定割合を超える金額変更を伴う契約変更の制限をかけないように要請している[39]。

昭和44年といえば，指名競争入札が当然のように用いられ，当然のように業者間の受注調整が行われていた時代である。談合金の授受が伴わないような単純な入札談合が無罪とされ，確定した大津判決[40]はその前の昭和43年であった。上記30%の元々の趣旨は競争政策上の要請ではなく，単年度予算の原則を前提とした予算管理上の要請であったと考えるのが自然だ。財政支出の計画と実行についての無謬性の想定が崩れた現在においては予算管理上の要請からどこまでその意義が説明できようか。

この「○%ルール」はかつてのWTO-GPAにも存在していた[41]。平成8年発

38）　本章前掲注15）参照。

39）　例えば建通新聞令和4年4月1日電子版（「30%ルール謹んで：自治体に要請」）等参照。

40）　大津地判昭和43年8月27日下刑集10巻8号866頁。

効の旧協定には「当該追加の建設サービスのために締結する契約の総価額は，主たる契約の額の50パーセントを超えてはならない。」（旧15条）という規定があった。[42] 旧WTO政府調達協定のこの規定の目的は，同協定のルールを逃

41）新条文については，WTOのWebページ〈https://www.wto.org/english/docs_e/legal_e/rev-gpr-94_01_e.htm〉参照。旧条文については，2012年改正前の任意のテキストブック参照のこと。

42）旧WTO政府調達協定はその15条1項で限定入札（Limited Tendering）が可能となる場面を規定している（「公開入札及び選択入札の手続を規律する第七条から前条までの規定は，次の場合には適用する必要がない。ただし，限定入札の手続が，最大限に可能な範囲での競争を避けるために又は他の締約国の供給者の間における差別の手段若しくは国内の生産者若しくは供給者の保護の手段となるように用いられないことを条件とする。」）。その一例として，当初契約との同一性を維持された追加的な建設サービス（construction service）が挙げられているが，但書で「当初契約の50％を超える場合」は許されないとされている。外務省作成の和訳条文はこうなっている。

> (f) 当初の契約には含まれていないが当初の入札説明書の目的の範囲内にある追加の建設サービスが，予見することができない事情により，当該当初の契約に定める建設サービスを完了するために必要になった場合において，当該追加の建設サービスを当該当初の契約に定める建設サービスから分離することが技術的又は経済的な理由により困難であり，かつ，機関にとって著しく不都合であることから，当該機関が当該当初の契約に定める建設サービスを提供する契約者と当該追加の建設サービスの契約を締結する必要があるとき。ただし，当該追加の建設サービスのために締結する契約の総価額は，主たる契約の額の50パーセントを超えてはならない。

新GPAは，この条項を廃止して，これに替えて「調達機関は，この協定に基づく義務を回避する目的で，選択権の利用，調達の取消し又は締結された契約の変更を行ってはならない。」（15条7項）という規定を設けている。ここでいう「選択権（options）」は契約者選定手続を含む。とするならば，旧15条1項(f)号が問題にした多額に上る追加工事の限定入札による発注への規制は，契約変更の場合と併せて，その必要性等を勘案して「実質的考慮」の下，許容されることになったといえよう。

なお，次に続く(g)号は公開入札，選択入札の場合，発注機関が「当該当初の建設サービスに係る調達計画の公示において当該新たな建設サービスの契約の締結につき限定入札の手続を用いる可能性があることを公示している場合」は(f)号の制約なしに追加工事を「限定入札」（で同一の契約者に行うこと）を可能としていたが，これも新GPAでは廃止されている。これも同様に，契約変更と併せて「実質的考慮」に委ねたということになる。

現行GPAでは，限定入札を通じた同一業者への追加発注も，契約変更による追加発注も

れるために，当初の契約を協定適用基準額未満で結び，その後の変更で金額を増加させるといった不公正な行為を防止するところにあった[43]。閾値を下回る価格での契約を実現するための恣意的な分割発注の禁止と同趣旨のものといえる。さらに「限定入札（日本でいえば随意契約に該当)」を対象としたものであったことから，日本における実務的対応との比較は限定的ならざるを得ない。現行のWTO-GPA（平成26年国内発効）においてはこの「50%ルール」は存在せず，現在の制度逸脱の一般的禁止の形（15条7項）で定められるに至った[44]。

第9節　補　足

令和6年6月，公共工事品質確保法が改正された。建設業法等の改正に合わせ担い手3法の一角である公共工事品質確保法も同時改正されたのであるが，一点，本章のテーマに密接に関連する重要な改正点がある。それは以下に示す新設された21条である[45]。

> 発注者は，その発注に係る公共工事等に必要な技術，設備又は体制等からみて，その地域において受注者となろうとする者が極めて限られており，当該地域において競争が存在しない状況が継続すると見込まれる公共工事等の契約について，当該技術，設備又は体制等及び受注者となることが見込まれる者が存在することを明示した上で公募を行い，競争が存在しないことを確認したときは，随意契約によることができる。

これは一者応札が続く場合に，しばしば利用される事前確認公募型の随意契約のように映る。例えば，文部科学省が採用している事前確認公募型の随意契

「協定に基づく義務を回避する目的」に反するものが禁止されており，そうであるか否かはケースの積み重ねに委ねている。

43）建設工業新聞平成26年7月29日付記事〈https://www.wise-pds.jp/news/2014/news2014072905.htm〉参照。

44）日本の場合，工事については少額随意契約（250万円未満）の射程は狭く，大型工事をこの額未満に分割発注することは事実上不可能なのでWTO/GPAやEU公共調達指令が問題にするような「閾値」問題は無視できる（物品購入等では問題になるケースが少なくないことは強調されるべきではある）。単純な比較はできない。

45）公共工事品質確保法のその他の改正点については第7章第6節参照。

約は，「一般競争入札又は企画競争において過去2年以上連続で同一者の一者応札（応募）となっており，かつ，その理由が特殊な設備又は特殊な技術等を有する者が一しかないと考えられるものについて，文部科学省物品・役務等契約監視委員会の意見を聴取した上で特殊な設備又は特殊な技術等を有する者が一しかないと認められる場合[46]」に用いられるものであり，上記21条の「当該技術，設備」といった文言は，この方式をモチーフにしていることはほぼ明らかである。21条がそれに続けて「体制」という文言を用いているのは，実際に受注能力等の制約からその地域において既に工事をしている唯一の建設業者以外に，契約相手を見つけるのが困難だというケースを想定しているからなのだろう，これに事前確認公募を行うという手続の実行を要件として，随意契約を締結することを発注者に可能としている。ある工事の発注において不成立となった場合に，当該技術，設備又は体制等の特殊性を認定することで，再度入札を行わずに事前確認公募を経て随意契約に持ち込むことが可能となる。場合によっては当初から事前確認公募を通じた随意契約が可能になるかもしれない。

これが可能となることで発注者が得られるメリットは大きい。まず，落札者が決まらない不調・不落の場合に用いることができる随意契約に際しての，当初に設定された諸条件を変えられないといった制約（予算決算及び会計令99条の2）がなくなる。また，随意契約理由としての緊急性の要件が満たされない場合でもこの方式を用いることができる。時間的余裕がないものの緊急随意契約とまではいえないケースには有効であろう[47]。

論点はいくつかある。

第一に，「必要な技術，設備又は体制等」の認定をどう行うか，である。先程触れた文部科学省の実際のケースでは，「特殊な設備又は特殊な技術等」についての具体的な説明がWebサイト上で公表されている。例えば，「日本食

46）　文部科学省Webサイト〈https://pf.mext.go.jp/gpo3/kanpo/ZjizenInfo.asp〉参照。

47）　確かに緊急性を理由とした随意契約の要件を満たすまで待たなければならない，というのは社会基盤整備の確実な実行という観点から望ましくない。以下の記述では言及しないが，随意契約理由を欠き法的根拠に疑義のある契約変更に依存しなければならない現状への突破口としてこの規定の存在意義があるともいえよう。関連して，日本経済新聞令和6年2月22日朝刊5面記事及び著者のコメント参照。

品標準成分表の改訂に向けた食品成分情報取得強化のための調査」に係る契約（令和5年1月掲載）のケースでは，「日本食品標準成分表の更新・充実に必要な以下の食品分析に関する要件を満たすこと」として，「毎年事業で求める食品数について，指定する分析法による食品毎の成分値の分析が可能な分析技術力，品質保証体制，設備の規模，人員体制を有すること（例年，約100食品，1食品最大150成分値）」「分析する食品については，指定する有識者が産地および季節などを指示する購入指示書に従い選定・購入し，品質を保証した保存環境において食品毎に同一条件で分析処理を行うこと」「栄養学や分析技術の国際的な進展などに従い，当方が指定する先進的な分析方法や知見を導入する体制整備が可能なこと」といった詳細な説明がなされている[48]。公共工事品質確保法の定める「必要な技術，設備又は体制等」について，発注者がどこまで詳細な必要性を説明できるか，特に「体制」について問題となるだろう。「体制」はマネジメントの視点が不可欠であり，ストレートな評価が難しいからである。

「その地域において」という表現も曖昧さが残る。確かに令和6年の公共工事品質確保法改正は地域性（地域における担い手育成・確保）が重視されたものであるが，随意契約が許容される要件としての「地域」は，当然ながらその射程が明確でなければならない。工事の規模や内容によってある地域の業者しか参入の見込みが立たず，当該工事についてはその候補は一者に限定されるというのであれば，地域の画定はそもそも不要である（単に現実的な受注業者の候補が唯一であるといえばよい）。地理的範囲を敢えて限定するという理由があるとすれば，地方業者への政策的考慮ということになるがしかしこれでは随意契約として適切か，という問題が生じる[49]。

事前確認公募型随意契約における事前の手続は既存の受注業者以外の参入を募る手続であり，他の業者の応募がないと判断された場合には，競争性がないとの評価に至り，既存の受注業者との特命随意契約を行う理由として扱うことが正当化される。一方，公共工事品質確保法21条の手続は，「既存の受注業者」という発想に立てるのだろうか。ある工事を施工した業者がその維持管理

48）本章前掲注46）より（引用に当たっては表現の一部を修正した）。
49）公共工事品質確保法には「地域の実情」という文言が複数回使われているが，そういった他の条項における「地域」の言葉遣いとの関係性も詰めて考える必要がある。

も行うことが通常であり，競争入札をしても当該業者しか応札せず一者応札になることが多い。このようなケースでは事前確認公募をしても当該業者が応募することが予想されるので，当該業者をさらに事前に特定して事前確認公募から除外するという手続になるのだろう（事前確認公募に際して特定の業者が応募有資格者として除外されなかった場合，仮に応募者が存在せずこの手続が不成立となった場合に，ある業者への随意契約は可能となるのか，という問題もある）。それならば一者応札という結果になる競争入札で問題ないということになりそうだが，とするならば公共工事品質確保法が念頭に置く事前確認公募の狙いは一体何か，ということになる。総合評価落札方式に係る受発注者双方に生じる諸々のコストなのか，競争入札に要する時間か，あるいは契約金額の柔軟化か。

そして会計法等との位置関係についてである。

会計法29条の3第4項は「契約の性質又は目的が競争を許さない場合，緊急の必要により競争に付することができない場合及び競争に付することが不利と認められる場合においては，政令の定めるところにより，随意契約によるものとする。」と定めているが，この場合，「よるものとする」となっている以上，公共工事品質確保法21条の場面とは異なる。言い換えれば，公共工事品質確保法21条は会計法29条の3第4項が適用される場面以外において随意契約を「許容する」規定としてしか理解できない。[50)]

---

50)　各省各庁でしばしば用いられている事前確認公募型の随意契約は，会計法令上明確な位置付けがなされていない。事前に競争が存在しないことを確認している以上，「契約の性質又は目的が競争を許さない場合」を念頭に置いた対応と理解することも可能である。しかし，公共工事品質確保法におけるそれは随意契約を「許容する」タイプのものであり，その会計法令上の位置付けに悩む。そもそも「地域」要件を置いているので，会計法の枠組みを超えた新たな随意契約理由の創設と考える方が理解がし易い。

なお，しばしば見かける，ある工事の追加工事についてその工事の受注業者と随意契約を行う実務は，「競争に付することが不利と認められる場合」と理解しつつ，「現に契約履行中の工事，製造又は物品の買入れに直接関連する契約を現に履行中の契約者以外の者に履行させることが不利であること」（予算決算及び会計令102条の4第4号イ）には該当するとして，原則として求められる事前の財務大臣との協議の対象外として扱うものであるということになるが，しかし，公共工事品質確保法21条の対象は異なる。

契約変更を行うには「一体性」の説明が苦しく，「現に契約履行中の工事……に直接関連する契約」ともいえず，しかし特定の業者との随意契約が実務上必要なケースが念頭に置か

そこで，会計法29条の3第5項で認められる随意契約との関係が問題になるが，この規定を受けた予算決算及び会計令99条各号には，公共工事品質確保法21条が規定する場面は記載されていない。そこで，公共工事品質確保法21条は予算決算及び会計令99条各号に追加で随意契約が許容される場面を追加したと理解することもできる。予算決算及び会計令102条の4第4号で，財務大臣との協議が不要な随意契約の場面を規定するが，予算決算及び会計令の枠外にある公共工事品質確保法21条はその場面には当たらない。

公共工事品質確保法21条は法律の規定であり，それが会計法の規定に言及しないまま随意契約を許容する場面を描写しているのであるから，会計法で義務付けられる，あるいは認められる随意契約のリストとは別途の存在であると考える方が法的観点からは収まりがよい。しかし，予算決算及び会計令102条の4柱書の「各省各庁の長は，契約担当官等が指名競争に付し又は随意契約によろうとする場合においては，あらかじめ，財務大臣に協議しなければならない。」との規定は，会計法の規定に根拠がある随意契約に限定されている訳ではない。実務的に最も収まりがよいのは，このタイプの随意契約を，財務大臣との協議が不要な「契約の性質若しくは目的が競争を許さない場合」に該当するものと理解することである。公募の手続を通じて競争の欠如が証明できたとして，随意契約を正当化するロジックだ。応募者がゼロだという事実を「競争を許さない」と評するのである。そのような事実が「契約の性質若しくは目的」に由来するものなのか，という疑問は残る。これまでの事前確認公募型あるいは企画競争型の随意契約も同種のロジック（企画競争の場合は，そもそも価格競争を許さないという評価ではなく，当該提案が出せる応募者は他にいないが故にその競争不可能性を説明するようだ）でもあるようなので，すでに実績があるということなのかもしれないが，解釈論としての違和感は残る。

れた，また不調・不落時の随意契約における予定価格等への制約を回避したいといった発注者側の事情を汲んだ，新たな手続の創出という理解が法的説明としては妥当だろう。

第10節　結　語

契約変更をめぐっては欧州の2014年（平成26年）の指令について言及したが，米国も同様の問題で議論されている。米国連邦政府の調達に関し，（日本でいう会計法令と約款規制の両方を兼ねている性格を有する）連邦調達規則（Federal Acquisition Regulation: FAR）では，契約変更に関しては日本でいう約款規制に近い規定ぶりになっているが，会計検査院（Government Accountability Office: GAO）や合衆国連邦請求裁判所（United States Court of Federal Claims）におけるケースの積み重ね[51]によって契約における競争法（The Competition in Contracting Act of 1984: CICA）による競争性確保の要請に係る一定のガイダンスが出来上がっている。

日本では，会計検査院が事後的モニタリングの形で，（おそらく遡求的競争性確保の要請と思われる観点から）不当な契約変更の事案を指摘し適正化が図られてきたところであるが，会計法令上の手当ては未だ存在しないままになっている[52]。日本では利害関係者によるケースの積み重ねは皆無である。これは手続上の問題なのか，透明性の問題なのか，今後深く考察する必要はあろうが，会計法上の手当もない状態ではそもそも紛争になるきっかけすらないともいえる[53]。米国法その他の比較法的材料を十分に扱う余裕がなく，また，考察それ自体もやや表層的なものに止まったという点は，今後の課題としつつも，本格的な議論のための多少のきっかけ，あるいは材料の提供はできたと考えている[54]。

51）　軍の装備品のケースではあるが，例えば，米国会計検査院に対してなされた，Zodiac of North America, Inc. による Atlantic Diving Supply, Inc.（ADS）の契約変更に関わる不服申し立てのケース（B-414260, Mar 28, 2017）等参照。

52）　同種の問題が最近でも生じている。日本経済新聞令和6年2月22日5面（「工事の増額「3割ルール」形骸化：国発注の18％で逸脱：費用の膨張招く恐れ」）参照。

53）　令和6年4月24日，衆議院国土交通委員会において国土交通大臣は契約変更に際して第三者の意見を聴取することで手続的公正さを担保する方針であることを表明した。第213回国会衆議院国土交通委員会（令和6年4月24日）国土交通大臣発言。

54）　Omer Dekel は Public Contract Law Journal 掲載の論文で「規制に関わる提案（A Regulatory Proposal）」として以下の13項目を示した（Omer Dekel, *Modification of a Govern-*

なお「補足」として第9節で触れた令和6年の公共工事品質確保法改正は，この章の前半の記述のそれについて，大きな意味を持つかもしれない。これまで随意契約の使い勝手の悪さ故に契約変更という「法律に書かれていない」手続を用いざるを得なかった対応が変わるかもしれないからである。これについては国土交通省等の今後の実務の積み重ねを待つこととしたい。

---

ment Contract Awarded Following a Competitive Procedure. 38-2 PUB. CONT. L. J. 401, 461-425 (2009))。今後日本でも本格的な公共契約における契約変更が議論されるときの重要な視点ばかりである。

1. A Modification Permitted by the Prime Contract as Opposed to a Change That Departs from the Prime Contract（主契約から逸脱する変更ではなく，主契約によって許可される変更）
2. Foreseeability of the Need for Changes by Agency Officials and Bidders（発注側担当者と応札者によって予想される変更の必要性）
3. Impact of a Change on Fair Competition and Equal Opportunity（公正な競争と平等な機会への変更による影響）
4. A Change Made Close to the Time of Contracting versus a Later Change（契約直後の変更と後になっての変更）
5. Language of the Contract and Solicitation Documents（契約・公告文書における文言）
6. The Scope of the Requested Change（要請された変更の射程）
7. The Relationship Between the Prime Contract and the Requested Change（当初契約と要請された変更の間の関係）
8. Subordination of the Requested Change to the Duty to Solicit Bids If It Were to Stand Alone
9. A "Must Have" あるいは "Nice to Have" 修正
10. Efficiency of the Modification（修正の効率性）
11. Existence of a Reasonable Alternative to the Existing Contractor（既存の契約者に変わる合理的な契約者の存在）
12. The Type of Contract（契約の種類）
13. The Motive Behind the Modification（修正の背景にある動機）

第３部

受発注者のコンプライアンス

第10章
公共調達の発注者とコンプライアンス

第1節　はじめに

コンプライアンスが「法令遵守」と訳されることから，コンプライアンスのテキストでは諸法令の解説（してはならないこと，した際に科される制裁），内部通報や公益通報の手続の紹介に終始しているものが多い。独占禁止法を念頭に置いたものでは，いわゆるリーニエンシー（課徴金減免）制度とその利用について解説するのが必須となっている。良心的なテキストには，ケースを丹念に考察し，組織が陥り易い（誤り易い）ポイントを提示してくれるものや，法務部やコンプライアンス部のあり方や対応の仕方について示唆してくれるものもある。

拙著『公共調達と競争政策の法的構造』[1]でも指摘したように，公共調達分野，とりわけ公共工事分野においては法令の要請とは乖離した状態で非競争的な契約者選定がなされてきた[2]。入札談合が蔓延してきたといわれるが，昭和期においては警察，検察は刑法の談合罪の適用には消極的で，公正取引委員会も独占禁止法違反で入札談合を摘発することは最近に比べればあまりに少なかった。それは入札談合が，卑近な言い方をすれば「必要悪」と考えられてきたからに他ならない[3]。

1）楠茂樹『公共調達と競争政策の法的構造〔第2版〕』（上智大学出版，2017）。

2）同前第1部第2章。

3）「改革派」を自称する一部首長によってこの言い回しが抹殺されてしまった感がある。公共事業費の低下も相まって出血競争が激化し落札率は下がったが，失ったもの，失いかけたものも大きかったはずである。しかし，これらは表面には出にくい性質のものであるが故に

公共調達分野のコンプライアンスといったとき，この「必要悪」の意識からの脱却が出発点となる訳だが，「必要」であったということは公共調達の目標追求（公共工事であれば社会基盤整備の実現）のために何らかの機能があったということを意味するはずである。コンプライアンスの実践のためには，単に法令を勉強し，違反時のリスクを知るだけでは足りず，そういった法令違反が生じる背景事情について知り，それを克服する術を知らなければならない。公共調達分野ではそのための考察の入口がこの「必要悪」にいう必要性の理解にあるといえる。

独占禁止法を念頭に置いたコンプライアンスのテキストブック，入札談合に特化したものを含めて念頭に置いたものも含め多数ある[4]。法令の詳細な解説についてはそちらに譲るとして，ここでは公共調達分野に特有な法令違反の背景事情の考察に重きを置き，コンプライアンス上克服しなければならない点と克服の仕方（その難しさ）について指摘することを課題とする。

第2節　準備作業：「コンプライアンス」という用語について

「法令遵守」と訳されるコンプライアンスという言葉がわが国で用いられるようになったのは，おそらくはココム協定[5]違反が問題になった1980年代のことではないかと思われる。日本経済新聞の電子版で検索をかけるとココム問題

世間一般には認知されず，「無駄遣い排除」の世論の高まりに飲み込まれてしまった感がある。「必要悪」という言葉からも分る通り，やり取りそれ自体が暗黙の了解の中でなされてきたものである。そうであるが故に，一方的な攻撃の前に沈黙せざるを得ない状況が続いているようだ。法令の要請に反して非競争的なやり方を続けてきたこともあって（法令違反として摘発されてしまえば一切の反論が許されない），常に守勢（それも劣勢）に立たされているのが実情である。

4）　公正取引委員会作成の研修用テキストもある。公正取引委員会事務総局「入札談合の防止に向けて～独占禁止法と入札談合等関与行為防止法～」（令和6年10月）〈https://www.jftc.go.jp/dk/kansei/text_files/honbunr6.10.pdf〉。

5）　ココム（COCOM）とは「対共産圏輸出統制委員会」と訳される“Coordinating Committee for Multilateral Export Controls”の略であり，そこで東側諸国への軍事技術・戦略物資の輸出規制にかかわる協定が結ばれた。ソビエト連邦崩壊後の1994年に同委員会は解散している。

以前に登場するコンプライアンスは，「しなやかさ」を意味する工学系の用語として専ら用いられていることが判る。米国の連邦量刑ガイドライン（U.S. Federal Sentencing Guidelines[6]）における組織体ガイドライン（The Federal Sentencing Guidelines for Organizations）で，法人処罰の量刑にコンプライアンスの要素が考慮されるようになったのはもう四半世紀以上前のことである[7]。日本では，ゼネコン汚職事件の一連の摘発があったこともあってか，90年代に入り徐々に頻繁に用いられるようになり，企業不祥事が頻発化するようになった（「表面化するようになった」といった方が正確だろう）今世紀に入って「コンプライアンス」の用語を見ない日がないといっても過言ではない状況となった。今では，書店に行けばコンプライアンス関連の本の多さに驚かされる。

コンプライアンスという用語の定義には諸説あろう[8]が，ここでは法令遵守のみならず法令違反の背景的要因の解明と適切な対応，法令違反とまではいえないものの法的要請（法令の趣旨への対応）に十分対応できていないことの反省と改善，さらには現行法令（それを受けた内部規則等も含む）それ自体に問題がある場合の（関係者共同による）ルール変更まで含めて「コンプライアンス（活動）」と捉えることとする。法令を守るか守らないかだけをコンプライアンスの射程としてしまえば，コンプライアンスは実務的には単なる「服務規程」となり，議論としては（それ自体重要なテーマであるが）「利益と不利益のインセンティブ問題」となってしまいかねない。しかし，少なくとも公共調達のような，問題の本質が法令遵守の有無ではなく違反とされる行為の背景的要因に存在する分野においては，コンプライアンス概念の射程は広く捉えておいた方が建設的である。法令遵守という（遵守か違反かという）二者択一的な用語は，遵守がよくて違反が悪いというそれ自体は否定できない議論の単純化を生み，クロと色分けされた側（入札談合でいえば受注者，官製談合でいえば発注者）を批判することに終始するようになり，そのような傾向は遵守していればそれで

6）連邦量刑委員会ウェッブ・サイト〈http://www.ussg.gov/Guidelines/indev.cfm〉参照。

7）川濱昇「独禁法遵守プログラムの法的位置づけ」龍田節ほか編『商法・経済法の諸問題（川又良也先生還暦記念）』（商事法務研究会，1994）578頁以下。

8）コンプライアンスを法令遵守と訳すことの弊害を指摘したものとして，郷原信郎『法令遵守が日本をだめにする』（新潮新書，2007）。

よい（批判されない）という「思考停止」状況の醸成につながる[9]。このような思考停止は本来あるべき解決策を見えなくさせる弊害を生み出す。著者がコンプライアンスの射程を柔軟に捉える理由はそこにある[10]。

第3節　（官製）談合を支えるもの

I　独占禁止法と刑法

入札談合はいうまでもなく独占禁止法違反であり，刑法の談合罪にも当たる。独占禁止法3条は「事業者は，私的独占又は不当な取引制限をしてはならない。」と規定し，それを受けた2条6項は「この法律において『不当な取引制限』とは，事業者が，契約，協定その他何らの名義をもつてするかを問わず，他の事業者と共同して対価を決定し，維持し，若しくは引き上げ，又は数量，技術，製品，設備若しくは取引の相手方を制限する等相互にその事業活動を拘束し，又は遂行することにより，公共の利益に反して，一定の取引分野における競争を実質的に制限することをいう。」と規定する。その要件の解説は任意のテキストブックに委ねる[11]が，2者以上の事業者が意思を連絡して（「共同して」），相互に一定の作為，不作為を義務付ける約束，合意を行い（「相互に拘束し」），何らかの市場において（「一定の取引分野における」），競争を減殺し（「競争を実質的に制限する」），それが正当化できない（「公共の利益に反して」）もの

---

9)　郷原信郎『思考停止社会』（講談社，2008）は，「法令遵守」のシュプレヒコールの前にわが国全体が思考停止状態に陥ってしまったことを鋭く指摘する。

10)　コンプライアンス（compliance）という用語が「対応する」という意味（「法令に対応する」から「法令遵守」となる）を有するのであれば，法的意味でのコンプライアンスは「法的環境の変化に対応する」「法運用を適切に行う」といった意味が込められてもよいのではないか。入札談合問題はわが国の公共調達の法運用あり方全般の問題に通じるものであり，コンプライアンスの射程を狭めることで問われるべき問題を見えなくさせてしまうのは適切ではない。

もちろん，コンプライアンスという用語を法令遵守と同義に捉え，それ以外の問題の重要性を問いても実質同じことのように見える。しかし，言葉の用い方，用いられ方が思考停止を生むのであれば，コンプライアンスという言葉遣いそれ自体に拘る理由は，あるだろう。

11)　ここではコンメンタールである，根岸哲編『注釈独占禁止法』（有斐閣，2009）を挙げておく。

であれば，それは独占禁止法が禁止する不当な取引制限に該当することになる。入札談合がそれら要件を満たすことは直感的に理解できるだろう。ただ，実務家（特にキャリアの長い実務家）からは，入札談合はそもそも「公共の利益」に反しない[12]，あるいは形式的，アリバイ的な競争入札の下実質的に競争は存在しないのであるから競争減殺が概念できない[13]，といった反応がありそうである。

刑法の談合罪を規定する96条の6第2項は「公正な価格を害し又は不正な利益を得る目的で，談合した者も，前項と同様とする。」としている。その「前項」である競売入札妨害罪を規定する同条第1項は「偽計又は威力を用いて，公の競売又は入札で契約を締結するためのものの公正を害すべき行為をした者は，3年以下の懲役若しくは250万円以下の罰金に処し，又はこれを併科する。」としている。談合罪についても任意のテキストブック[14]に解説を委ねるが，「公正な価格」が「競争的な価格」を意味し，「不正な利益」が「競争的な価格と談合による価格との差」を意味するだろうことは直感的に分るだろう（それは入札談合，即犯罪という思考回路ができているからである。逆にいえばそのような思考回路がない場合そのような直感は抱かないだろう）。

入札談合については，先ずこの刑法における談合罪から始めた方が論じ易い。何故ならば，入札談合それ自体では犯罪が成立しないとした，現在からすれば信じ難い内容の判決（一般的に「大津判決[15]」と呼ばれる）がかつて存在したからである。今述べた談合罪の「直感」とは異なる理解がなされているからである。

Ⅱ　大津判決

草津市が発注する水道工事の指名競争入札における入札談合事件において，

12）かつては，公共工事について独占禁止法の適用除外規定を儲けるべきではないか，という議論すら存在した。松下満雄「公共工事における入札と独占禁止法の適用」建設総合研究31巻2号（1982）1頁以下。

13）郵便区分機入札談合事件における事業者側からの反論がそうであった（が裁判所には受け入れられなかった）。東京高判平成20年12月19日審決集55巻974頁。

14）大塚仁＝河上和雄＝中山善房＝古田佑紀編『大コンメンタール刑法〔第3版〕：第6巻〔73条～107条〕』（2015）の該当箇所参照。

15）大津地判昭和43年8月27日下刑集10巻8号866頁。以下，個別の引用については該当頁の参照省略。

談合罪に問われた被告人に対し大津地方裁判所は無罪を言い渡した。その理由は入札談合が存在しなかったからというものではなく，存在した入札談合が談合罪の構成要件である「公正なる価格を害する目的」を伴っていなかったからというものであった。

談合罪の構成要件である「公正なる価格を害する目的」について判決は以下のように述べ，応札業者間での最も低廉な実費に通常の利益を上乗せした価格を以て入札談合の取り決め価格とする以上は，公正さは害されないという理解を示し，その限りにおいては，談合罪は成立しないと論じている。

……同条にいわゆる「公正なる価格を害する目的」とは，当該工事につき他の指名業者に比し最も有利な個人的特殊事情…を有する業者が，そのような事情を利して算出した最も低廉な実費に通常の利潤を加算した入札価格，しかもそれ故各指名業者がそれぞれの事情から合理的に実費を削減し合う（利潤を削減し合うのではない）競争入札即ちいわゆる「公正な自由競争」において当然落札価格となる筈であつた価格即ちいわゆる「公正なる価格」を，不当な利益を得るためにさらに引き上げるなど入札施行者たる公の機関にとつてより不利益に変更しようとする意図をいうものと解すべく，このような意図をもつてする談合だけが同条に該るのであり，利潤を無視したいわゆる叩き合いの入札の場合に到達すべかりし落札価格（出血価格）を，通常の利潤の加算された価格にまで引き上げようとの意図をもつてする協定は，公の機関において当然受忍すべきものであり，敢て刑法の干渉すべからざるものというべく，同条には該らないと解するのが正当である。

判決は，談合金の授受がないような談合は犯罪にはならないと論じるのであるが，赤字受注であっても受注したい業者はいるはずだし，競い合いについていけない業者は退出し結果的に適正な状況に至るというのが競争原理の説くところであるが，何故に判決はこのような競争原理に否定的な態度をとったのか。

……建設業界においては上水道その他の全受注量の大半を国又は地方公共団体など公の機関の発注に負っており，しかも公の機関との間の工事請負取引は，著しく小規模な工事でない限り，ほとんどいわゆる指名競争入札の手段がとられているので，業者はこれに集中し，もし指名業者らにおいて事前に何らの協定もすることなく入札に臨むときは，いきおい過当競争に陥り，単に個人的に有利な諸事情を利して他より実費を合理的に切りつめるにとどまらず，利潤を削減，無視してまで落札しようとし（業界にいわゆる叩き合いの競争入札），いわゆる出血価格で受注することとなつて，これを続けるときは或は手を抜いて粗悪な工事を為し，或は工事途中で倒産するなどの結果を招くのは必然であり，現実にも以前より右の如き粗悪工事或は倒産といつた事例が後を絶たなかつたことから，これを避け，一方では通常得られるべき利潤を確保して業者を譲り，他方では完全な工事を行つて施主たる公の機関の満足を期することを目的として，指名を受けた業者が入札前に話し合い，その内より落札予定者を定め，右落札予定者は実費に通常の利潤を加算した見積り額で入札し，他の者はこれより高額で入札する旨協定するいわゆる談合が行われるようになり現在に至っているものであることが認められる。

つまり叩き合いによる粗悪工事の回避のための一定金額以上の受注，これが入札談合の狙いであることが認定されているのである。判決は，刑法上の扱いについて次のような見解を提示する。

……公の入札というもそれは要するに公の機関が契約（本件では請負）の相手方を選び出す手段に外ならないのであるから，必ずしもそれ自体刑法上絶対的に保護されなければならない理由はなく，その目的を達成するに必要な限度で保護を加えれば足りる筈である。

そして公の機関が入札を手段として期する目的は，結局のところ最も妥当な請負契約即ち最も完全な工事を遂行するであろう当該工事につき最も有利な個人的事情を有する業者を選択し，その者との間に最も低廉な実費に通常の利潤を加算した価格で請負契約を締結することにつきる筈であり，それ以上に進んで業者に利潤を無視した出血サービスを強要する理由は何もない筈である。また，右の理は随意契約の手段がとられる場合でも同様であり，たゞ右目的の達成が随意契約に至る折衝の過程に全面的に委ねられる点が異なるだけで右目的自体に何ら変わりはなく，もともと入札，ことに通常行われている本件の如き指名競争入札は，本体随意契約において右目的達成のために為されるべき個々の業者との個別的な折衝を集団的に一回で済まそうとする技術的な手段に外ならないのであるから，入札によつたからといつて，随意契約による場合に比し，業者の損失において公の機関がより多くの利得を得るべき理由もまたない筈である。結局のところ，公の機関が入札を手段として得べき利益は，業者が合理的な根拠により実費を（利潤をではなく）削減し得る限度にとどまるべきものといわねばならない。

判決は競争入札の目的はその手段以上に重要で，競争入札が機能不全に陥っている場合はその手続に反することが正当化され，それは刑法上非難されるべきものではないと論じる。すなわち，「……入札の目的が最も妥当な請負契約にある以上，当該工事に最も有利な事情を有する業者を選出するものである限りにおいて，談合は何ら実質的に競争入札の実を失わせ，入札目的を害するものではなく，かえつて入札制度の有する前記の如き非合理性を入札目的達成のために匡性するものというべく，また，業者の損失において利得を得ることが入札目的であり得ない以上，右談合において，最も低廉な右落札予定者の実費に通常の利潤だけ加えたものを最低入札価格とする旨協定することも許されて然るべきものといわざるを得ない。」のである。

大津判決は現在の実務を反映するものではないし，そういった考えが学説上支持されてもいない[16]。

大津判決が示した重要なポイントは，何よりも，法令と実態とが乖離している状況が通常化していて，その乖離状態を埋め合わせるために反競争的行為がまかり通っており，そのこと自体は「やむを得ない」事態であると考えられていた，ということに他ならない。入札談合が「必要悪」といわれてきたことの少なくとも一部は，この判決が物語っている。

競争的手段が選択されているのは発注者が競争の利点を得るためにそうしているのにも拘らず，そのような競争的手段では受注者に期待される競争の範囲を超え，発注者が望む結果にも繋がらないと非競争的手段を正当化するその理屈は，発注者の発注手続の不備を前提にするものに他ならない。社会基盤整備の失敗を招く破滅的競争を回避させる責務は発注者にあるのであって，業者がその判断で発注者側の手続を無視してよいという理屈は「歪み」以外のなにものでもない。そう考えると（法的理屈は別にして）大津判決の公共工事をめぐる状況描写が正しいとするならば，談合の多くは（発注者の黙認まで含めるならば）多分に官製談合の色彩が濃いものであるということがいえそうである。

16）そもそもそれ以前の判例と乖離していたものですらある。この点については，大塚＝河上＝中山＝古田・前掲註14）255頁以下参照。

Ⅲ　官民間の協力構造の一事象としての入札談合

川島武宜，渡辺洋三の共著『土建請負契約論[17]』が，我が国の公共工事契約における受発注者間の関係の封建的特徴（そして片務性）を描写したのは昭和25年のことだった。三四半世紀が経過した現在においてはさすがに「封建的」とまでいわれる関係は解消したといえるが，今でも受発注者間の片務的関係（一方的関係）を指摘する声は少なくない[18]。

ただ，一連の公共調達改革の前後を考察する上では，片務的なもの，一方的なものよりも，契約の表面には現れない官民間の「双方向的な」共存（相互依存）関係を指摘するほうがより本質的であるといえる。指名競争入札や地域要件の設定等，何度となく反競争的であると批判されてきた諸制度とその運用の意味を解き明かす鍵は，この双方向的な関係の解明にあるといえる。ではそれはどういうことか。

建設マネジメント分野の専門家である渡邊法美は，「安心システム」と呼ぶ官民間の協力メカニズムを提示し，指名競争入札が果たしてきた役割を説いている[19]。渡邊に拠れば，「公共発注者と元請業者は指名と談合によって，元請業者と専門工事業者は互いに協力関係を結ぶことによってコミットメント関係を形成し」，「これによって社会的不確実性は事実上ゼロとなり，各主体に安心が提供され」，「これらの特徴によって，発注者と国民は大量かつ迅速な社会基盤施設整備を享受し，企業は売上高を確保し，労働者は安定的雇用を図ることが可能となる」といった「安心システム」が築かれてきた[20]。この説明は高度経済成長期以降の公共契約に妥当するものとして描かれている[21]。

17）　川島武宜＝渡辺洋三『土建請負契約論』（日本評論社，1950）。

18）「片務」というのは語弊があろう。川島＝渡辺の描写は「仕事＝命令」「報酬＝褒美」という比喩が可能な状況を対象としており，現在でも「命令，褒美」と言い換えられる関係であるとは言い難い。むしろ独占禁止法でいう優越的地位濫用ともいえるような受発注者間のやり取りが蔓延している「一方的状況」を「片務」という言葉で表現しようとしているのであろう。

19）　渡邊法美「リスクマネジメントの視点から見た我が国の公共工事入札・契約方式の特性分析と改革に関する一考察」土木学会論文集（F）62巻4号（2006）684頁以下。

20）　同前686頁。

21）　同前690頁。

その特徴のひとつが，「官の無謬性」である。渡邊は次のとおり述べている。[22]

> わが国の多くの行政組織には，膨大な量の公共工事の「完璧な」執行，すなわち，過不足のない予算執行，一低水準以上の工事品質の確保，工事の年度内完工，会計検査への「無難な」対応といった「無謬性」の要請を実現することが求められてきた。

財政法学者の碓井光明は次のとおり指摘する。[23]

> 日本において行政に対する期待，逆に言えば，行政が自己に課している行政責任には，よく引き合いに出されるアメリカとは異なるものがある。それは，およそ工事が投げ出されるとか極端な疎漏工事などは絶対にあってはならないという考え方である。事後的な損害賠償の議論などは，行政責任を重視する立場からすれば，ほとんど意味の無いことなのである。工事の完成についての完璧主義と言ってよい。

公共工事における発注者の一番の関心事は，当然の話であるが，確実な社会基盤整備の実現であり，個々の工事でいうならば，確実な工事の完成である。そこで信頼できると事前に分かっている業者に任せたいと発注者は考えるだろう。事前に分かっているならばそれらの業者を指名すればリスクは少なくなる。一方，一般競争入札の場合は入札参加資格等の組み方を失敗すればリスクは高まる。指名競争入札が発注者に好まれた最大の理由はここにある（一般競争入札が採用される場合であっても，入札参加資格等の絞り込みで指名競争入札と同様の状況を作ることができるならば，一般競争入札か指名競争入札かという区分それ自体があまり意味のあるものではなくなる[24]）。

22）同前。

23）碓井光明「日本の入札制度について」公正取引521号（1994）24頁。なお，引用文中「疎濡工事」とある部分を文意から「疎漏工事」と改めた。

24）一般競争入札が採用されなかった理由として「安かろう悪かろうの回避」を挙げる声は少なくなかった。もちろん，一般競争入札でも同様の効果を挙げることは仕組み上可能である。実際，一般競争入札移行後（請負工事や納入される物品の）品質が顕著に低下したという話はほとんど聞いたことがない（神田秀樹＝大前孝太郎＝高野寿也「国の契約における権限・職務分担のあり方：『交渉』と『分割発注』を例として」フィナンシャル・レビュー通巻104号〔2011〕11頁）との指摘はその限りにおいて正しい。ただ，そういった話の中でもちろん競争者の絞りこみ，言い換えれば「囲い込み」をすれば価格は高止まりになる。入札談合のリスクも当然高まる。しかし，予算制約はあるものの，獲得した予算は計画されたものであるから，工事完成のために全て使い切っても計画通りということになる。過不足のない予算執行は，行政機関としてはむしろ好まれていた。これが，指名競争入札が許容されてきたひとつの理由である。[25)]

第4節　脱談合後の不正の展開

I　独占禁止法強化のもうひとつの効果

このような反競争的で不透明（関係者においては透明だったのであろうが）な官製市場は，度重なる不正に対する反省から，多くの改革を迫られてきた。反競争的な運用は競争的なものに改められ，不透明なものは透明なものへと改められた。発注実務に携わる者は，その急変ぶりに驚いたことだろう。

一般的傾向としていうならば，多くの場面において過去の談合構造は崩壊したといえる。しかし，一部（それはとりわけ地方であろう）においては強固な談合構造が未だ残存しているだろうということは，頻繁に報道される地方における談合事件の記事等からも指摘できる。公共事業費がこれほど削減されながらも業者数が十分に減少しない状況下では，談合構造をさらに強固なものとして場を凌ごうとするのは自然なことであり，とりわけ業者間の関係が密接な地方であればあるほどそうであるということになる。厳格な地域要件の設定がこの強固な談合構造の維持に少なからぬ影響を与えているということは想像に難くない。

談合構造が崩壊した多くの場面において，これまでになかった新たな問題に発注者は直面することになる。課徴金制度の四半世紀ぶりの見直しとなった平成17年独占禁止法改正の直後に大手ゼネコン各社が出したいわゆる「談合決別宣言」は，重要なヒントを提供する。[26)]

扱われている競争像は単純化される傾向が強い，という点は忘れてはならない。

25）もちろん現在においてである訳ではない。

26）（社）日本土木工業協会「透明性ある入札・契約制度に向けて――改革姿勢と提言」（平

透明性や公正性，自由な競争への要請に対応し，政治や行政の側においては，「公共工事の入札及び契約の適正化の促進に関する法律」の施行，総合評価方式の導入・拡大など，公共調達制度の改善に積極的に取り組み，公共工事における競争の枠組みが整備されてきた。しかしながら，会計法などの関係法令は物品も含めた公共調達のすべてを包含したもので，価格のみによる一般競争入札を原則としている。このため，公共工事の特性を十分に反映していないことから，技術力を活かして品質確保を図る入札・契約システムを導入すべきとの声が高まり，「公共工事の品質確保の促進に関する法律（品確法）」が党派を超えた議員立法により成立した。これにより，公共工事に係る調達において技術力が直接的に反映できる新たな時代を迎えた。このような画期的な枠組みが整備される中で，建設業が自らへの不信感を払拭し魅力ある産業として再生するため，談合はもとより様々な非公式な協力など旧来のしきたりから訣別し，新しいビジネスモデルを構築することを決意した。

著者は「談合決別宣言」という呼称に違和感を覚えるし，ミスリーディングでさえあると考えている。この宣言の中では談合は「旧来のしきたり」の一部として位置付けられており，問われるべきは「旧来のしきたり」の全体像であるのにも拘らず，「談合決別宣言」といってしまえば単なる違反の吐露と反省としてしか見られないからである。「旧来のしきたりとの決別宣言」と呼んだほうが適切だろう。

この決別宣言をストレートに受け止めるならば，次のような示唆を読み取ることができる。

第一に，今後公共工事分野においては激しい競い合いと淘汰が不可避であること。

第二に，競い合いに勝ち残るのは高い技術と豊かな経験を有する業者であること。

第三に，受発注者間のさまざまな協力行為は今後期待できないということ。

簡単にいえば，公共調達は「競争と契約に基づいた透明な手続」に拠って進められ，過去のような護送船団的な「もたれ合い」は今後通用しなくなるという業界にとって厳しい予言といえると同時に，発注者にとっても少なからぬコンプライアンス上のリスク要因が増えることを示唆するものであった。

成18年4月27日)。

Ⅱ　紛争リスクの増大

コンプライアンスへの影響を一言でいうならば，これまでのような「無謬」の体裁を取り続けることが困難になった，ということである。上記で見た「貸し借り」の構造は，受注者側の不満を表面化させないために効果的だった。地域要件の設定やその他の手法によって貸し借りの構造を維持しているところは，公共事業費が右肩下がりの状況下でもある程度は業者の不満を吸収する機能が発揮されるだろうし，ある程度は無謬の体裁を維持できるであろう。しかし，競争と契約に基づいた透明な手続を徹底するならば，業者の不満は表面化するだろうし，官の無謬性を維持することは困難になるだろう。

競争性が高まるということは次のような傾向を生み出すことを意味する。

第一に，競争性が高まることで個々の契約における利益は圧縮される。

第二に，競争性を高めるということは不確実性が低下し，将来の受注見込みができなくなる。

第三に，将来の受注見込みができなくなれば業者は，受注した契約の中でできる限りの利益獲得を目指すことになる。

第四に，受注者側に不利益となる契約変更には応じなくなるし，追加工事については「予定価格，あるいはそれに近い価格での随意契約」にしか応じなくなる。[27)]

そして第五に，発注者側のミスに対しては，受注者，受注希望者はよりシビアに対応することになる。

こうした状況下で契約管理はこれまでにはなかった課題を抱えることになる。

例えば，予算制約が厳しい場合の発注（追加発注も含む)，契約変更についていわゆる「請け負け（うけまけ)」が期待できず，場合によっては不調，不落案件が出たり，調達実務に支障を来たしたりすることになるかもしれない。また，契約上曖昧にされていた部分について受発注者間の協議が不調に終わり，紛争が表面化するかもしれない。更には，最低制限価格等の条件設定に不備があり本来であれば落札できる業者が落札できず，あるいは入札のやり直しとなった場合，受注できたはずの業者（最初の入札で受注した業者）から逸失利益の

27）予定価格それ自体を低く設定するのであれば，単に「応じなくなる」ということになる。

賠償請求を受けるかもしれない。いずれも「貸し借り」のサークルが存在し，当該業がその中に入っていれば生じなかったことばかりである。

行政は民間以上に紛争を嫌う。紛争が生じるということは「計画通り行かなかった」ことを意味するからであり，「計画にはないコスト」が発生することを意味するからである。不確定要因の多い競争市場と契約の自由とを相手にしているにも拘らず，計画性に囚われているという自己矛盾が，無謬の体裁を維持するための「貸し借り」構造を安定化させてきたといえるが，そのようなことはもはや通用しない時代に突入したということを上記決別宣言は示唆しているのである。

Ⅲ　「改革後」のコンプライアンス

競争性を高めるための一連の公共調達改革に踏み切った発注者は多いが，そのことがコンプライアンス上のリスクを高めるものであることを予測していた発注者は多くはなかったことだろう。

例として，随意契約から（一般）競争入札への切り替えの場面を考えよう。周知のように，随意契約，とりわけ競争性のないそれは不正や癒着の温床として批判され，多くの発注者は随意契約を極めて例外的なものとして扱うようになり，競争入札の徹底を図るようになった。同様の観点から，同じ競争入札でも指名競争ではなく一般競争の徹底が図られるようになった。発注者からすれば，望んでそうしたのではなくそうせざるを得ないような状況に追い込まれたといったほうが正確であろう。

この競争入札への切り替えは，次の二つの意味においてコンプライアンス上のリスクを高めることとなった。

第一に，非競争的な随意契約ではなく競争的な契約者選定を発注者が求めている以上，事業者による競争減殺の余地が存在することとなり，それは独占禁止法違反等のリスクを生じさせることになる。発注者が競争制限的に競争入札を運用するのであれば，業者側だけのコンプライアンス問題に止まらず，発注者側の関与行為として問題が生じることになる。

第二に，競争入札という手法を選択した以上，その公正さが保護されなければならないことになり，発注者が特定の業者を受注させる意向の下アリバイ的に競争入札を用いるのであれば，正当化できる特命随意契約と同じ結果に至ったとしても，発注者側の入札妨害行為として問題が生じることになる。

1　独占禁止法上の問題

第一の点が問題になったケースの例は，郵便区分機談合事件（審決取消訴訟差戻審）高裁判決である[28]。もともと郵便区分機（郵便番号読取機）の発注を「右回り」「左回り」ごとに2業者に随意契約で振り分けていたところ，随意契約に対する批判を受けて指名競争入札に，後に一般競争入札へと切り替えていたが，相変わらず2業者は「右回り」「左回り」ごとに受注していたという事実が，独占禁止法違反である不当な取引制限（3条後段）に当たるとして公正取引委員会に摘発されたものである。受注2業者からすれば，もともと随意契約で落札していたタイプの郵便区分機を競争入札に切り替えた後も受注するものであると考えていたのであるが，その背景として，特定のタイプの機械の受注に際し，郵政省の調達事務担当官等が特定の業者に公告前に調達情報の提示を行い，それがシグナルとなり業者間で応札の棲み分けを行っていたという「官製談合」的色彩が否定できないという事案でもあった。

2業者は「何も申し合わせしていない」と反論したが[29]，東京高裁は，以下のような事情から，業者間で少なくとも黙示的な意思の連絡があったと判示し独占禁止法違反を認定している[30]。

1)　製品開発に要する時間が長く参入障壁が高いこと。
2)　旧郵政省担当官により事前の情報提供がタイプ別に一方の業者のみになされていたこと。
3)　情報の提示を受けなかった者は入札を辞退するという行為が指名競争のときからなされてきたこと。

---

28)　東京高判平成20年12月19日審決集55巻974頁。

29)　独占禁止法の違反要件でいえば，「共同して」（2条6項）の充足性が問題とされた。

30)　一部省略している。以下の事情から，「『郵政省の調達事務担当官等から情報の提示のあった者のみが当該物件の入札に参加し，情報の提示のなかった者は当該物件の入札に参加しないことにより，郵政省の調達事務担当官等から情報の提示のあった者が受注できるようにする。』旨の少なくとも黙示的な意思の連絡があったことは優に認められる」と判示された。

4)　各事業者は自らの区分機類が配備されていない郵政局管内においては，原則として営業活動を行っていなかったこと。

5)　旧郵政省内の勉強会において，当該業者から郵便区分機のような特殊機器が一般競争入札になじむのか非常に疑問があるとの発言がなされたこと。

6)　業者側幹部職員から，郵政省側に対して情報の提示を継続するよう要請があったこと。

7)　落札率はすべての物件について99.9％を超えていたこと。

8)　新規業者参入後は，落札率が顕著に低下したこと。

入札談合の黙示の意思の連絡は，入札の仕組みや契約過程における発注者側の関与の影響の下でなされることが少なくない。業者側からすれば，競争に積極的でない理由を官側の事情（場合によっては官側の要請）に見出そうとするだろうが，官側の関与は意思の連絡の存在の立証を容易にすることはあっても困難にすることはない[31)]。

また当該2業者からは，「郵政省から郵政省内示を受けていなかった原告」である業者は，「入札対象物件のうち郵政省内示を受けていない物件については，入札日から納入期限までが極めて短期間と設定されていたこと，既設他社製選別押印機等との接続を義務づけられていたこと，等の入札条件のもとにおいては，当初から入札に参加して落札することができない状態すなわち当初から他方の原告との競争から排除されて他方の原告とは競争することができない状況（競争不能状況）にあった。」との主張がなされたが，受け入れられなかった[32)]。同様に，本件は「独占的買主（発注者）である郵政省が，その郵便処理

31)　この共同性の要件の解釈についての先例は，東芝ケミカル事件高裁判決（東京高判平成7年9月25日審決集42巻393頁）である。そこでは価格設定についての共同性，すなわち意思の連絡があったといえるためには「相互に他の事業者の対価の引上げ行為を認識して，暗黙のうちに認容することで足りると解するのが相当である」と判示されている。そのような心理状況に至ったといえるためには，「特定の事業者が，他の事業者との間で対価引上げ行為に関する情報交換をし」たという先行行為と「同一又はこれに準ずる行動に出たような」協調的に見える行為の外形があれば，「他の事業者の行動と無関係に，取引市場における対価の競争に耐え得るとの独自の判断によって行われたことを示す特段の事情」がない限り共同性の要件が満たされる，としている。

機械化による効率性の向上，経費の削減等を目的とする郵便事業の大改革及びこれによる消費者利益の確保という国家的プロジェクトを確実に実現するために郵便処理機械化のための区分機類の製造販売業者（売主・受注者）側の立場にある」業者に協力を求めた事案である旨主張したが，これも退けられた。[33)]

旧郵政省の競争入札への切り替えが，結果的に業者間の入札談合を誘発することになったこのケースは，公共調達分野におけるコンプライアンスを考える上で重要な意味を持つ。なおこのケースは業者側だけの法令違反が問題になったケースだったが，発注者側が非難されてもおかしくないものでもあった。

公共工事における競争入札手続の歪曲が問題になったケースとして，独占禁止法上の不公正な取引方法規制違反の一つである取引妨害規制違反が問われたフジタ事件がある。この事件については，本著第4章で詳細に解説しているのでそちらに委ねる。[34)]

2　官製談合防止法上の問題

官製談合防止法は，いわゆる「官製談合」だけを問題にしているように思われがちだが，そうではない。平成14年に制定された当時は確かにそうであったが，平成18年に改正され刑事罰規定が創設された際，発注者側職員による入札談合への関与行為のみならずその他の入札妨害行為も処罰対象とされた。[35)] これは刑法96条の6にいう競売入札妨害罪（第1項）と談合罪（第2項）の規定に合わせた「身分犯」規定を設けるという趣旨から当然のものであると考えられている（ここで刑法と官製談合防止法，そして独占禁止法の関係の整理が必要

32）　これは「実質的競争制限」要件の充足性の問題である。

33）　反公益性（「公共の利益に反して」）要件の充足性の問題である。判決では，これら二業者は「郵政省の区分機類の発注のおおむね半分ずつを安定的，継続的かつ確実に受注する目的を持って本件違反行為を行っていたものと認められる」から「公共の利益に反して」いることは明らかだ，とされた。

34）　本著第4章参照。

35）　同法8条は次のとおり規定している。

> 職員が，その所属する国等が入札等により行う売買，貸借，請負その他の契約の締結に関し，その職務に反し，事業者その他の者に談合を唆すこと，事業者その他の者に予定価格その他の入札等に関する秘密を教示すること又はその他の方法により，当該入札等の公正を害すべき行為を行ったときは，5年以下の懲役又は250万円以下の罰金に処する。

であろう[36])。

入札妨害行為が同法違反で摘発された初のケースは,「紙とコンピュータとの突き合せ業務」にかかわる日本年金機構職員による（仕様等に関する）情報漏えい事件（平成22年）であった。最終的には総合評価落札方式における非価格点（技術点）の漏えいにまで発展したこの事件の発端は，同機構でかつて実施した経験がないような事業実施について，なんとか業務委託を成功させたいと思った内部職員（以下「機構職員」）が同機構OBである民間業者の幹部職員（以下,「OB」）に相談したことにあった。やり取りの中で，公告前の入札情報が事前にOBに提供され，OBからのアドバイスが仕様に反映されもした。この業者は後に応札者となる業者であったため典型的な入札妨害事件となり，機構職員は官製談合防止法違反に問われ，OBは刑法の競売入札妨害罪に問われたのである。

真相の詳細は定かではないが，同機構の調査報告書[37]や諸々の報道記事から，次のようにまとめることができる。

第一に，立件された同機構職員は私利私欲のためではなく機構の業務遂行を案じて当該行為を行った。

第二に，やり取りの流れの中で，断りきれずに非価格点の漏えいにも手を出してしまった。

第三に，当局は当初贈収賄を疑っての捜査も行ったがそれは叶わなかった。

第四に，結局略式起訴され，機構職員には罰金80万円の，OBには罰金50万円の，それぞれ略式命令が下された。

もちろん，総合評価落札方式の非価格点まで漏えいされたこの事件の重大性を否定することはできない。しかし，この事件は競争入札における発注者の脆弱性をよく示すものであるということは指摘しておかなければならない。特に

36）現行法の正式名称が「入札談合等関与行為の排除及び防止並びに職員による入札等の公正を害すべき行為の処罰に関する法律」であることからも，官製談合防止法という略称はややミスリーディングなものといわざるをえない。しかし，一般にそのような呼称が用いられていることから混乱を招かないためにも本著ではこの呼称を用い続けることにする。

37）日本年金機構「紙台帳とコンピュータ記録との突合せ業務の入札に関する第三者検証会議報告書」（平成22年8月10日）。

経験のない業務委託などは発注者内部の知識だけですべて準備することは困難で，外部の知見にある程度は依存しなければならない状況にあることは認めざるを得ない。最も簡単なのは，その業務を実際に受注する可能性のある業者に聞くことであり，その最もあり得るルートはOB／OGへのアプローチなのである。これは（不正な利益のやり取りがなければ）契約前の受発注者間の情報交換と交渉が手続的に認められている（特命）随意契約であれば問題にならなかったことであるが，競争入札の場合，特定の業者が有利になるような情報提供を発注者（側職員）が行うことはできず，また業者側からのアプローチも禁止されることになる。それは競争入札という手続の性格上当然の要請である。

随意契約が当然視され，競争入札であっても入札談合が黙認された時代の発想が，発注者にあったのかもしれない。あるいは競争入札という手続に存在するコンプライアンス上のリスクに鈍感だったのかもしれない（もちろんそれは一部の職員の問題であり，多くの職員はコンプライアンスに敏感だったのかもしれない）。略式手続による終結も，実は法実務におけるこの問題への認識の重さ（軽さ）を表しているのかもしれない。しかしながら，競争入札の公正さを侵害したことの発注者の社会的責任は重く，結果的に内部職員が有罪判決を受けたこと，そして不正な利益のやり取りが疑われたこと自体，コンプライアンス上の認識の甘さをよく示しているケースだったのではないか。

このケースにおいてもし違反行為がなければ競争的になったのであれば通常の入札妨害のケースとして眺めることができるが，競争入札がアリバイ的なものに過ぎないものならば自ら妨害する入札を用意するような墓穴を掘るケースとなる。つまり競争がないところに競争の体裁を作り上げることで，本来であれば存在しない手続違背を演出しているのである[38]。

38）官製談合防止法に刑事罰規定が導入されてからこれまでの間，実に多くの数の事件が同法上扱われてきたが，一般的な傾向として，日本年金機構事件と同様に（特定の業者を不当に有利に取り扱う）「抜け駆け」型の不正が目立っていることには注意を要する。

第5節　コンプライアンス対応のあり方

I　リスク要因

1　随意契約を止めたことの問題

一連の公共調達改革の前後で，これまで問題視されなかったことが問題視されるようになり，これまで法令違反でなかったものが法令違反として扱われるようになったことは少なくない。

競争性のない随意契約の場合には最初から絞り込まれた業者との交渉が予定されているが，競争入札の場合は特定業者との間の事前の交渉は予定されていない。設計，仕様等について特定の業者のアドバイスがあったり，予定価格の作成に際して特定の業者から見積もりを取り寄せたりすれば，場合によっては当該業者が競争上有利になることがある。もっといえば，業者がそういった関わりをするということは，有利になるからこそであると考えるのが自然であろう。

随意契約が批判に晒されたことで競争入札に切り替えたことの弊害は，一者応札の続出という形で現れた。一者応札になることの理由はさまざまあるが，よくあるのが，「最初からある業者しか応札できない」あるいは「最初からある業者しか割に合わない」ケースである。システムのメンテナンスは一者応札の典型例だ。これまでシステム調達の受注者は随意契約でメンテナンス業務委託を受けていたところ，メンテナンスの業務委託を競争入札に切り替えたとしても，最初にシステムを組んだ業者が圧倒的に有利であることは目に見えている。結果，一者応札が頻発するのである。

物品の調達もそうであるが，一者応札になるようなケースでは調達対象についての知識が受注者側に集中していることが多い。そのような場合，随意契約ではできた情報のやり取りが競争入札では不正のリスクになってしまうという認識を発注者は強く持たなければならない。

こういった問題への対処法として，随意契約の前提として他業者の受注意向を確認し，手を上げる業者がいれば競争入札に，そうでなければ随意契約にするという「事前確認公募型随意契約」の利用がある。ただ，仮に競争入札の手続になった場合，それまでの受注者側に集中している調達対象についての知識をどう発注者が引き出すかが課題となる。その他の手段としては，パッケージ型の長期契約（システムであれば構築とメンテナンスのパッケージ）を結び，その発注において競争性を高める工夫をすることが有り得る。ただ，この場合長期に渡る契約の過程において発生する不確実な部分について，どのように事前の契約で対処できるかが課題となろう[39]。

2　指名競争を止めたことの問題

指名競争を一般競争に切り替えることの問題は，当然ながら指名競争のメリットを失うことにある。

一般競争に切り替えつつ，地域要件を厳格にする等の方法で実質的に指名競争と同様の効果を得ようとする発注者もあるが，そうではなく，競争性を高め落札率の低下を狙う発注者も多い[40]。そのような場合業者には「貸し借り」は効かず，受発注者間の契約関係はドライなものになる。次のようなコンプライアンス上のリスク要因が生じることになる。

①発注内容次第で業者からの応札がなかったり，予定価格内での応札がなかったりすることで契約に失敗するというリスクがある（コンプライアンス以前の問題ともいえる)。貸し借りの効いていた時代には，いわゆる「請け負け」が期待できた。将来の見返りが期待できない以上，業者からすれば当然の応札行動である。入札談合には「損失の公平な分担」という役割があることも忘れてはならない。

②入札の結果に納得のいかない業者による紛争リスクが高まる。「お上に逆らわない」という発想は，既に見た『土建請負契約論』の時代においては「封建的」関係が，そして少し前までは「囲い込み」による「貸し借り」関係という背景があったが故であって，そのような関係がない以上，業者にとって発注

39)　受発注者間の協議は不調に終わるかもしれないし，場合によっては紛争に発展するかもしれない。

40)　総合評価落札方式を採用しても落札率が大幅に低下するケースは少なくない。受注者選定の仕組み自体でそのような結果が生じ得るのである。善し悪しの評価は簡単にはできないが，このことは，少なくとも公共工事品確法の制定当時に想定されていたものと異なるとはいえる。

者を相手に紛争を起こすことの障壁は格段に低くなる。例えば，地方自治体の場合最低制限価格の設定にミスがあり入札をやり直そうとした際，当初の受注者が発注者を訴えるようなケースが想定できる。入札をやり直さなかった場合，非落札業者は発注者のミスを指摘，自分が落札者となったはずだと主張するかも知れない。

③②と同様の理由から，契約締結後の受注者との紛争のリスクも高まる。

指名競争が一般的に用いられていた時代は，発注者はコンプライアンスについては鈍感でいることができた。少々の問題があっても，受注者側が不利益を吸収してくれたからだ。その背景として，指名による囲い込みを前提にしつつ，発注者が業者側の入札談合を黙認（発注者側職員が関与する場合もあるが）してきたし，することができた環境があったからに他ならない。既に見た大津判決はそういった事情の重要な一部を伝えるものである。

しかし競争性が高められた今，業者は発注者側のミスを見逃さない。主張できるものは主張する。今まで顕在化しなかった手続違反が顕在化することになる。受発注者間の協議が不調に終わることが多くなり，それはさまざまなコンプライアンス問題へと発展する。落札率を低下させることの代償は小さくない。

Ⅱ　コンプライアンスへの姿勢

だからこそ，公共調達において競争性が高められた今，発注者に強く求められる対応の一つがコンプライアンス対応なのである。

そこで重要な視点となるのが，リスク分析とリスク対応である。官の無謬性を前提にしたこれまでの公共調達においては不要なものかもしれない。万全の計画を立てその通りの結論に到達しているという体裁をとってきたこれまでの公共調達の実務においては，リスクを把握すること自体がなかったし，求められてもいなかった。仮に問題があってもそれは例外的なものだった。競争性を高めその利点を得ようというのであれば，その難点に対する対策を取らなければならないことを覚悟しなければならない。現在，当にそのような時代に突入したといえるのである。

大事なポイントは二つある。

第一に，契約を専門的に扱う部署はあるか，その中にリスク分析と対応（リスク管理）を担当する部門ないし人員はいるか，あるいはコンプライアンスの担当がいるか，そしてその活動は確固たる方針に導かれたものになっているのか，ということであろう。未然の紛争防止のために，例えば建設分野では三者協議体制の充実を図ることは一案である[41)]。しかし，問題は情報の共有とコミュニケーション上の障壁だけにあるのではなく（それは競争と契約を基調とするからこそ必要性が強調されるものであって，ウェットな官民間の関係下にあっては問題が顕在化しなかった），そもそもの官民間の関係の変化を見極めることができるかということにあるということを，もっと強く認識する必要がある。契約締結後の交渉過程のみならず，それは事業計画，契約締結から履行，事後評価に至る全過程の中で，さまざまなリスクやコンプライアンス上の問題につながっていく。「旧来のしきたり」はそれだけに重要な役割を担ってきたのだ。しかし，それが通用しない現在，違う形での契約規律が求められ，それに対応する部門と人員が必要になるのである。

第二に，形式上の改組で対応できるものでは到底なく，担当者は関連する多くの経験と知識とが求められ，またさまざまな環境変化に常に敏感でなければならないということである。調達手法や入札結果の状況が変われば入札不正の傾向も当然変わる。業者間の競争性が低ければ入札談合のリスクは高まるが，高ければ入札妨害のリスクが高まる。契約金額が低ければ，受注者は契約上書かれていない事象の発生について攻撃的に振舞うだろうし，契約変更や追加工事発注の際の受注者側の態度は硬化し易い。となれば紛争のリスクは高まり，調達計画の実施に支障を来すかもしれない。「安かろう悪かろう」に陥るのは早いが，「安かろう良かろう」を実現するのは容易ではない。そのための弛まない努力こそが改革なのであって，ある制度や手法を導入しさえすれば何も苦労せずに効果が出る「錬金術」のような改革はあり得ないことを強く認識すべきだ[42)]。一連の改革を見ていると，発注者は改革が首尾よくうまくいったことを

41）　建設工事標準請負契約約款において紛争防止のための三者協議が定められている。

42）　かつては一般競争入札を導入しさえすれば無駄遣いが減らせると盛んに謳われた。それを支えたものが「落札率の低下」であったことは調達に関係する者であれば誰でも知っている話であるし，「落札率」の問題だけで語れるほど単純な問題でないこともまた誰でも知っている話である。

強調しようとする。国であれ地方自治体であれ，直接間接の違いはあるものの，結局は選挙アピールの材料になるのだから仕方ないところだが，公共調達の実務においてはそうはいかない。うまくいかないこと，うまくいきそうにないこと，うまくいかせるためにすること，そしてうまくいかなかった場合にすることを常に考えながら日々の業務に取り組まなければならない。内部職員を専門家として養成する仕方と外部に求める仕方があるが，後者はあまり現実的ではない[43]。

各発注者のコンプラアンスに関する情報を共有することは有益だろう。置かれた状況が似ているのであれば，生じた問題についても互換性があるだろう。ある発注者が抱えた紛争事例は自らのリスクを分析するうえでの生の教材である。自らにとってネガティブな情報を他に伝えることには心理的障壁はあるかもしれないが，知識の共有化によって得られる効用は少なくないはずである。例えば，国土交通大学校が公共工事関連のコンプライアンス対応の拠点となり，データ収集・分析といったシンクタンク機能を果たしつつ，そこでの知見を研修実施等によって各発注者に提供するといった役割を担うのはどうだろうか。公共工事分野に強い法曹養成の機関となっても面白い。

第6節　おわりに

平成23年，公正取引委員会も警察も動かなかったのにも拘らず，情報公開制度で入手した証拠に基づいて旧小淵沢町（現北杜市）発注の公共工事における官製談合の立証を試みた住民訴訟で住民側勝訴の判決が出た[44]。これによって市は元町長や業者らに損害の賠償請求を行った[45]。国においても地方自治体同様

43）　残念なことのひとつは，法曹分野に公共調達の専門家がいないことである。公共調達が法曹における専門分野になっていないと言い換えてもよい。発注者からすれば調達活動が計画通り滞りなく遂行されているという体裁を取り続けてきたが故にそもそもそういった人材が求められていなかったということと，そして何らかの法的問題が生じたとしても行政官自身が法執行のプロとして存在している以上，法曹の力をそもそも必要としていなかったということの二つの背景がそこには存在したと思われる。

44）　東京高判平成23年3月23日審決集57巻第2分冊437頁。

45）　これを報じるものとして，毎日新聞平成24年4月20日23面（地方版／山梨）。

の監査請求手続を導入するべきという議論が高まっている[46)]。

環境は刻々と変化している。コンプライアンスの監視は発注者自身やいわゆる当局だけではなく納税者からもなされるようになった。既に触れたように，契約相手である業者や非落札業者も発注者のコンプライアンスに大きな影響を与えるようになっている。環境変化の早さに翻弄されてはならず，常に先手を打つ戦略的思考が重要だ。

そのための第一歩は，行政とコンプライアンスとがセットで語られるようになったという現実を先ずは受け入れることである。そこで大事なことは，今まで調達実務はコンプライアンスの視点が抜け落ちていたのは何故かを見つめ直すことである。そういった歴史的な視点を持つことで，発注者が置かれている状況の本質的部分を眺めることができ，真に求められるコンプライアンス対応のあり方も見えてくるだろう。

---

46)　例えば，第9回全国市民オンブズマン栃木大会における「国レベルでの住民訴訟の創設を求める決議」〈http://www.ombudsman.jp/taikai/9thsosyo.pdf〉参照。

第11章

実効的な独占禁止法コンプライアンスに向けて
――公取委ガイドについて

第1節　本章の狙い

積み重なっていく裁判例や処分例，次々に公表される公正取引委員会の実態調査の結果は，今後の独占禁止法のエンフォースメントを見定めるための有益な情報であり，こうした情報を整理された形で共有することは，事業者側のコンプライアンス活動を促し，違反が生じる可能性を減少させ，適正な競争秩序の維持を目指す公正取引委員会側の狙いにも合致する。公正取引委員会の各種指針等は主としてそのような趣旨で作成，公表されてきた。

令和5年12月21日に公正取引委員会が公表した「実効的な独占禁止法コンプライアンスプログラムの整備・運用のためのガイド」（以下，「ガイド」あるいは「公取委ガイド」という[1]）は，「何が問題となるのか」ではなく「問題にどう対処するのか」に焦点が当てられた指針である。最近，公正取引委員会の活動は直線的な法適用から競争唱導（アドボカシー）にそのウェイトがシフトしつつある。法適用を意識しつつも，実態調査の結果を公表したり，想定される事例についての独占禁止法上の問題点を指摘したりして，事業者の主体的なコンプライアンス活動を誘導しようとする活動が目立ってきている。コンプラアインス活動についてのベストプラックティスを整理する動きも，この一環として理解できる。本章はこの公取委ガイドについて考察と検討を行うことを課題とする[2]。

1）　資料は公正取引委員会のWebページ〈https://www.jftc.go.jp/houdou/pressrelease/2023/dec/231221compliance.html〉より入手できる。以下引用に際して「本文」と表記した場合に，公取委ガイドの本文を指すものとする。

第2節　ガイドの意義と構成

このガイドは「公正取引委員会による過去の実態調査等の結果や，各国・地域競争当局等が作成・公表している同様のガイド等を参考に，実効的な独占禁止法コンプライアンスプログラムの構成要素やその意義・本質・留意点等を網羅的・体系的に整理したもの[3)]」である。その副題にあるように，公取委ガイドは，「カルテル・談合への対応」，すなわち不当な取引制限規制違反たる「競争制限効果のみをもたらす共同行為に関するコンプライアンス」を念頭に置いたものであるが，その他の規制に関する「コンプライアンスにおいても，競争制限効果のみをもたらす共同行為に関するコンプライアンスと共通する事項は多く，それらの取組においても本ガイドが参考となる[4)]」としている。

独占禁止法は企業活動を律する最重要法令の一つである。「企業が独占禁止法に違反するリスク……や独占禁止法に違反した場合に負担することとなる不利益を適切に回避・低減するための仕組み・取組[5)]」としての「独占禁止法コンプライアンスプログラム」の重要性は，この法律が日米構造問題協議以降，年々とその経済憲法としての存在感が強まることに比例してますます大きくなっている。相次ぐ改正によってサンクションの程度も大きくなり，メディアの注目度も高く，違反による社会的評判へのマイナスのインパクトも大きい。

公取委ガイドの構成は第1部，第2部の2部構成で，前者がイントロダクション，後者が本編である。第2部は以下の4章構成となっている。

---

2)　著者は，これまで多くの機会で，経済法分野，公共契約（特に官製談合問題）分野を中心に，関係企業・機関のコンプライアンス問題について論じてきた。例えば，楠茂樹「公共工事とコンプライアンス：新独禁法の下で建設産業のとるべき進路」建設オピニオン12巻12号（2005）38頁以下，楠茂樹「『コンプライアンス』を問い直す」建設オピニオン15巻4号（2008）32頁以下，楠茂樹「公共調達の発注者とコンプライアンス」上智法学56巻1号（2012）33頁以下等。

3)　本文1頁。

4)　以上，本文1-2頁。

5)　本文4頁。

1　独占禁止法コンプライアンス全般
2　違反行為を未然に防止するための具体的な施策
3　違反行為を早期に発見し的確な対応を採るための具体的な施策
4　プログラムの定期的な評価とアップデート

公取委ガイドでは共通して,「チェックポイント」「意義」「参考となる取組の例」という構成となっている。以下では，これらのうちプログラムの内容に関連する1〜3の各々について手短にコメントしておこう。[6)]

第3節　ガイドの読み方

I　独占禁止法コンプライアンス全般（ガイド第2. 1）

組織体として経済活動を行う企業の場合，そのコンプライアンスは「特定の誰か」だけのリスク判断とコミットメントで足りることはなく，組織全体としてのリスク判断とコミットメントが必要になる。経営トップのイニシアティブが当然求められるものの，それが組織全体に浸透していなければ機能しない。組織の規模が大きくなればなるほど，その構造が複雑になればなるほど，コンプライアンスの組織的対応のハードルが上がる。それはガバナンスの問題であり，経営的な課題ということになる。

公取委ガイドは「経営トップのコミットメントとイニシアティブ」「自社の実情に応じた独占禁止法違反リスクの評価とリスクに応じた対応」「独占禁止法コンプライアンスの推進に係る基本方針・手続の整備・運用」「組織体制の整備及び十分な権限とリソースの配分」「企業グループとしての一体的な取組」のそれぞれの項目ごとに，チェックポイントを示し，その意義の解説を行い，

6)　4については,「各企業が直面している独占禁止法違反リスクは，各企業の事業内容や業界慣行，競争事業者，規制環境の変化等によって時々刻々と変化し続けており，個々の役職員のコンプライアンス意識もまた時の経過によって変化していく」（本文72頁）のであるから，プログラムの適宜見直しは当然のことである。4はその見直しのプロセスに関わるものであるが，そのような見直しが必要であると同時に，公取委ガイドそれ自体も好事例等の積み重ねに合わせて，あるいは独占禁止法を取り巻く環境の変化に合わせて，今後アップデートが必要となるタイミングが訪れるだろう，ということをここで付言しておく。

好事例の紹介を行っている。

いずれも重要項目ばかりであるが，ここでは，以下の2点を指摘しておこう。

第一に，独占禁止法違反リスクの評価とリスクに応じた対応について，「自社の実情に応じた」それが求められているということである。ガイドが指摘するように，「独占禁止法違反リスクは，各企業の事業内容，市場の特性，市場における地位，活動範囲，事業者団体への加入の有無等によって千差万別であ」り，「各企業が独占禁止法コンプライアンスの推進に投じることができるリソースは有限である[7)]」ので，共通のガイドに導かれながらも企業各々のオーダーメイド的な対応が必要になる。「自社の実情」は，企業規模，地域性，海外展開，業界の特性，官公需と民需の違い等，数え上げたらきりがないので，当然ながらガイドで書き切ることはできず，「リスクベースアプローチ[8)]」に関する一般的解説に止まらざるを得ない。重要なのはその実践にある。分かりやすい例が官公需であり，ガイドの対象でいえば談合防止が最大のリスク要因であるのだから，官公需分野での売上の比率が大きい企業の場合，公共入札関連の情報収集と営業部門，積算部門の行動チェックといったところに焦点を重点的に合わせるということになろう[9)]。

第二に，組織体制の整備及び十分な権限とリソースの配分について，である。公取委ガイドでは，独占禁止法コンプライアンスの推進に係るガバナンスのあり方として，業務分掌，各所掌部門への十分な権限とリソースのアサインメント，モニタリング部門の独立性，自律性，専門性といった点に言及がある。確かに経営トップにはコンプライアンスの最終的な責任があるといっても独占禁止法の専門家ではなく，そもそも数多くある業務の中でコンプライアンスだけに集中する訳にもいかない。コンプライアンス対応にも適正な業務分掌が求められる。ガイドは，内部監査人協会（The Institute of Internal Auditors）が提唱

7)　本文14頁。

8)「企業の限られたリソースをリスクが高い領域に重点的に配分する手法」のこと。本文14頁。

9)　しかし後で触れるように，昨今においては入札妨害型の入札不正が目立っていることもあるので，独占禁止法の他の類型違反，あるいは独占禁止法以外の法令違反にも目を配らなければならない。

している「3線モデル（three lines model)」について分量を割いて言及している[10]。事業部門（第1線）が「日常的モニタリングを通じたリスク管理」を，リスク管理部門（第2線）が「部門横断的なリスク管理」を，内部監査部門（第3線）が「独立的評価」をそれぞれ担うというものであり，これら部署の「組織内の権限と責任を明確化しつつ，これらの機能を取締役会又は監査役等による監督・監視と適切に連携させることが重要である」と述べられている[11]。これも上記第一で触れた，コンプライアンス上の資源を集中的に投資することの（組織面での）一側面といえるだろう。もちろん，重要なことはいうまでもなく，こういった業務分掌が効果的に絡み合って初めてコンプライアンスは機能するということだ。

Ⅱ　違反行為を未然に防止するための具体的な施策（ガイド第2．2）

不正を抑止するためには発覚率を高め，制裁を重くする必要がある[12]。企業不正の場合，その前提として「何が違反なのか」「どのようなリスクがあるのか」を，その構成員に周知し，その徹底を図る必要がある。場合によっては判断に迷う場合もあるだろうから，適切な相談対応を行うことも違反防止のために必要となる。その前提があって初めて社内懲戒ルールの整備・運用が適切なものとなる。ガイド第2の2はそうした防止手段について，発覚率の向上以外のテーマが扱われている。

公取委ガイドは，その副題にあるように「カルテル・談合への対応」が主たる対象であり，そこで論じられている社内ルールも「競争事業者との接触」を対象としている。いわゆるリニア談合事件を受けて，厳しい接触制限をルール化したある大手ゼネコンに対して，「同業者がいればプライベートな親睦会も，大学の同窓会も禁止なのか」と疑問の目が向けられたが，一方で「同業者同士でひとたび会合を持つならば，価格引き上げの企てに至る」とのアダム・スミスの言葉も忘れてはいけない。公取委ガイドはこれに関連して，「競争事業者

10）本文27頁以下。

11）同前。

12）効率性という観点からは，犯罪により発生する社会的損失とその抑止のために必要となるコストとの比較が必要となる。

との接触に関する社内ルールは，自社の実情や独占禁止法違反リスクに応じて適切に整備され，運用されているか。」とのチェックポイントを示しているが，業務に関連してのものとそうでないものとの切り分けは容易ではない。例えば，土木学会，建築学会のような学術団体には産官学の専門家が多く集まっている。学術活動の場であっても，受注調整の話題に至る可能性はもちろん少ないが，ゼロではない。

公共契約においては受発注者間のコミュニケーションは官製の入札不正のリスクを高める（特定業者の不当な優遇という取引妨害型の事案が想起されるが，業者の談合に官側が関与する官製談合のリスクもある）。しかし受発注者間でのコミュニケーションは，契約である以上，特に発注者と既存の契約業者との間の接触それ自体を制限することは極めて困難だ。それだけに，重要なのは，関係者に独占禁止法の趣旨とその規制対象行為をよく理解させ，競争事業者，取引相手とのどのような情報共有がどのような法的リスクを生じさせるのか，ということを常に意識させるということである。それだけに研修のあり方，相談体制の構築とその機能化が重要なポイントとなる。

Ⅲ　違反行為を早期に発見し的確な対応を採るための具体的な施策（ガイド第2. 3）

不正の発覚率を高めることは不正の防止につながる。その後に続く制裁の重さと比較で釣り合わなくなるからだ。公取委ガイドで言及されている，監査の実施も，内部通報制度の整備・運用も，社内リニエンシー制度の導入（ガイド第2. 2で言及されている社内懲戒ルールにリンクする）も，独占禁止法違反の効果的な防止策として語られている。

共通する重要な点は，組織が全体としてコンプライアンスを徹底させようというインセンティブがあったとしても，個々の従業員に，あるいは個々の部門においてそのようなインセンティブが働かないことを前提にモニタリングの仕組みを構築しなくてはならないということである。ガイドでは「独占禁止法に関する監査は，第1線の事業部門や第2線のコンプライアンス所管部署又は担当者から独立した立場の内部監査部門により実施されているか。」というチェック・ポイントが示されている（(1)ア）。これは「なれ合い等により独占禁止法違反行為の発見が妨げられるのを防止するため[13]」であるが，「第1線の事業部門や第2線のコンプライアンス所管部署又は担当者から独立した立場[14]」であればあるほど，現場の知識からは遠ざかることになる。その分，不正の証拠を収集することに困難をきたすことになる。不正の自覚があればあるほど，不正に関する情報を隠そうとするだろう。ガイド第2. 3が言及する内部通報制度の充実，機能化や社内リニエンシー制度の具体化の重要性が増してくるし，問題発覚後の，規制当局である公正取引委員会との連携も重要なカギを握る。

第4節　いくつかのより根源的なポイントについて

I　外観の作出

コンプライアンス・マニュアルの類の一番の問題は「仏造って魂入れず」の状況に陥ることである。「何もしないよりもまし」という意見もあるかも知れないが，当該企業が実態とは異なる「コンプライアンスに熱心な外観」を作出している分，より厄介ともいえる。

もちろんのこと，公取委ガイドは，独占禁止法に関わる実効的なコンプライアンス活動のためのプログラム策定を目指してのものである。いかにガバナンスを機能させるか，についての手引き書であるが，せっかく立派なプログラムを策定してもそれがお座なりのものであっては意味がない。

確かにプログラムが機能していれば違反を防げたのだから，コンプライアンス・プログラムの存在自体は何のイクスキューズにもならない。一方で，パーフェクトなプログラムなど存在し得ないのであるから，結果だけではなくその過程を見るべきだという意見も当然あろう。問題なのは，取り組んでいる外観だけでその場を凌ごうとする場合である。公取委ガイドにいち早く対応した，すでにそれに先駆けて対応しているというアピールはIR（Investor Relations）活動の重要な要素になる。裏を返せば，そうしないことがネガティブな要素として評価されてしまうから，そうせざるを得ないという状況があっての対応と

13）本文56頁。

14）同前。

いうのであれば，違反の防止につながるとは到底思えない。専門家に外注して見栄えのよいプログラムを作っておしまい，ということになりかねない。それが課徴金減額のようなインセンティブを伴うことになるのであればなおさらである。[15] コンプラアンス・プログラムやそれに向けたこうしたガイドは，高い発覚率あるいは一罰百戒型の制裁メカニズムが前提で初めて機能するし，機能するようなそれを関係者は模索するだろう，という見方を支持する人は多かろう。

Ⅱ　組織全体のコミットメント

経済団体の役員を出しているような大企業のトップはメディアへの露出も多く，政府主催の会議の各種委員を務めているケースが多いだろうから，コンプライアンス活動に熱心に取り組んでいることをアピールするだろうし，実際強いコミットメントがあるのだろう。しかし，現場に近くなればなるほど抵抗感が強くなる状況は容易に想像できる。例えば，利益獲得への強いプレッシャーがあったり，売上高の維持が至上命題だったりすれば，そのような境遇を共有する競業他社との競争制限に向けた連携の動機が高まる。長期に渡って市場と向き合う企業にとって，一度そういう関係が形成されれば，裏切った場合のしっぺ返しは相互に不合理なものになるので，カルテルは安定的になる。談合問題は発注機関の事情やルール上の制約等，複雑な要因が絡み合うが，現場におけるインセンティブが経営トップの理念に合致していないことが問題の起点にあることには変わりはない。

Ⅲ　現場はついてくるか

一定規模以上の企業の場合，往々にして「現場担当者に任せっきり」にしていることが独占禁止法違反の背景になっていることが多い。不正が行われる現場の部門は現在進行形の独占禁止法上の問題を上（監視，監督部門）には上げたがらない。自分の責任が追及されるリスクがあるからだ。特に長期にわたるカルテルや入札談合の場合，仮に現場レベルでその不正に気付いているとして

15）　重要なのは，「コンプライアンス・プログラムがうまくいかないのは何故か」という視点を持つことだ。

も，あるいは不正の当事者以外の誰かが気付いたとしても，然るべき監査，監督部門に情報を上げることに躊躇する。それでうまくいっている業務がうまくいかなくなるという「おそれ」が，不正の申告をしないことにより自分が不利益を受けるという「おそれ」を上回るからだ。自分と敵対している訳でもなく，そもそも企業の利益のために行動している同僚を告発するのに躊躇するのは，心情としてはごく自然である[16)]。

これまで表には出なかったのだからこれからも大丈夫という安心感もあるのかもしれない。自分が競争制限に長く関わっていれば，今申告した際，過去の隠蔽の責任が問われてしまう。担当者の移動のサイクルが早い場合には，次の担当者になるまで問題を先送りしようという動機が働きやすい。相談された直属の上司も同じ立場といえるだろう。見つかる可能性が100%に近ければ隠蔽を試みることもなくなるだろうが，現実は暗数が大半と思われる。

Ⅳ　厄介者の扱い

独占禁止法違反であるカルテルや入札談合は，既存のそれについては現場で止めるインセンティブが働きにくい。現場で隠蔽すればその限りのものに止まるが，申告すれば全体を巻き込むことになる。その部署に通常の業務を超えた対応のコストが発生する。問題にしなければ業務がスムースに流れるのに問題になるが故に業務が止まる。面倒な仕事が増えることへの抵抗感がコンプライアンスを厄介者にしてしまう。コンプライアンス違反の方が厄介者になるように制度設計をする必要がある。経営トップがコンプライアンスの厳格化にコミットするのであれば，組織内部で違反を隠し続ける方が面倒な話になるように，隠蔽した当事者が厄介者になるような仕掛けを作る必要がある[17)]。そのような視点から今一度，公取委ガイドを読み返す必要があるだろう。

---

16)　告発動機としては社会正義や愛社精神に基づくものもあれば，私的怨恨，派閥抗争に基づくものもある（新田健一「内部告発の社会心理学的考察」日本労働研究雑誌46巻9号〔通号530〕〔2004〕24頁以下参照）。カルテルや入札談合により発生する社会的損失に対する意識が欠如すると，「会社のために」という愛社精神はむしろ告発に躊躇する背景事情となってしまう。

17)　それは多分に心理学的考察を踏まえた制度設計である必要があるだろう。同前参照。

V　面倒な仕事をする部門の確立，内部統制

企業のみならず役所も大学もそうだろうが，人は面倒を嫌う。通常の業務で手一杯の状況にある場合に，追加の業務を嫌う。取り分け不祥事対応のようなマイナスの業務はそうだ。経営トップもそうだろう。そのような面倒にならないように，違反予防のためのコンプライアンス対応の重要性が説かれる。しかし実際に存在する違反の発見と社内における摘発の仕組みが機能しないのは，自分がそのような面倒に巻き込まれたくないからだ。

だから重要なのはそのような面倒な仕事をする部門を確立し，その面倒な仕事をしたことへの対価として然るべき報酬を支払うということである。独占禁止法を執行する公正取引委員会のように取り締まることを生業にしているような組織はそれでよいが，そのような部門を企業内部に設置し人材を充てるのであるから相当の工夫が必要である。独立性ばかりが強調されるが，どのような権限が与えられているのか，誰に対してどのような責任を有しているのか，どのような指揮命令系統にあるのかが明確でかつ機能的でなければならない。参照すべきモチーフとしては，米国連邦政府機関の中に設置されている Office of Inspector General（OIG）[18] を挙げることができるが，これは不正の摘発に関しては組織内警察のような役割を果たすもので強制調査権限の付与など民間企業の内部組織には真似できない部分がある。しばしば監視監督部門の内部調査の担当者が「内部でヒアリングを実施しても不正を認めない以上，それ以上やりようがない」という声を度々耳にするが，その際，必ずといってよいほど口にするのが「私たちは捜査機関ではないので」という言葉だ。しかしデジタル・フォレンジックの開発や応用といった効果的な内部調査の手法にも大きな進展があり，社内外の様々なデータから違反の疑いの濃い案件を絞り込み集中的な調査の起点とすることもある程度は可能なはずである[19]。そういったノウハウは独占禁止法に強い弁護士事務所に集積しているだろうから，そういった知見を「知識」として調達することは有効だ。しかし入札談合が組織的に行われてい

18）制度・体制の概要として，例えば，平井文三「アメリカ連邦政府の監察総監が有する評価機能について」亜細亜法学47巻2号（2013）33頁以下参照。

19）例えば，川合慶＝中林純「談合はなくせないのか：課徴金・摘発確率を高めよ（経済教室）」日本経済新聞平成30年1月26日朝刊27面参照。

るのであれば，そういった知識は却って巧妙な談合隠しの材料を与えることにもなりかねない[20]。公正取引委員会による違反の摘発を徹底することは，談合が各地で多発しているとするならば労力的に現実的ではない。内部統制による抑止にも限界があるというのであれば，業者の応札行動を変化させる唱導型の効果的な取り組みを考える必要がある[21]。

日本では平成18年に金融商品取引法が制定された際に内部統制報告書に係る制度が盛り込まれ，それに併せて「内部統制」に関する様々な議論が交わされた。財務報告の信頼性等を確保するための社内体制の整備が法的制度として先行している状況である[22]。ここでいう内部統制には独占禁止法のような法令遵守への取り組みも含まれるが，独占禁止法という個別の法令を意識した，面倒な仕事をこなすことができるより先鋭的な内部統制が必要となる。公取委ガイドはそこにどこまで切り込んでいるか。

Ⅵ　最近の刑事事件に関連して

最近の入札談合事件に関連して一点，補足する。競争入札をめぐる不正の典型である入札談合についてしばしば発注者側の契約手法の選択によって違反を疑われる行為が引き起こされる可能性があることは意識しておくべきだろう。例えば，リニア談合事件では過去に例のないくらい複雑で難度の高い大規模工事について受発注者（契約締結まではその候補者）間で計画の段階から密な情報交換が行われていたという。確実な工事の遂行のためには「選択と集中」が必要であり，関係者は調整の結果としての（公共契約でいう）特命随意契約を期待したというが，結果として競争入札（類似の制度）が選択された。これが独占禁止法違反，それも刑事事件として問われることとなった（一部業者によって違反の有無が争われている）。もしこれが違反だというのならば，コンプライ

20）　川合慶＝中林純「談合はなくせるか：ソフトな規制と罰則併用を（経済教室）」日本経済新聞令和5年年12月13日朝刊30面参照。

21）　同前参照。

22）　公取委ガイドの中にしばしば，金融庁企業会計審議会「財務報告に係る内部統制の評価及び監査の基準並びに財務報告に係る内部統制の評価及び監査に関する実施基準の改訂について（意見書）」（令和5年4月7日）〈https://www.fsa.go.jp/news/r4/sonota/20230407/1.pdf〉が登場するのは，そのためである。

アンス対応はどうすればよかったのか[23]。また，五輪組織委員会発注のテスト大会の企画立案業務をめぐる入札談合刑事事件も同様に，当初は特命随意契約を念頭に置きつつ受発注者間での情報交換を行っていたとされるが，これも直前になって競争入札（類似の方法）が選択された。罪に問われた発注者側の元幹部は公判で，「今でもどうすればよかったのか」と語ったという[24]。発注者側においてもやりようが分からない調達案件について，受注者側はどうコンプライアンス対応せよというのだろうか[25]。公正取引委員会はそういった点も意識して，発注者側の対応についても示唆すべきではなかろうか[26]。

23）告発当時の杉本和行公正取引委員会委員長が「初めから（特定のゼネコンと直接契約を結ぶ）随意契約なら問題はなかった」と発言している（一井純「混迷『リニア談合』，JR東海に責任はないのか：ゼネコン4社が起訴されたが，どこかちぐはぐ」東洋経済ONLINE平成30年4月3日〈https://toyokeizai.net/articles/-/214807〉）ことからもそのような背景事情が窺える。

24）毎日新聞令和5年7月6日東京朝刊25面。

25）仮に公正取引委員会が，競争入札の選択が決定された際にこの幹部から相談を受けたとするならば，公正取引委員会はどう答えただろうか。

26）今から20年前，公正取引委員会の「公共調達と競争政策に関する研究会報告書」（平成15年11月）が公表された〈https://www.jftc.go.jp/info/nenpou/h15/15kakuron00002-4.html#0402〉。その後の立法や実務の変容，研究の動向を踏まえ，改めて同じテーマの研究会を開催する時期にきたのではなかろうか。

第12章

公共工事をめぐる不正について

第1節　一般的な理解

公共入札において不正が存在するとき，通常，官側が純粋に被害者であるケースが想起される。なぜならば，入札を実施する主体である公共機関がその手続において不正に関与し，その結果競争過程が歪められれば，自らの利益を損なうことになるので，そのような行為は組織全体として合理性を欠くからである。ただ，「官製談合」という言葉があることからも分かる通り，入札不正に官側が関与することがあり，これが現在において深刻な現象であると語られている[1]。

ではなぜ，官が関与するのか。入札の不正には談合型（談合サークル内部での利益の融通[2]）と抜け駆け型（特定の業者のみが利益を受ける場合[3]）があるが，いずれにしても入札不正によって業者側に何らかの利益が発生して，それに協力する官側に一定の利益を提供することで，（不正をする）インセンティブが双方整合的になるという状況が成り立てば，官側に不正の動機が生じることにな

1)　報道記事には事欠かない。その一例として，佐藤斗夢「“談合文化”がはびこる高知県，道路橋点検業務でも疑惑」日経クロステック令和6年3月18日版ウェブ記事〈https://xtech.nikkei.com/atcl/nxt/mag/ncr/18/00212/031200001/〉を挙げておく。

2)　官側の関与のうち談合型は「談合を見逃す」「談合を容易にするための情報漏洩」というものが想起される。情報漏洩については，予定価格を漏洩すると上限価格がわかるので談合が容易になる，発注見通しの「より早い」伝達も業者間の調整の余裕が大きくなるので談合が容易になる。

3)　抜け駆け型の不正における官側の関与として，入札参加資格の恣意的な設定，総合評価落札方式における非価格点の歪曲，あるいは他の業者の応札情報の漏洩などが考えられる。

る。この問題は，業者側の利益と発注機関側の「一部の関係者」の利益との整合性の問題として理解され易い。要するに，官側関係者の個人的利益の獲得を目指して不正に関与するというのが，一般的に官製談合といわれるもののシナリオである。[4)]

官側関係者の個人的利益から入札不正への関与を説明するのは，抜け駆け型のそれが確かに分かりやすいが，談合型でももちろん説明できる。例えば，平成17年に公正取引委員会によって刑事告発された日本道路公団発注の橋梁工事をめぐる談合事件がある。[5)] 横河ブリッジを含む数社が，同公団が競争入札により発注する鋼橋上部工事について，受注予定者を決定するとともに，受注予定者が受注できるような価格等で入札を行う旨合意し，それを実行したケースだが，同公団の副総裁，理事が横河ブリッジに顧問として天下った元理事と結託して談合の調整を行っていたとして公団側のこれら幹部も共犯として有罪判決を受けた。[6)] この事件では，横河ブリッジに天下った元理事と道路公団の副総裁等幹部が結託しており，そういった人脈が不正の背景にあったのであるが，これもまた個人的利益の追求として説明できよう。つまり，自らの将来の天下りのための事前投資としての不正への関与とも説明できるし，公団出身者のための便宜は過去に世話になった人物への事後における見返りの提供という理解もできる。いずれにしてもそれは組織としての発注機関全体の利益のためではなく，自らを含む特定の個人の利益のためになされているということである。

一般論としては抜け駆け型の方が，特定の企業が官側関係者に働きかける動機が強いように思われるので贈収賄のケースに発展し易いともいえそうだが，抜け駆け型の不正であっても中長期的な貸し借りとしての天下りを期待してのものもある。航空自衛隊岐阜基地の施設工事をめぐる官製談合防止法違反事件では，防衛省近畿中部防衛局の当時の建築課長と同省OBの建設会社社員が同

---

4)　汚職のメカニズムについて分析した政治学者と経済学者の共著として，以下の文献が興味深い。レイ・フィスマン＝ミリアム・A・ゴールデン（山形浩生他訳）『コラプション：なぜ汚職は起こるのか』（慶應義塾大学出版会，2019）。

5)　公正取引委員会による刑事告発一覧参照〈https://www.jftc.go.jp/dk/dk_qa_files/hansokuitiran.pdf〉参照。

6)　東京高判平成20年7月4日（平成17年(の)第3号）審決集55巻1057頁，最決平成22年9月22日（平成20年(あ)第1700号）。

法違反罪等の容疑で起訴され，有罪となったケースがその例である。この課長はこの建設会社に再就職する予定であったという[7]。一方，談合型のケースでも贈収賄事件に発展するものもある。市川三郷（みさと）町発注の設計業務不正事件では，同町発注の設計業務に関して，町長が談合の調整を行った（配点基準等の漏洩，審査表の原案漏洩）として業者から金銭を授受したことが官製談合防止法違反，加重収賄罪に問われた。同時に，同町の元議員も，業者側の談合に調整役として加担したほか，議会で問われた当該業者の設計業務に係る疑義に関して業者に不利にならないように働きかけ，金銭を授受し，同様に官製談合防止法違反，加重収賄罪に問われた[8]。

入札不正を解説する論文や著作のほとんどはこの構図で官製の入札不正を説明する。それは確かに正しいことが多い[9]。しかし，そうでないケースも多々あるというところが実は悩ましく，コンプライアンス上も多くの困難が存在する。

第2節　個人的利益が介在しないケース

I　茨城県の情報漏洩（予定価格）

茨城県は水戸合同庁舎の維持管理業務の一般競争入札で，事前に非公表の予定価格を参加企業の1社に教えたとして，水戸県税事務所の男性主任を減給(10分の1) 1カ月の懲戒処分にした，と報じられたが[10]，それだけ聞くと，最低制限価格算出の根拠となる予定価格の漏洩によって特定の業者に便宜を図ったと想起されるところであるが，このケースは予定価格超による再入札のケースで，直前の入札の最低価格業者が漏洩先だったという。漏洩先の当該業者がコンプライアンスの観点から県に通報，応札を辞退したことで発覚したという。なぜそのような事態になったか。日経コンストラクション誌の解説記事[11]によれ

7)　名古屋地判令和4年11月7日（令和4年(わ)第768号）。

8)　各種報道及び『警察白書（令和4年版）』70頁の記述参照。

9)　船舶クレーン修理業務の発注に際して，分割発注による少額随意契約の見返りに業者が国の担当者に金銭供与したことが加重収賄罪に問われた国交省九州地方整備局のケース（読売新聞令和3年9月8日全国版西部夕刊9面等）など，枚挙にいとまがない。

10)　朝日新聞令和3年9月28日茨城版21面（「『入札不成立が心配』業者に予定価格漏らす」)。

ば，再入札になった場合，再び不調・不落になることを危惧したからだという。予定価格が非公表（事後公表）というルールが前提になっているので，予定価格と業者側の価格との間に大きな乖離がある場合には，再入札を繰り返す可能性が出てくる。実務的には応札者に初回入札時の最低価格を開示するという手続がなされることが多いが，予定価格を教えることはできない。そこで最も落札の可能性があると考えられた最低価格業者に予定価格を教示し，落札業者をスムースに決定したかったというのが背景だという。

問題は事前公表されていない予定価格が再入札の前に開示されてしまったことが当該発注機関のルールに反する点のみならず，より実質的には特定の業者のみにその情報が伝えられたということであるが，そこには私的利益の追求という動機がない。

予定価格が事後公表であるというルールを前提に，初回入札の最低価格と予定価格との間に大きな乖離がある場合，発注機関のとるべき対応が用意されていなかった点が問題だ。もちろん，何もせずにただ再入札を繰り返し，どこかのタイミングで「競争入札に付し入札者がないとき，又は再度の入札に付し落札者がないとき。」と定める地方自治法施行令167条の2第8号に定める随意契約（いわゆる「8号随契」）に切り替えるというのがストレートな方法だが，発注機関は近年，随意契約につよい抵抗感を示すようになっている。競争の結果ではないところで落札者が決まることを半ば不正のように扱う風潮にこそ問題があると思われるが，この発注担当者もそれを懸念したのであろうか。

Ⅱ　内閣官房のケース（五輪アプリ）

予定価格は手続上，開札の直前に決定することができなくはないのだが，公告（募集）段階で決定されていることが圧倒的に多い。それは「何を調達するか」が決まっているのだから，その段階で上限価格を決めておくのは当然，という発想があるからだ。発注者側の知識で予定価格を組むことができなければ業者から見積りをとってきて組むことになるのだが，一者だけからとると公正

11）　谷川博「県職員が一方的に予定価格を教示，企業の入札辞退で不正発覚」日経クロステック令和3年10月6日記事〈https://xtech.nikkei.com/atcl/nxt/column/18/00142/01109/〉等。

性が疑われるのでなるべく複数者からとることが求められている。いわゆる「五輪アプリ」の調達で内閣官房IT総合戦略室も複数業者から見積りをとったのだが，担当者がある業者の見積りを他の業者に見せたり，額をにおわせるような発言をしたりといった公正さを疑われる行為があり，第三者調査チームから「不適切」の指摘を受けて，関係者が処分されてしまったことは記憶に新しい。[12)]

複数の見積りを業者からとれば，一部業者が極端に低い額を示すかもしれない。発注機関が危惧したのは，これだ。一番低い額に合わせるのであれば簡単だが，仮にそれでよい調達ができなければ元も子もない。しかし高い額に合わせるならば，それ相応の重い説明責任が生じる。だから本音としては「それなりの値段」の見積りが欲しかったのではないか，そういう推測が可能である。いずれにしても複数業者から見積りをとる趣旨には反するので「不適切」ということなる。その後にくる競争入札への影響はなかった（不明だった）というのが第三者調査チームの結論のようだが，見積りをとった業者に応札の意思がない場合，一者応札が予想されているような場合には，調査で得られた事実を前提にするならば確かにそういうことになるのだろう。

今後，後継のデジタル庁も同様の問題を抱えるかも知れない。民間人材の積極登用が同庁の「ウリ」のようだが，果たして調達の問題についてはどうか。見積書作成作業の有償，無償の問題も含めて，正面から問い直すべき課題ではある。より根本的には，「予定価格」という硬直的な上限拘束性を有する価格制度の存在が引き起こした問題である，といえよう。

Ⅲ　契約変更は強制できない：沖縄県のケース

最後の一つは，契約後の不正の問題を扱おう。一つ目が，沖縄県の識名トンネルをめぐる契約不正である。平成18年，トンネル新設工事の一般競争入札がなされ，大手ゼネコンと地元建設業者のJVが約23億円で落札した。落札率は約5割という低入札であった。

12）　玄忠雄＝馬本寛子「不適切行為を重ねたオリパラアプリ調達の検証報告，デジタル庁の適正調達へ試金石」日経クロステック令和3年8月23日Web記事〈https://xtech.nikkei.com/atcl/nxt/column/18/00001/05946/〉参照。

工事の施工中に，発注当初予定していなかった地盤沈下対策等の工事が必要となり，追加工事の発注がなされた。工事の途中であったので別途の随意契約ではなく，追加工事分について契約変更が目指されたがJV側はこれに難色を示した。というのは，この追加分について，当時会計検査院が各発注機関に要請していた当初の契約における落札率を追加分にもかける処理を前提に交渉したからである。この工事は内閣府の補助金が入った補助事業であった（国の補助率95％の事業だった）。JV側は当初工事についてのみその低価格を受け入れたのであって，その後の工事については承知していないとのスタンスを崩さなかった。結果交渉は決裂，未契約のまま沖縄県は工事を先行させたのである。

完成後にその費用分を捻出するために新規の工事発注を偽装して支払いを済ませたが，その後会計検査院の検査で発覚し，国から補助金の返還請求を受けた。並行して，国の出先機関の沖縄総合事務局が，沖縄県側を補助金適正化法違反，虚偽公文書作成で「被疑者不詳」のまま告発したが，具体的な立件には至らなかった。[13)]

第3節　コンプライアンス上の悩ましさ

Ⅰ　制度に対する理解の歪みが不正（の疑惑）を招く

茨城県の情報漏洩のケースも五輪アプリのケースも，その根本は随意契約を避けたいとの心理的な歪曲が生み出した事象といえる。当然ながら，会計法令において随意契約は一定の場合には認めている。例えば，五輪アプリのケースは，前段階で特定の業者とやりとりがあったのであればそれは随意契約が妥当する場面といえるし，茨城県のケースでもいわゆる不落随意契約に該当する場面であるといえよう。五輪アプリのケースは，確かに，広くアイデアを募る企画競争型の随意契約の方が会計法令の趣旨にあっているとはいえようが，時間的な制約を考慮し，ある程度の下準備が必要だったとの判断があったのかもしれない。企画競争型の随意契約を念頭に置いたとしても，金額の妥当性，正当

13）　安藤剛「沖縄のトンネル補助金不正，高裁も県職員の賠償責任認定」日経クロステック平成30年3月6日Web記事〈https://xtech.nikkei.com/atcl/nxt/column/18/00142/00056/〉，その他各種新聞記事等参照。

性を根拠付けたかったという事情はあったろう。しかし「体裁としての競争」に拘った結果，手続違背を招いてしまった。必要に応じて，ただ説明責任を果たすことを前提に随意契約を柔軟に使いこなせるような運用が定着していなかったが故の不正（疑惑）だといえよう。

そもそも発注機関はこの説明責任を嫌がる傾向がある。この点は適正な公共契約の遂行に大きな支障となる。というのは，発注機関は手続の形式を揃えることで自らの行動を正当化しよう（言い換えれば責任を取らなくてよくしよう）とするからである。一者応札が決定的な状態であるにもかかわらず競争入札を強行しようという姿勢がその典型である。そもそも競争性と柔軟性が会計法令上両立していない制度設計自体が問題であるともいえる。

Ⅱ　「契約の自由」とどう向き合うか？

競争に対して無垢な信頼を寄せている論者は，自由市場に委ねることのリスクを考慮しない傾向がある。一定の条件下で競争は確かに有効であるが，一定の条件下では競争は有効ではないかもしれない。業者側に契約の自由がある以上，自由市場の結果，発注機関にとって好ましくない結果を招くかもしれない。国有地の売却のような収入原因契約の場合，時間的余裕はあるかもしれないが，公共工事，とりわけ復旧・復興工事の場合，時間的余裕はないだろう。競争の手続が試行錯誤を伴うものであるならば，そこから発生するコストをどこまで受け入れることができるかに，競争的手続の採択の是非が委ねられよう。こういったリスクやコストを嫌って，競争を拒絶する姿勢をもまた懸命ではない。重要なのは，競争が機能するための一定の条件の設定を追求することである。

需要過多の場面では当然，売り手市場になる。公共工事のような供給余力の限界が生じ易く，参入退出が柔軟ではない分野の場合，民間市場の影響を受け易く，震災復興のような急激な需要に十分応じられないケースが多々ある。不成立や不調といわれるゼロ者応募，応札の状況は，発注機関にとって最も頭の痛い話である。最初から特命随意契約を選択しておけば，契約締結が実現できたかもしれなかったが，競争入札を選択したが故に契約相手を発見できなかったというケースもあるだろう。特命随意契約と異なり競争入札の場合，自らが落札できるかどうかが不確実であることから業者は参加に抵抗感を抱くことがある。技術者の配置等で（他の案件を諦めなければならないなど）制約が厳しいし，総合評価落札方式が採用される場合，競争入札への参加コストが高くなるので敬遠する傾向に拍車がかかる。しばしば一者応札が批判の対象となるが，分野によっては一者応札と同じか，それ以上の頻度で不成立や不調が発生することもある。公共契約の必要性を考えれば一者でも存在してくれれば御の字という状態であることが，発注機関の本音であろう。

随意契約の選択が妥当だったとしても，次に業者選択の妥当性が問われる。業者選択の問題は品質の問題と言い換えてよい。公共契約の契約相手はリスクの低い業者に任せなければならず，安ければ誰でもよいという訳にはいかない。緊急随意契約の場合は「失敗は許されない」調達なのであるから，特にそうである[14]。緊急復旧工事の場合には，信頼できる地元業者が存在しているのが前提になっている[15]。

本著第6章の東京都のケースでは，問題となった工事はある施設建設の追加工事であり，そもそも前工事の受注業者以外の業者が応札する可能性が低かったものであり，随意契約批判がそれほどでもなければ供給源の唯一性を根拠に特命随意契約が選択されても不思議ではないものであったが，後工事に興味を持つ業者が「いないわけではない」という観点から競争入札が選択されたものであり，案の定一者応札だったが東京都は当時の方針からこれを無効にして，その後の再入札（これは一者でも契約する方針だった）において応札が期待された当該業者が応札しなかったので再び流れてしまった（当該業者の意趣返しとの見方もされたものであった)。結局，一者応札を有効にすれば供給源の唯一性のケースでも結果は同じ（但し時間的ロスと競争手続に係るリスクを伴う）だったが，東京都の選択が裏目に出た形になってしまった。しかし，随意契約における業者選択それ自体が問題になったケースではない。

14）この点では，コロナ禍における布マスク調達は企画段階から不確実性が伴っていたリスキーな調達だったとはいえるだろう。令和2年4月に調達したマスクに不良品が数多く見つかった問題も，この調達の難しさを物語っている。

15）だからこそ，公共工事，建設業における担い手育成・確保が国土交通省の最大の政策課題になっている。地元業者の経営の安定化が，いざという時の安全弁となっているのである。公共事業はよく「ばら撒き」と批判されるが，「地元業者への投資」として理解することもまた求められているのである（あとは事業の必要性とのバランスの問題であろう)。

コロナ禍におけるマスク調達の場合のように，発注機関にとって経験のない（乏しい）物品調達，製造委託の場合，時間との戦いの中，品質を見極めなければならないという困難に直面することになる。仮に不織布マスクの製造や輸入の経験があっても布マスクについては不得手の部分があっただろうし，大規模でかつ時間的猶予のない緊急随意契約で業者の品質や契約の確実性を確認する作業は，外部の目から見ても苦労の連続だったのだろう。全くの想定外の緊急随意契約ほどコントロールの難しい随意契約はない[16]。

価格面の問題について。緊急随意契約だからといって「どんぶり勘定」でよい訳がなく，できる限りリーズナブルな価格に収めることが必要である。緊急性と唯一性が混在する場合には「説得する」しかないが，複数の業者が選択し得る場合には価格に関する精査をし，より低廉な方（そしてより品質上の問題のない方）を選ぶことが求められる。

東京都のケースでは，予定価格が競争入札の時よりも高くなっている。これは完全に業者主導になっていることの証左である。というのは，他の業者の選択の余地がないことで，契約の自由が保障されている以上，契約相手側には選択権があるのだから，プロジェクトを止める選択肢を有さない発注機関には「相手を説得する」手段しか残されていない。システム調達におけるメンテナンス発注などでも同様の問題が生じているが，要は，発注機関がロック・インされている状態である。一対一の契約で，予算制約が厳しくないとなれば，価格は青天井になる。施設建設を諦めるか不十分なそれで前に進めることで発生するロスとの比較ということになるが，民間企業のようにリスク込みの決断を選択する発想に乏しい公的機関の場合，身動きが取れなくなってしまうのである。そう考えると，そもそも特命随意契約に持ち込まれないような環境整備を普段から意識しておくことが重要なポイントになる，といえよう。ビジネス一般にいえることだが，公共調達においては撤退の二文字がないので，発注機関は隘路に嵌ることを民間以上に避けなければならないのである（だから競争的環境の形成が重要なのである[17]）。

16）　一般論として，役人は不確実な契約を極端に嫌うので，企業を選ぶ際，確実に履行できる根拠を神経質なくらいに調べる。未知の調達は発注担当者にとって悩みのタネとなる。

17）　孫子の兵法を持ち出すまでもなく，重要なことは不利な地形では戦ってはならない，と

Ⅲ　開示してしまえば漏洩はない，の論理について

国や地方自治体が業者から物品を調達したり，業者に工事を請け負わせたりする場合，原則，競争入札で契約者が選定され，価格等の契約条件が決定される。その際，開札よりも前に「予定価格」という価格が発注機関側において設定され，その額を超えない範囲の価格で落札者が決定される。つまり予定価格とは上限価格の役割を果たすものである（予定価格自体は随意契約でも設定されるが，価格の競争，調整がないと大した意味を持たない）。競争の手続が必ずしも十分な価格低下をもたらすとは限らず，場合によっては発注機関にとって高過ぎる結果になる可能性もあるのだが，予定価格の存在はそういった「高い買い物を防ぐ」機能を有している。

この「予定価格」は，しばしば厄介な現象を引き起こす。予定価格の設定を誤れば有効な調達ができなくなる。低過ぎれば落札者がいなくなってしまい，調達ができず（再入札になり，時間をロスするので），行政に支障が出る。予定価格はその時々の市況に応じて機敏に変化する柔軟性を持っていないので，競争の結果が予想外だった場合，発注機関は対処に苦労する。また，予定価格は確かに上限価格だが，裏を返せばそこまでは契約を可能とする額でもあるので，それを業者側が知れば，一者応札が予想されるケースでは満額取られてしまうことになる。一者応札でも競争の手続を採用した以上，競争の結果に従うしかなく，そこからの調整は予定されていない。

予定価格の引き起こす問題でここ数年，頻繁に生じているのが，予定価格の情報漏洩である。国の場合は予定価格の事前の公表はできないが，地方自治体の場合は選択できる。すなわち開札の前に上限価格がいくらなのかを開示することが可能である。各自治体の対応はバラバラである。事前公表から事後公表に切り替えるところもあれば，その逆もあり，また（金額や種類別で）併用するところもある。

予定価格が事前に公表されないと，どのような問題が生じるか。それは分かり易く，漏洩の危険が生じるということだ。競争入札に係る情報の漏洩が入札

いうことである。それは契約についても当てはまるだろう。また，独占禁止法に引きつけていうならば，優越的地位を相手に作らせない，ということである。

の公正を害する場合には，それは犯罪（官製談合防止法違反等）になる。自己防衛のために事前公表に切り替えた地方自治体は少なくない。

ではその逆はどうか。事前に公表されると何が問題なのか。かつてから指摘されてきたのは，上限価格付近での談合が容易になってしまうという点である。公正取引委員会などはそういった懸念を強調してきた。業種によっては予定価格をかなりの精度で事前に推測することは可能なのであるが，それでもぴったりとした数字が知れているのとそうでないのとには大きな差がある。

公共工事分野では，安過ぎる価格を防ぐために最低制限価格のような下限価格（法的にはややこしい制度の説明が必要だがここでは一般的にこのような言い方をしておく）が設定されることが多いが，その場合，事前に予定価格が公表されると，予定価格から一定の計算式に基づいて算出される下限価格もかなりの精度で予想されることになり，競争が激しければ価格が下限価格に張り付くことになる。複数業者が下限価格同額で応札すれば，抽選になる。そういう事態が公共工事で頻発して，建設業界は挙って予定価格の事前公表を止めるよう強く求めてきたし，国も同様の観点から事前公表に懸念を示してきた。そういった声を重視して，事前公表から事後公表に切り替えた自治体も少なくない。各自治体の対応はバラバラである，といったのは，こういった事情のうち何を重視するかが異なるからだ。

予定価格を秘密にすれば情報漏洩のリスクがある。一方，予定価格を事前公表すれば談合を誘発するリスクが生じる[18]。予定価格の事前公表には色々な問題[19]が指摘されているが，再入札の場合にのみこれを開示することで，弊害を少なくすることができる。「市が発注する工事の入札で不調となった場合に，工事内容を変えずに予定価格を明かして再入札する仕組みを導入した。……再入札の手順は以下の通り。まず，1回目の入札の後に，市が予定価格を記載した書面を全入札参加者に送付する。参加者のうち再入札の対象者には，再入札の入札期間や開札日時などを記した書面を送る。その際，1回目で予定価格を超えた札のうち，最も低かった金額も伝える[20]。」という横浜市の例がそれだ。

18） 楠茂樹『公共調達と競争政策の法的構造〔第2版〕』（上智大学出版，2017）115頁以下参照。

19） 同前参照。

当初入札において予定価格オーバーとなった訳なのだから，再度入札における予定価格の開示は最低制限価格のような下限価格への張り付きという問題は生じない。一方で，予定価格を再度入札において開示するのであるから，同じような入札不調は避けることができる。業者は予定価格をみて，応札するかどうかを決めることができるのであるから，予定価格が合わないと判断すれば辞退すればよいのでそもそもこの入札が成立するかどうかは早い段階で判明する。契約手続に関わる時間の浪費が極力さけられるというメリットはこの仕組みには期待できるのである。

---

20)　橋本剛志「予定価格を開示して再入札，横浜市が不調の回避狙い新方式」日経クロステック令和4年8月1日Web記事〈https://xtech.nikkei.com/atcl/nxt/column/18/00142/01362/〉。

あとがき

著者の専門は独占禁止法である。本著のテーマである公共工事や建設業には，元々は独占禁止法からアプローチした。いうまでもなく入札談合が主たるターゲットだった。いかにして談合を抑止するか，いかにして談合を摘発し処罰するか，ということが関心事だった。今から20年前に公正取引委員会の依頼で談合抑止のための公共契約制度の海外調査に携わってからは，会計法や地方自治法の研究に関心が広がり，そのタイミングで公共工事品質確保法の制定を経験した。公共工事について最低価格自動落札方式から総合評価落札方式への大胆な移行という「地殻変動」を目の当たりにした。同時に，これを実現したのが議員立法であることに驚いた。

公共契約をめぐる法的規律は，かつての随意契約や指名競争入札が当たり前だった時代から，法令の原則である一般競争入札の利用を実務において通常化させたここ四半世紀において驚くほど複雑化し，実務の環境が目まぐるしく変化する中，その全体像を摑むのが困難になりつつある。

公共工事品質確保法に公共工事入札契約適正化法，そして建設業法を含めた「担い手三法」が公共工事の契約方法にある種の革命をもたらした。闇雲な競争の追求の時代から，ようやく競争政策の適正化の条件が揃った形になった。SDGsの時代に入り，公共契約の論じ方も「経済性とそれを実現する競争性」の一方向的なアプローチでは対応できなくなり，持続可能な公共調達の要請はより社会政策の色彩を強めるようになった。この時期，著者の関心対象も多様な入札制度とその政策のあり方に拡大し，同時に入札不正の研究も進めるようになった。そしてコロナ禍に入った頃から著者の関心は建設業法へと向かうようになった。国土交通省の「持続可能な建設業に向けた環境整備検討会」の座長としてその報告書の取りまとめを経験することで，建設業の関心が民間工事にも拡大した。この報告書の提案は，社会資本整備審議会と中央建設業審議会の基本問題小委員会の審議を経て，令和6年の通常国会での建設業法の改正によって結実した。著者は幸いなことに中央建設業審議会の委員であり，この小委員会の委員でもあった。著者の現在の関心は今では官民を問わず，建設業の持続可能な発展のための制度設計にある。建設業法は今後も進化し続けるはずだ。著者は令和6年，建設業法をテーマとした日本学術振興会の科学研究費補助金を獲得し，3年計画で本著とは別の新たな著書の作成を予定している。

本著は，上記の一連の関心に導かれたいくつかの論考を加筆・修正し，再編したものに，4，5の書き下ろし原稿を加えて著書の形にしたものである。この分野の膨大な情報をどれだけうまく捌けたかは著者自身には正直不明である。PFI（Private Finance Initiative）契約のような，扱い切れていないテーマも多々あることは自覚している。しかし，部分的なものにとどまるものであっても，本著が何らかの形でこの分野に関心がある読者に多少なりとも有益な知識を提供できたならばそれはそれで本著が世に送り出された意味があったのではないかと思う。この著作の作成にあたって，紹介しきれないくらい多くの方々や組織から学ぶ機会を得たが，当然のことながら，本著に関して生じ得る誤りの責任は全て著者にある。

最後に，浅学菲才の著者に貴重な出版の機会を与えてくださった上智大学法学部の皆様，有斐閣の皆様に感謝申し上げる。

2025年1月

紀尾井町の研究室にて

楠　茂樹

［付記］本著の一部はJSPS科研費24K04545の支援を受けて執筆されたものである。

著者紹介　　楠 茂樹（くすのき しげき）

【略　歴】

1971年生まれ

現在，上智大学法学部教授。京都大学博士（法学）。これまでに総務省参与，京都府参与，日本学術振興会・科学研究費委員会第三部会委員，国土交通省公正入札調査会議会長，防衛省公正入札調査会議会長，中央建設業審議会会長代理等を歴任。

【主要著作】

『公共調達と競争政策の法的構造〔第2版〕』（上智大学出版，2017年）

“Hayek on labor unions and restraint of trade,” Constitutional Political Economy 34（2）598-612（2023）

“Public-Private Partnerships in Relation to Public Contracts and Procurement: Japan's Current Issues,” KLRI Journal of Law and Legislation 11（1）97-133（2021）

【上智大学法学叢書 42】

公共工事，建設業における競争の法と政策

2025年3月30日　初版第1刷発行

著　者　楠　茂樹

発行者　江草貞治

発行所　株式会社有斐閣

〒101-0051 東京都千代田区神田神保町 2-17

https://www.yuhikaku.co.jp/

制　作　株式会社有斐閣学術センター

印　刷　株式会社精興社

製　本　大口製本印刷株式会社

装丁印刷　株式会社亨有堂印刷所

落丁・乱丁本はお取替えいたします。定価はカバーに表示してあります。

Printed in Japan ISBN 978-4-641-12656-5

上智大学法学叢書

〔1〕 村松 俊夫 境界確定の訴
〔2〕 内田 文昭 刑法における過失共働の理論
〔3〕 松下 満雄 独占禁止法と経済統制
〔4〕 ホセ・ヨンパルト 実定法に内在する自然法
〔5〕 青柳 文雄 刑事裁判と国民性〔総括篇〕
〔6〕 槙 重博 現代行政法の諸問題
〔7〕 菊井 康郎 行政行為の存在法
〔8〕 伊藤 勲 明治政党史の研究
〔9〕 滝沢 正 フランス行政法の理論
〔10〕 相沢 好則 法律学と政治学
〔11〕 小林 秀之 民事裁判の審理
〔12〕 粕谷 友介 憲法の解釈と憲法変動
〔13〕 町野 朔 犯罪論の展開Ⅰ
〔14〕 林 幹人 刑法の現代的課題
〔15〕 大木 雅夫 資本主義法と社会主義法
〔16〕 田村諄之輔 会社の基礎的変更の法理
〔17〕 石田 満 保険契約法の論理と現実
〔18〕 山本 豊 不当条項規制と自己責任・契約正義
〔19〕 飯塚 重男 契約的仲裁の諸問題
〔20〕 江口 公典 経済法研究序説
〔21〕 石川 稔 子ども法の課題と展開
〔22〕 大河内繁男 現代官僚制と人事行政
〔23〕 村瀬 信也 国際法の経済的基礎
〔24〕 山口浩一郎 労災補償の諸問題
〔25〕 辻 伸行 所有の意思と取得時効
〔26〕 田頭 章一 企業倒産処理法の理論的課題
〔27〕 吉川 栄一 企業環境法の基礎
〔28〕 小塚荘一郎 フランチャイズ契約論
〔29〕 甘利 公人 生命保険契約法の基礎理論
〔30〕 北村 喜宣 行政法の実効性確保
〔31〕 奥冨 晃 受領遅滞責任論の再考と整序
〔32〕 福田 誠治 保証委託の法律関係
〔33〕 江藤 淳一 国際法における欠缺補充の法理
〔34〕 桑原 勇進 環境法の基礎理論
〔35〕 矢島 基美 現代人権論の起点
〔36〕 松本 尚子 ホイマン『ドイツ・ポリツァイ法事始』と近世末期ドイツの諸国家学
〔37〕 安西 明子 民事訴訟における争点形成
〔38〕 佐藤 岩昭 包括的担保法の諸問題
〔39〕 森下 哲朗 デジタル化・グローバル化時代の金融法
〔40〕 駒田 泰土 知的財産法研究における大陸法的視座
〔41〕 溝渕 将章 法人における悪意判断の法的構造
〔42〕 楠 茂樹 公共工事，建設業における競争の法と政策